铁路科技图书出版基金资助出版

铁路货车转向架

《铁路货车转向架》编委会　编著

中国铁道出版社有限公司
2020年·北　京

内 容 简 介

本书全面总结了我国铁路货车转向架的发展过程、重大成果和关键技术，系统地阐述了铁路货车转向架的基本知识、标准体系、技术原理、各主型转向架的技术特征和产品谱系。全书共分为十章，详细介绍了铁路货车转向架的作用、构成及分类，国内外铁路货车转向架的发展，标准体系、设计原则、结构强度及动力学性能，转向架低动力、低磨耗、抗菱及与车体连接技术，交叉支撑式、摆动式、副构架式、构架式等多种转向架的技术特征、技术参数及配置，以及转向架制造、检修和维护等内容。

本书集专业性、系统性、理论性于一体，堪称中国的“铁路货车转向架百科全书”，既是铁路车辆行业研发、设计、制造、运用、维护、检修技术人员和管理人员以及铁路专业高校师生的专业参考资料，又是广大铁路爱好者了解我国铁路货车转向架的专业书籍。

图书在版编目(CIP)数据

铁路货车转向架/《铁路货车转向架》编委会编著. —北京:中国铁道出版社有限公司，2020.3
ISBN 978-7-113-26159-7

Ⅰ.①铁… Ⅱ.①铁… Ⅲ.①铁路车辆-货车-转向架 Ⅳ.①U272.033.1

中国版本图书馆 CIP 数据核字(2019)第 178917 号

书　　名：铁路货车转向架
作　　者：《铁路货车转向架》编委会

责任编辑：李润华　侯跃文　　**编辑部电话：**010-51873138　　**电子信箱：**tdpress@126.com
封面设计：郑春鹏
责任校对：孙　玫
责任印制：高春晓

出版发行：中国铁道出版社有限公司(100054，北京市西城区右安门西街 8 号)
网　　址：http://www.tdpress.com
印　　刷：北京盛通印刷股份有限公司
版　　次：2020 年 3 月第 1 版　2020 年 3 月第 1 次印刷
开　　本：787 mm×1 092 mm　1/16　印张：17.5　字数：350 千
书　　号：ISBN 978-7-113-26159-7
定　　价：120.00 元

编 委 会

序

20世纪50年代以前，我国的铁路货车转向架产品及技术主要依靠进口。20世纪50年代以后，从仿制到自主研发，从引进、消化、吸收到再创新，铁路货车转向架技术得到了突飞猛进的发展，交叉支撑式转向架、摆动式转向架、副构架式转向架逐步走向成熟，形成了设计、制造、运用、检修标准体系，适应了我国铁路"客货共线、高效周转、安全可靠"三大特殊要求，创造了中国铁路货车提速重载并举、独具特色的运输模式。时至今日，以低动力、低磨耗技术和摇枕侧架整体芯制造技术为代表，中国铁路货车转向架整体技术达到世界先进水平。

要继续提高我国铁路货运能力、经济效益和安全发展空间，就必须创新研发模式、集中优势资源，以突破低动力技术、高可靠性技术、新材料应用技术、制动技术等关键技术为研究重点，进一步推动我国铁路货车工业技术水平，打造中国品牌，更好服务国内经济社会转型发展，支撑国家装备制造业走出去战略。

目前，面向大众介绍铁路货车转向架产品和技术的专业书籍十分稀缺，资料、技术、数据等信息十分零散。《铁路货车转向架》一书详细讲解了我国铁路货车转向架技术的发展历程及取得的成果、我国现服役各主型转向架及相关国外转向架，涵盖转向架设计、研发、制造、检修等多方面知识，内容丰富、数据齐全，堪称中国的第一部"铁路货车转向架百科全书"。我相信此书的出版定能满足广大铁路科技工作者的需求，引发更深思考，推动创新思维，探索未来发展方向。

中国工程院院士 陈予恕

2019年3月

序

经济的发展和科技的进步不断推动着中国铁路行业的发展壮大，铁路货运能力的增加也在呼唤着铁路货车技术的革新。

转向架技术作为铁路货车关键技术之一，自新中国成立至今经历了三个发展阶段，实现了四次大的技术升级，取得了长足的发展，现已全面应用交叉支撑、侧架摆动、轮对径向以及快捷货车转向架等先进技术，形成了多品种、全系列铁路货车转向架产品，满足了我国经济社会平稳快速发展对铁路货运能力不断提高的迫切需求。

《铁路货车转向架》一书条理清晰、结构严谨，具有较高的专业性和技术性。本书从国内外发展情况、原理结构、标准体系、技术特点、运用维护、出口产品等方面对铁路货车转向架进行了全面系统的阐述，并重点总结了新中国成立七十年来我国铁路货车转向架取得的技术进步及产品成果。此书凝聚了铁路人的智慧与心血，探索了未来的发展方向，有承前启后的意义。

中国铁路在新征程中必将迎来大发展、大变革、大跨越时期，期望铁路科技工作者能瞄准铁路现代物流发展趋势，深入研究高效、便捷、绿色、智能的铁路货运装备技术，积极推进重载、快捷、多式联运协调发展的铁路货运体系，推动铁路货运装备向快速化、集装化、智能化、专业化等方向发展，抓好技术创新和改革，增强自主创新能力和实力，肩负起历史重任，服务好“一带一路”，推动我国铁路货车整体水平迈上一个新台阶。

中国科学院院士 翟婉明

2019 年 3 月

前　　言

铁路运输是国家综合交通运输体系中的重要组成部分，具有运量大、安全、经济、节能环保等特点，在社会物流快速增加、国际贸易日益增多、环境要求越来越高的新形势下，更加彰显了铁路货物运输的优越性。作为铁路货物运输载运工具的铁路货车，其走行装置——转向架，承受来自车体和线路的载荷，引导车辆沿轨道行驶，缓和动作用力，是保证铁路货车安全、高效运行的核心部件。

新中国成立七十年来，经过铁路机车车辆工作者的艰苦努力和开拓创新，铁路货车转向架技术进入了创新发展新阶段，形成了完整的设计、制造和试验验证技术标准体系。我国的 21～30 t 轴重交叉支撑式、摆动式、径向式三大主型转向架谱系化系列产品，16～18 t 轴重的 160 km/h 快速货车转向架，多轴焊接构架式转向架，以及不同轨距、不同轴重、不同结构特点的出口铁路货车转向架，构成了技术先进、品类齐全的铁路货车转向架产品技术平台。以低动力、低磨耗三大件转向架为代表的创新技术，世界首创的摇枕和侧架整体芯铸造技术为代表的关键制造技术，标志着我国铁路货车转向架研发能力与制造技术达到了国际先进水平。

《铁路货车转向架》共分为十章，第一章“概述”介绍了铁路货车转向架的作用、构成及分类；第二章“铁路货车转向架的发展”介绍了国内外铁路货车转向架的发展；第三章“铁路货车转向架的设计与试验”介绍了铁路货车转向架的标准体系、设计原则、结构强度及动力学性能；第四章“铁路货车转向架技术”介绍了转向架低动力、低磨耗、抗菱及与车体连接技术；第五章“交叉支撑转向架”介绍了交叉支撑转向架的技术特征、技术参数及配置；第六章“摆动式转向架”介绍了摆动式转向架的技术特征、技术参数及配置；第七章“副构架式转向架”介绍了副构架式转向架的技术特征、技术参数及配置；第八章

“构架式转向架”介绍了两轴构架式、多轴焊接构架式转向架和快捷货车转向架；第九章“出口铁路货车转向架”介绍了出口交叉支撑式、控制型、低动力、副构架式、构架式等多种转向架；第十章“铁路货车转向架的制造与维修”介绍了转向架制造、检修和维护等内容。

本书全面总结了我国铁路货车转向架技术发展和取得的成果，系统地阐述了铁路货车转向架基本知识、各种结构型式转向架的技术特征和产品谱系，介绍了国内外铁路货车转向架的发展，集专业性、系统性和理论性于一体，希望能对广大铁路货车转向架设计、制造、运用、维护、检修等方面的工程技术人员，大专院校、科研院所及社会各界系统了解和掌握我国铁路货车转向架技术和产品有所帮助。

本书由中国国家铁路集团有限公司机辆部组织成立编委会，编委会由中国国家铁路集团有限公司机辆部、中车眉山车辆有限公司、中车齐齐哈尔车辆有限公司、中车长江车辆有限公司、中车山东机车车辆有限公司、中车石家庄车辆有限公司、中国铁道科学研究院集团有限公司、中车青岛四方车辆研究所有限公司、西南交通大学、北京交通大学、大连交通大学等单位的技术人员、管理人员、科研专家组成。

本书是在长期从事铁路货车转向架工作的工程技术人员和老一辈铁路机辆人多年工作成果的基础上完成的，在此向他们表示衷心的感谢！

由于时间有限，难免有遗漏和错误之处，诚请读者批评指正。

《铁路货车转向架》编委会

2019 年 10 月

目　　录

第一章　概　　述……………………………………………………………… 001

第一节　铁路货车转向架的作用与构成………………………………………… 001

第二节　铁路货车转向架的类型………………………………………………… 004

第二章　铁路货车转向架的发展……………………………………………… 008

第一节　国外铁路货车转向架的发展…………………………………………… 008

第二节　我国铁路货车转向架的发展…………………………………………… 022

第三章　铁路货车转向架的设计与试验……………………………………… 032

第一节　标准体系………………………………………………………………… 032

第二节　转向架设计原则………………………………………………………… 037

第三节　结构强度及动力学性能………………………………………………… 040

第四章　铁路货车转向架技术………………………………………………… 086

第一节　低动力作用……………………………………………………………… 086

第二节　低磨耗性能……………………………………………………………… 099

第三节　转向架抗菱刚度………………………………………………………… 106

第四节　转向架与车体连接……………………………………………………… 122

第五章　交叉支撑转向架……………………………………………………… 125

第一节　交叉支撑转向架概述…………………………………………………… 126

第二节　交叉支撑转向架技术特征……………………………………………… 131

第三节　技术参数及配置………………………………………………………… 173

第六章　摆动式转向架………………………………………………………… 174

第一节　摆动式转向架概述……………………………………………………… 175

第二节　摆动式转向架技术特征………………………………………………… 177

第三节　技术参数及配置………………………………………………………… 197

第七章　副构架式转向架……………………………………………… 199

第一节　副构架式转向架概述……………………………………………… 199
第二节　副构架式转向架技术特征………………………………………… 203
第三节　技术参数及配置…………………………………………………… 222

第八章　构架式转向架…………………………………………………… 223

第一节　120 km/h 两轴构架式转向架 …………………………………… 223
第二节　多轴焊接构架式转向架…………………………………………… 225
第三节　快捷货车转向架…………………………………………………… 229

第九章　出口铁路货车转向架…………………………………………… 238

第一节　交叉支撑转向架…………………………………………………… 238
第二节　控制型转向架……………………………………………………… 241
第三节　低动力转向架……………………………………………………… 242
第四节　副构架式转向架…………………………………………………… 243
第五节　构架式转向架……………………………………………………… 244

第十章　铁路货车转向架的制造与维修………………………………… 247

第一节　转向架制造………………………………………………………… 247
第二节　转向架检修与维护………………………………………………… 261

参考文献…………………………………………………………………… 265

第一章　概　　述

铁路货车转向架是将两个或多个轮对用专门的构架（或侧架）组成的走行装置，主要由轮对轴箱装置、构架或侧架、摇枕、弹性悬挂装置、基础制动装置以及车体支承装置等部件组成，起着承重、缓冲、传力、导向等作用，是保证车辆运行品质和运行安全的关键部件。因铁路货车车辆用途的不同以及运行条件的差异，铁路货车转向架的结构型式、轴重等级、轴数、速度等级、减振方式、承载载荷传递方式也不尽相同。

第一节　铁路货车转向架的作用与构成

一、作　　用

铁路运输发展的初期，世界各国均采用二轴车辆，将轮对直接安装在车体下面，如图 1-1 所示。这种二轴车一般比较短小，为便于通过曲线，前后两轮对车轴中心之间的距离一般不大于 10 m。二轴车的总重受到容许轴载重的限制，其载重量一般不大于 20 t(B 轴)。

随着铁路运输的发展，二轴车在载重、长度和容积等多方面都不能满足运输要求，曾出现与二轴车结构相仿的多轴车辆，如图 1-2 所示。虽然多轴车辆能增加载重量，但为能顺利通过小半径曲线，前后两轴之间的距离仍受限制，不能太大，从而限制了车辆长度和容积的进一步增加。另外，车辆通过小曲线半径时，中间轮对相对车体要有较大的横向游动量，如图 1-2 中的俯视图所示，车辆结构比较复杂，且中间轮对承担轮轨横向力的能力较差，因此多轴车没有得到推广采用。

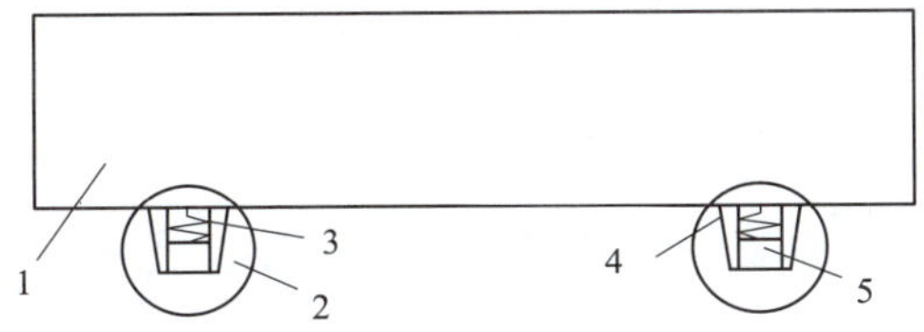

图 1-1　二轴车辆

1—车体；2—轮对；3—弹簧装置；4—导框；5—轴箱

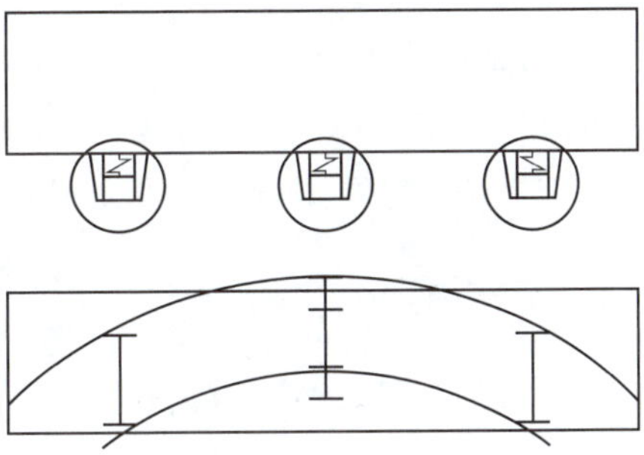

图 1-2　三轴车辆

为了解决多轴车辆的曲线通过问题，后来的多轴车辆一般采用带转向架的结构形式。把两个或多个轮对用专门的构架（侧架）组成的一个小车，称为转向架。车体支承在前后两个转向架上。为便于通过曲线，车体与转向架之间可以相对转动。这样，相当于将一个车体坐落在两个二轴小车上（二轴转向架），使车辆的载重、长度和容积都可以增加，运行品质得以改善，满足了近代铁路运输发展的需要。目前绝大多数车辆都采用转向架的结构形式。

铁路货车转向架是将两个或多个轮对用专门的构架（或侧架）组成的走行装置，货车车体就支承在前后两个转向架上。铁路货车转向架因运用工况复杂，因此要求结构简单、运用可靠、制造成本经济、检修维护方便、对各型车辆具有较大的适应性。

铁路货车转向架位于车体与轨道之间，它是保证车辆运行品质和运行安全的关键部件，其主要作用是：

（1）承重——承受车体和货物的重量，承受和传递从车体至车轮之间及从轮轨至车体之间的各种载荷及作用力，并均匀分配轴承载荷。

（2）导向——导引车辆沿着轨道行驶，能灵活地沿直线线路运行及顺利地通过曲线和道岔。

（3）缓冲——缓和车辆和线路之间的相互作用，减少振动和冲击，提高车辆运行平稳性和安全性。

（4）传力——利用轮轨之间的黏着，传递牵引力和制动力。

二、基本构成

铁路货车转向架常见结构型式有三大件式转向架和构架式转向架。传统铸钢货车转向架通常包含两个侧架和一个摇枕，业内称之为“三大件”，因此后来常用三大件式转向架泛指含有铸钢摇枕和侧架以及中央悬挂装置的传统铸钢结构货车转向架。铸钢三大件式转向架一般由轮轴、轴箱悬挂装置、侧架、摇枕中央悬挂装置、车体支承装置、摇枕、基础制动装置等构成，如图 1-3 所示。早期的铸钢三大件式转向架通常没有设置轴箱悬挂装置，随着轴重和运用速度的提高，逐渐增设了轴箱悬挂装置，如弹性橡胶垫等。构架式转向架以采用整体式构架和轴箱一系悬挂为主要特征，而构架通常有焊接一体式和铸焊一体式等多种型式，以焊接一体式构架为主。焊接构架式转向架一般由轮轴、轴箱悬挂装置、构架、基础制动装置、车体支承装置等构成，如图 1-4 所示。

三、结构原理

为了实现承重、导向、缓冲和传力等功能，铁路货车转向架主要的结构原理如下。

（1）轮对轴箱装置：轮对沿着钢轨滚动，除传递车辆重量外，还传递轮轨之间的各种作用力，其中包括牵引力和制动力。轴箱与轴承装置是连系构架（或侧架）和轮对的活动关节，使轮对的滚动转化为构架（或侧架）沿钢轨的移动，从而形成车体（车辆）沿轨道的移动。

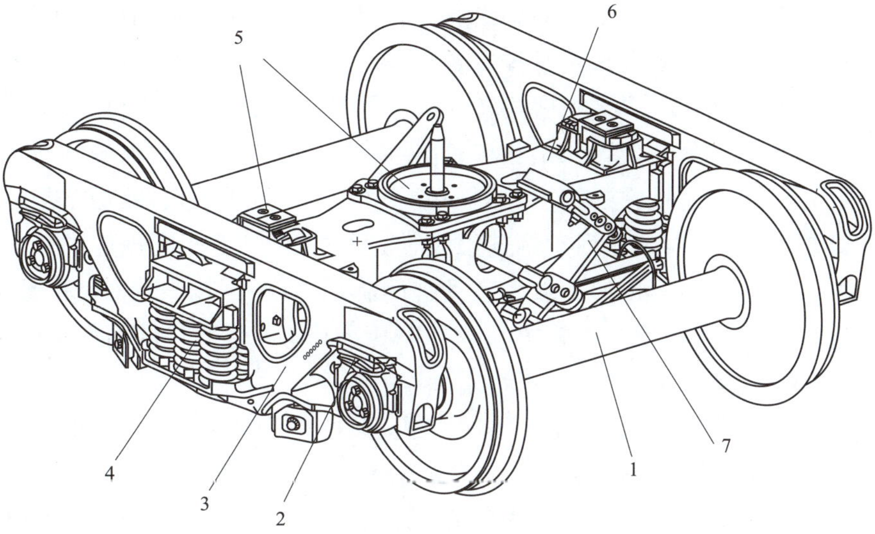

图 1-3 三大件式转向架

1—轮轴；2—轴箱悬挂装置；3—侧架；4—中央悬挂装置；5—车体支承装置；6—摇枕；7—基础制动装置

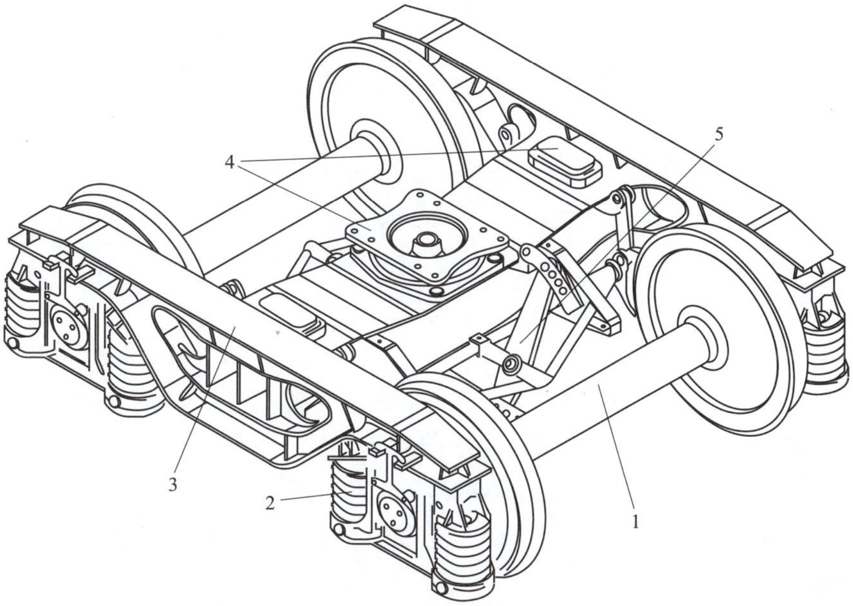

图 1-4 构架式转向架

1—轮轴；2—轴箱悬挂装置；3—构架；4—车体支承装置；5—基础制动装置

(2)弹性悬挂装置：为减少线路不平顺和轮对运动对车体的各种动态影响(如垂向振动、横向振动等)，转向架在轮对与构架(侧架)之间或构架(侧架)与车体(摇枕)之间，设有弹性悬挂装置。前者称为轴箱悬挂装置(又称第一系悬挂)，后者称为摇枕(中央)悬挂装置(又称第二系悬挂)。弹性悬挂装置一般包括弹簧装置、减振装置和定位装置等。目前,大多数三大件式货车转向架设有摇枕悬挂装置,也有转向架增加简单的轴箱悬挂装置;构架式转向架多设轴箱悬挂装置,也有在车体与构架间设中央悬挂装置的。

(3)构架或侧架、摇枕:焊接构架式转向架的构架,以及铸钢三大件式转向架的侧架和摇枕是转向架的基础,它把转向架各零、部件组成一个整体。因此,它不仅要承受、传递各种作用力及载荷,而且它的结构、形状和尺寸应满足各零、部件组装的要求。

(4)基础制动装置:为满足列车调速以及使运行中的车辆能在规定的距离内停车,须安装制动装置,其作用是传递和放大制动缸的制动力,使闸瓦与轮对之间或闸片与制动盘之间产生的摩擦力转换为轮轨之间的外摩擦力(即制动力),从而使车辆承受前进方向的阻力,产生制动效果。

(5)车体支承装置:转向架支承车体的方式(又可称为转向架的承载方式)不同,使得转向架与车体相连接部分的结构及形式也各有所异,但都应满足以下基本要求:安全可靠地支承车体,承载并传递各作用力(如牵引制动力、振动载荷等);为使车辆顺利通过曲线,车体与转向架之间应能绕不变的旋转中心相对转动;为使车辆稳定运行,车体与转向架之间应具有一定的回转阻力或阻力矩。铁路货车转向架通常采用心盘集中承载方式,也有采用心盘和旁承联合承载的方式。

第二节　铁路货车转向架的类型

由于铁路货车车辆用途的不同以及运行条件的差异,铁路货车转向架一般按结构型式、轴重等级、减振方式、轴数、速度等级、承载载荷传递方式等进行分类。

1. 按结构型式分类

货车转向架按构架组成形式分为三大件式转向架和构架式转向架。三大件式货车转向架通常采用铸造的摇枕和侧架,而构架式转向架的构架通常采用板材焊接结构。三大件式货车转向架由于结构简单、维护方便在世界各地区都有较多的运用,如北美的Barber 转向架、Ride Control 转向架,我国的转 K5 型、转 K6 型和转 K7 型转向架;构架式货车转向架则主要应用于欧洲地区,如欧洲的 Y25 型、Y37 型转向架等,我国货车仅有少量转 K3 型构架式转向架、长大货车使用的多轴构架式转向架正在使用。

2. 按轴重等级分类

国内铁路货车按轴重等级通常分为 D 轴、E 轴、F 轴货车转向架。例如转 K2 型、转 K3 型和转 K4 型转向架为 D 轴货车转向架,转 K5 型、转 K6 型和转 K7 型转向架为 E 轴货车转向架,DZ1 型、DZ2 型、DZ3 型、DZ4 型和 DZ5 型转向架为 F 轴货车转向架。

出口车辆多采用北美 AAR M-101 标准的车轴,按轴重等级通常分为 C 轴、D 轴、E 轴、F 轴、G 轴、K 轴、L 轴货车转向架,配套采用相应级别的符合 AAR M-934 标准的双列圆锥滚子轴承。

转向架按轴重等级分类见表 1-1。

表 1-1 转向架按轴重等级分类

车轴类型	C 轴	D 轴	E 轴	F 轴	G 轴	K 轴	L 轴
国内轴重(t)	—	21	25	30	—	—	—
出口轴重(t)	16.1	20.07	24.95	32.43	35.72	32.43	24.95

3. 按减振方式分类

铁路货车转向架因应用条件的不同其减振方式也不同，普通货车转向架结构简单，成本低，多采用摩擦减振器；快速货车运输高附加值货物，对运行速度和性能要求较高，其转向架多采用液压减振器。

摩擦减振器是借助摩擦副的相对运动产生的摩擦力，将车辆振动动能转变为热能而散逸于大气中，从而减小车辆振动。按摩擦减振力的不同，摩擦减振器又可分为常摩擦减振转向架和变摩擦减振转向架。一般的常摩擦减振器是由一个中间挖空的斜楔和一个控制弹簧等组成，如图 1-5 所示，装配时，将控制弹簧预压缩后与斜楔一起装入摇枕端部的斜楔槽中，控制弹簧的下平面支撑在摇枕端部铸出的平台上。这样，斜楔主摩擦面和侧架立柱磨耗板之间的摩擦阻力不随转向架的簧上载荷变化而维持一常数。常摩擦减振转向架通常也被称为控制型转向架(Ride Control 转向架)。一般的变摩擦转向架有两种类型，一种是采用斜楔变摩擦减振器(图 1-6)，一种是采用利诺尔减振器(图 1-7)。货车转向架采用斜楔变摩擦减振器时，减振弹簧上端支撑斜楔，下端支撑在侧架弹簧承台上。这时，斜楔主摩擦面和侧架立柱磨耗板之间的摩擦阻力将会随转向架的簧上载荷变化而变化。利诺尔减振器一般由导框、弹簧帽、弹簧、吊环、吊环销、顶子和磨耗板等零部件组成，利用吊环倾斜安装对弹簧帽的水平分力，压紧顶子使顶子紧贴在轴箱上的磨耗板上，摩擦力与弹簧垂向载荷成正比。

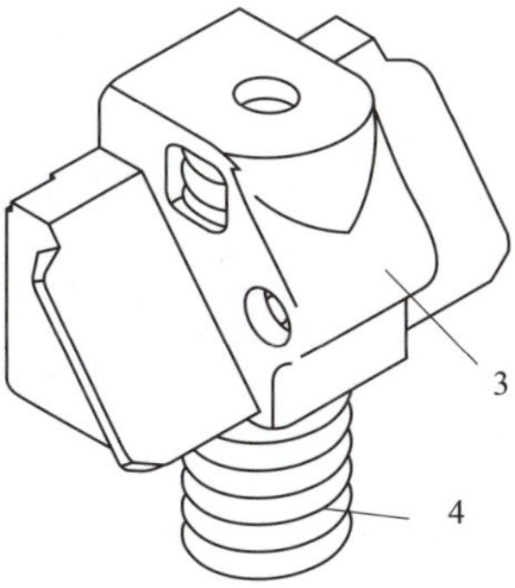

(a) 外形

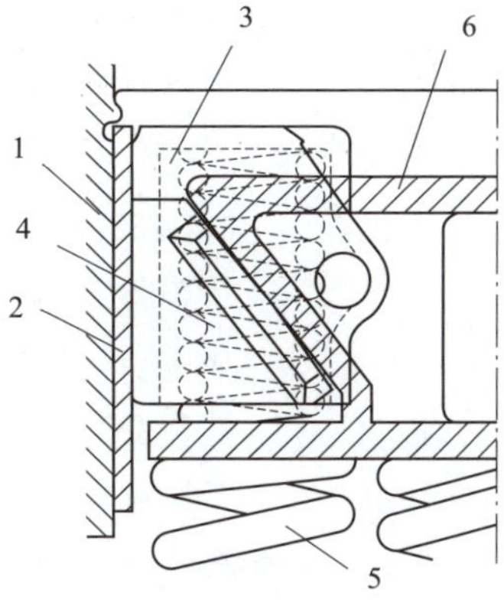

(b) 装配

图 1-5 斜楔常摩擦减振器

1—侧架立柱；2—磨耗板；3—斜楔；4—减振器弹簧；5—摇枕弹簧；6—摇枕

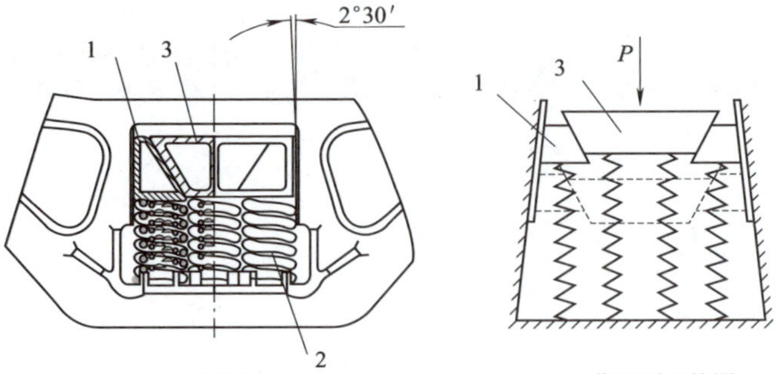

（a）结构图　　（b）作用原理简图

图 1-6　斜楔变摩擦减振器

1—斜楔；2—螺旋弹簧；3—摇枕

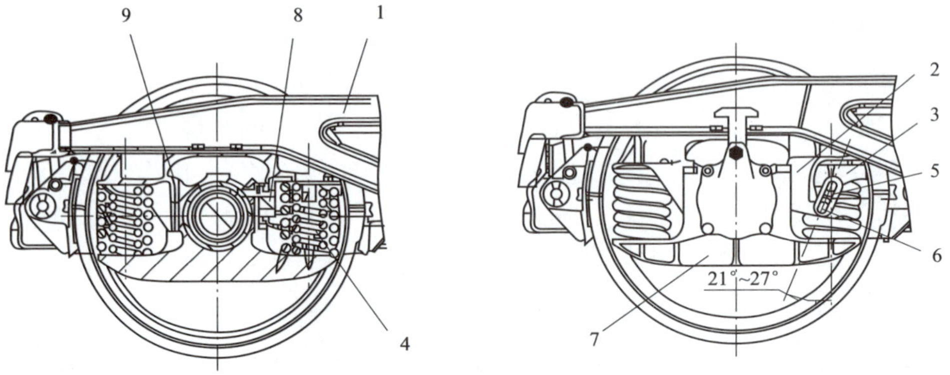

图 1-7　利诺尔减振器

1—构架；2—导框；3—弹簧帽；4—弹簧组成；5—吊环；6—吊环销；7—轴箱；8—顶子；9—磨耗板

我国 D21 型转向架为常摩擦转向架；转 8A 系列转向架属于 21 t 轴重变摩擦三大件转向架；转 K5 型、转 K6 型和转 K7 型转向架按结构分别为侧架交叉支撑式、侧架摆动式和副构架式转向架，均属于变摩擦三大件稳定型转向架。欧洲的 Y25 型转向架为采用利诺尔减振器的变摩擦构架式转向架。

液压减振器主要是利用液体黏滞阻力所做的功来吸收振动能量，它的优点在于它的阻力是振动速度的函数，其特点是振幅的衰减量与幅值大小有关，振幅大时衰减量也大，反之亦然。为实现不同的功能作用，液压减振器通常分为垂向液压减振器、横向液压减振器、抗蛇行（纵向）液压减振器、抗侧滚液压减振器等类型。

4. 按轴数分类

转向架按轴数分类，通常分为单轴转向架、二轴转向架、三轴转向架和多轴转向架。我国大批量采用的主型转向架多为二轴转向架，结合轴重等级来说，转 K5 型、转 K6 型和转 K7 型转向架均为 2E 轴货车转向架。单轴转向架在国内应用较少，在欧洲应用较多。三轴和多轴转向架可有效突破轴重的限制，提高转向架的承载能力，主要用于运送各种笨重货物（如大型机床、发电机及汽轮转子等）的大型货车上。

5. 按速度等级分类

根据我国铁路技术政策及发展需要，货车转向架按速度等级分为最高运行速度 100 km/h(≥25 t 轴重时)的重载货车转向架、最高运行速度 120 km/h(<25 t 轴重时)的提速货车转向架、最高运行速度 160 km/h 的快速货车转向架和最高运行速度 200 km/h的高速货车转向架。

6. 按承载载荷的传递方式分类

按承载载荷的传递方式可分为心盘集中承载、心盘和旁承联合承载、全旁承承载三种类型的转向架，结构简图如图 1-8 所示。我国目前大部分货车转向架主要采用心盘和旁承联合承载，这种承载方式可以实现车体和转向架之间适宜的摩擦回转阻力矩，从而有效抑制车辆的蛇行运动。

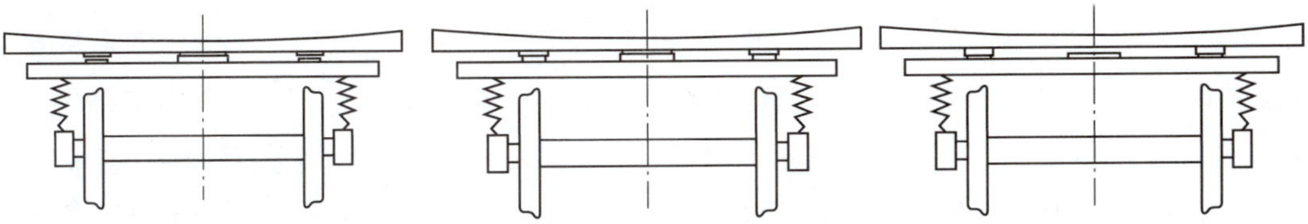

(a) 心盘集中承载　(b) 心盘和旁承联合承载　(c) 全旁承承载

图 1-8 车体载荷传递方式

7. 按功能分类

铁路货车转向架按功能分类可分为：主要为实现增加转向架横向柔性的摆动式转向架；主要为实现降低轮轨磨耗、优化曲线通过性能等功能的径向转向架以及主要为实现提高三大件式转向架抗菱刚度、提高其临界速度等功能的交叉支撑式转向架。

第二章　铁路货车转向架的发展

第一节　国外铁路货车转向架的发展

自19世纪初铁路开始运营以来，一直以其运量大、速度快、安全、节能等优势作为人类最重要的交通运输方式，对世界各国的经济发展起到了十分重要的作用。铁路货物运输重载、高速一直是世界各国追求的目标。如今，美国65%的铁路货车采用F轴(轴重29.8～32.43 t)，部分采用G轴(轴重35.7 t)，货车平均载重84.3 t；俄罗斯铁路货车普遍采用23.5 t轴重，欧洲国家铁路货车一般采用22.5 t轴重，正向25 t轴重过渡。在速度方面，北美快运货车运行速度达到120 km/h；欧洲快运货车速度达到120～160 km/h，已经出现200 km/h的高速货车。转向架作为铁路货车的关键部件，随着技术的发展，也出现了不同类型的体系，主要包括：以中国、美国、俄罗斯为代表的铸钢三大件式转向架，采用铸造摇枕、侧架，轮对导框定位和中央悬挂结构，典型代表有侧架交叉支撑转向架、控制型转向架、稳定型转向架、侧架摆动式转向架和运动控制型转向架等；以欧洲为代表的焊接构架式转向架，采用焊接"H"形构架和轴箱一系悬挂结构，典型代表有Y25、Y37、DB661、DRRS和TF25等型转向架；以南非为代表的Scheffel自导向转向架，采用铸造摇枕、侧架，轮对径向装置，一系轴箱弹性垫和二系中央悬挂装置结构，典型代表有20 t轴重的MK-Ⅲ、MK-Ⅶ型转向架和26 t轴重的MK-Ⅴ型转向架。

一、侧架交叉支撑转向架

20世纪70年代，美国铁路货车随着轴重和运行速度的逐步提高，发现铸钢三大件式货车转向架存在运行性能不良、轮缘磨耗严重等问题，有的货车运行速度超过70 km/h时出现剧烈的蛇行运动，限制了运行速度的进一步提高。美国自1976年开始采用侧架交叉支撑技术以改进三大件式货车转向架的运行性能，在Barber型转向架的两个侧架下部加装交叉支撑装置，即成为侧架交叉支撑转向架，如图2-1所示。

美国伯灵顿北方铁路公司(BN)于1984年—1986年对装用侧架交叉支撑装置的运煤车进行了试验，结果表明车轮磨损率比传统三大件式转向架车轮磨损率减少了50%以上。随后在科罗拉多普韦布洛铁路运输试验中心(现TTCI)的FAST试验线进行了运行试验，以128 km/h的最大速度运行时被试侧架交叉支撑转向架车辆没有出现蛇行运动失稳，横向和垂向加速度明显减小，整个试验过程均保持良好的运行平稳性，并证明交叉支撑转向架技术可以节能。

图 2-1 北美铁路货车侧架交叉支撑转向架

美国货车租赁公司(TTX)从 1996 年开始对多层小汽车运输货车的既有 Barber 型转向架加装侧架交叉支撑装置,以改善小汽车运输车的运行品质,避免损坏小汽车,减少该型货车的车轮磨耗,延长转向架的修理周期,减少转向架的维修养护。该小汽车运输车的最高运行速度为 128 km/h,平均速度为 96～112 km/h。

加拿大铁路从 1988 年开始装用侧架交叉支撑装置,1991 年开始大批装用。加拿大太平洋铁路公司 1988 年共有 1 600 辆装用侧架交叉支撑装置的运煤货车。该交叉支撑装置装于载重 100 t 货车的 Barber S-2 型或 Barber S-2-HD 型转向架上,主要目的是将载重 100 t 运煤货车增载到 110 t,并改善车轮踏面剥离与轮缘磨耗现象。该货车在山区最高运行速度为 80 km/h,在平原最高运行速度为 96 km/h。根据 7 年的运用及检查、维修情况来看,转向架各部磨耗大为改善。在运行 92 万 km 条件下,大多数零部件仍未磨耗到限,能继续使用。该运煤货车的良好运用情况改变了太平洋铁路公司的预防性车辆养护计划,转向架维修养护成本减少 46%,车轮踏面剥离问题大大改善,剥离速率降至原来的 1/5。到目前为止该公司已经有至少一半的车辆装用了侧架交叉支撑转向架。

在美国和加拿大铁路上,新造和改造的交叉支撑转向架应用于载重 70 t、100 t 和 125 t 的货车,主要车型有小汽车运输车、关节式平车、双层集装箱平车、装有端墙的平车、罐车、运煤车、矿石漏斗车、敞车、棚车等。

北美铁路运输技术中心(TTCI)和 Vale 公司(当时称 CVRD)于 1996 年开始研究车轮和钢轨的滚动接触疲劳问题,试验列车包括来自 Cobrasma、Maxion、FNV 公司的 24 辆配有侧架交叉支撑转向架的车辆和 18 辆配有普通三大件式转向架的车辆,被随机分布在试验列车中。运行 13.6 万 km 后对试验列车进行了检查。试验结果表明:

(1)侧架交叉支撑转向架有 3.5%的车轮出现滚动接触疲劳损伤,而普通三大件式转向架为 58.9%。

(2)侧架交叉支撑转向架的车轮轮缘磨耗速度是普通三大件式转向架的 1/2。

(3)侧架交叉支撑转向架车轮踏面磨耗速度与普通三大件式转向架相近。

(4)侧架交叉支撑转向架的车轮寿命是普通三大件式转向架的 2 倍多,各磨耗部位基本无磨耗，延长了配有侧架交叉支撑转向架车辆的常规检查和维护周期。

基于侧架交叉支撑转向架良好的运行稳定性、轮轨低磨耗和低维护成本，目前巴西铁路敞车、粮食漏斗车和矿石漏斗车等车型上开始批量装用侧架交叉支撑转向架。

美国、加拿大、巴西采用的侧架交叉支撑转向架总量并不多，约有 1.3 万辆。我国货车转向架于 2003 年逐步采用了交叉支撑技术，转 K2 型、转 K6 型、DZ1 型、DZ4 型三大件式转向架均为侧架交叉支撑转向架。目前，中国约有 75 万辆货车装用交叉支撑转向架。

二、侧架摆动式转向架

1970 年研制成功的侧架摆动式(Swing Motion)转向架是由美国原 ABC-NACO 公司根据铁路货运发展的需要，为了从根本上解决传统三大件式转向架存在的运行速度不高、运行性能不良、轮缘磨耗严重等情况于 1970 年研制开发的一种新型转向架。摆动式转向架在原摇枕—侧架三大件基础上又增加了把左右两弹簧组连接在一起的弹簧托板，该弹簧托板坐落在左右侧架承台上的一个可摇动的支承座上，而左右侧架又分别支承在前后两个轴承承载鞍顶部的摆块上，这样，左右侧架就形成了可左右摆动的吊杆。这种摆式吊杆机构增加了车辆的横向柔性，可以提高车辆的横向稳定性、降低轮轨磨耗等。

1990 年，约有 3 000 辆侧架摆动式转向架装用在美国铁路货车上，经试验和实践证明，该转向架性能优良、耐久性好。自此，摆动式转向架应用在对运行速度和运行品质要求较高的多种货车上，如小汽车运输车、隔热棚车、平车、守车、集装箱车等，另外美国公铁两用车多采用经过特殊设计的摆动式转向架。目前，摆动式转向架已在中国、美国、加拿大、英国、泰国、韩国等国家应用，全世界已累计超过 10 万辆投入运用。

摆动式转向架基本结构如图 2-2 所示。

图 2-2　摆动式转向架

摆动式转向架结构上仍可归属于铸钢三大件式转向架，但较其他转向架结构简单、车轮均载性好。采用类似于客车转向架摇动台的摆动机构，摆动式转向架横向具有两级刚度特性，大幅增加了车辆的横向柔性，提高了车辆的横向动力学性能，降低了轮轨间的磨耗，提高了车辆的运行品质。同时由于摆动式转向架摇枕挡位置下移，使侧滚中心降低，对侧滚振动控制加强，有效地减小了爬轨和脱轨的可能性，尤其是对高重心的货车，显著提高了其脱轨安全性。

国内、外摆动式转向架的主要用户和装用车型见表 2-1。

表 2-1 国内、外摆动式转向架装车情况

用户	车型	车辆最高运行速度(km/h)	装车数量(辆)
美国货车租赁公司(TTX)	小汽车运输车	130	21 000
美国货车租赁公司(TTX)	关节式双层小汽车运输车	130	20 000
美国货车租赁公司(TTX)	带端墙平车	130	1 000
美国罗得罗拉公司	Mark-V 型公铁两用车	112	3 000
美国 SP、GE、CSX 公司	纸张运输棚车	125	500
美国福特公司	棚车	125	100
美国铁路客运公司	与客车混编的棚车	144	300
加拿大国铁	关节式集装箱平车	110	2 000
英国 EWS 公司	平车	130	1 000
中国国家铁路集团有限公司	敞车、平车、双层集装箱车	120	34 832

美国铁路客运公司装用摆动式转向架的与客车混编的棚车如图 2-3 所示。

图 2-3 美国铁路客运公司的与客车混编的棚车

三、自导向径向转向架

20 世纪六七十年代以来，随着铁路货运需求的逐步增长，铁路货车转向架的技术也迎来了快速发展。副构架式转向架作为一种自导向径向转向架，成功解决了传统货车转向架运行稳定性和曲线通过性能之间的矛盾，在南非、北美、英国等国家和地区相继批量投入运用。

1.南非径向转向架

南非铁路为轨距 1 067 mm 的窄轨线路，但自 20 世纪 60 年代以来，南非铁路在重载技术发展的进程中发挥了重要作用，其中一个重要原因就是 1970 年由赫尔伯特·谢菲尔独创了径向转向架。该径向转向架采用副构架将两轮对的运动耦合，实现良好的曲线通过性能和直线运行稳定性。通过多年发展，南非铁路形成了轴重 18～30 t 的 MK 系列 Scheffel 副构架式径向转向架，目前约有 5 万余辆装配轴重 26 t 的 MK-Ⅴ型转向架（图 2-4）和轴重 30 t 的 MK-Ⅵ型转向架的货车在南非铁路重载运输中运用。

南非先前使用的 20 t 轴重传统三大件转向架平均运行 75 000 km 后，车轮即因轮缘磨耗到限而进行旋修，车轮平均寿命约为 40 万 km。使用 Scheffel 径向转向架后，车轮磨耗显著降低，Sishen-Saldanha 铁矿石线上运用的 26 t 轴重径向转向架车轮平均磨耗率为 1 mm/15 万 km。若车轮踏面磨耗的旋修限度为 6 mm，车轮的旋修周期可超过 90 万 km，且其运用中轮缘磨耗较小。由于车轮磨耗率的降低，南非轨道的寿命和能源使用效率得以大幅提高。当南非使用传统 18. 5 t 轴重三大件转向架时，半径 300～500 m的曲线轨道平均运量 7 000 万 t 后就必须更换，而使用 26 t 轴重的 Scheffel 转向架在里查德湾煤炭线上，同样轨道在运量达到 15 亿 t 后仍可使用。南非铁路曲线线路占总里程的 30%，据统计仅使用 Scheffel 转向架可节约能源 4%。

为适应不同环境下的重载运输，南非铁路相继开发了承载鞍与副构架分离式和一体式、铸钢和焊接等不同形式的副构架技术，并在世界上 20 余个国家得到成功运用，图 2-5 是在瑞典斯堪迪那维亚北部纳维克到路利亚之间铁矿石线上使用的 30 t 轴重副构架式转向架。

图 2-4　MK-Ⅴ型转向架

图 2-5　瑞典铁矿石线 30 t 轴重副构架式转向架

对角斜撑副构架式 Scheffel 转向架，如图 2-6 所示，是在原铸钢三大件的基础上加一个轮对连接拉杆，安装在一个轮对的左右两个承载鞍上，前后两个轮对连接拉杆间由两根斜拉杆销接，侧架和承载鞍之间安装剪切刚度很小的夹层橡胶垫，这样的结构能够减少轮对的偏转约束，允许车轮径向或者八字形位移，限制转向架菱形变形。在提高系统稳定性的同时，可防止普通转向架通过曲线时由于前后轮对平行，导致内、外侧车轮轮缘和踏面与钢轨之间的爬行和硬挤，避免轮对高速滚动时蛇行运动和跳动。1976 年，南非铁路在比勒陀利亚北站和德维尔德间，对装有对角斜撑副构架式 Scheffel 客车转向架进行了试验，最高运行速度达 200 km/h 以上，创造了窄轨铁路的世界纪录。随后在南非重载铁路理查德湾煤运输线和萨尔达尼亚矿石运输线上表现出了良好的运行品质，车轮使用寿命普遍可达 10 年以上。

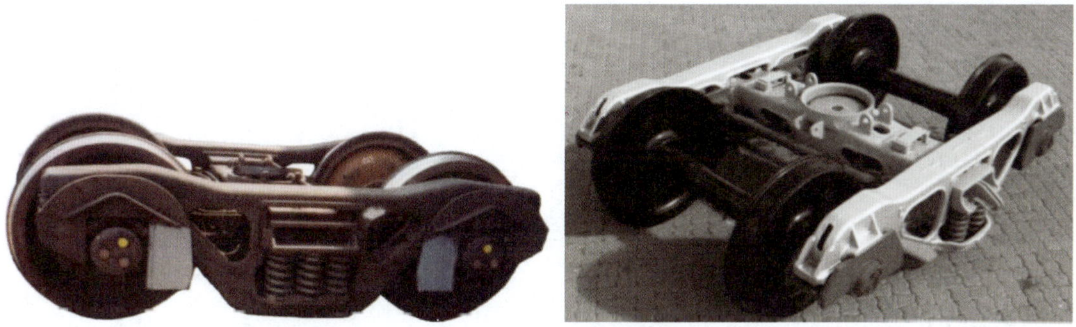

图 2-6 对角斜撑副构架式 Scheffel 转向架

A 型构架式 Scheffel 转向架是赫尔伯特·谢菲尔利用对角斜撑副构架式 Scheffel 转向架原理进行的设计开发，如图 2-7、图 2-8 所示。其基本结构为两个弓形导向臂分别固定于每条轮对的两个承载鞍上，通过摇枕上的孔连接起来，以提供轮对间的对角控制，起到稳定和导向作用，在承载鞍和侧架之间安装夹层橡胶垫，提供轮对弹性悬挂，橡胶垫较小的纵向刚度可方便轮对进入曲线时径向排列。该转向架在南非仅有少量运用。

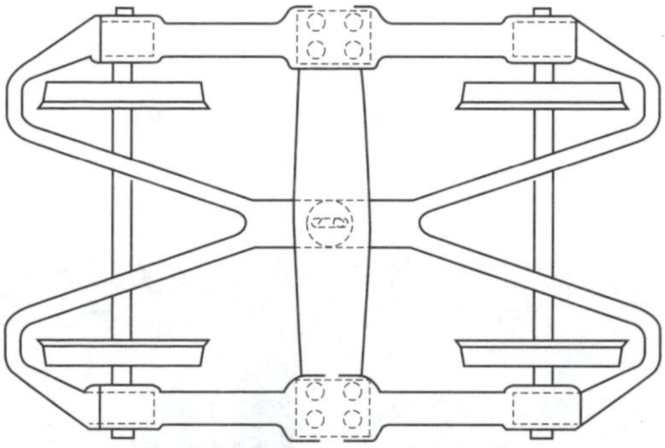

图 2-7 A 型构架式 Scheffel 转向架结构

图 2-8 A 型构架式 Scheffel 转向架

外径向臂转向架是赫尔伯特·谢菲尔 1998 年对对角斜撑副构架式 Scheffel 转向架加以改进，将内对角斜撑构架改进成外侧悬挂径向装置后设计的转向架，其原理与对角斜撑副构架式 Scheffel 转向架的原理完全相同，如图 2-9 所示。该转向架在侧架外设置了径向臂和限力装置，径向臂和承载鞍铸为一体，限力装置在一定预紧力的作用下将前后径向臂联系在一起。车辆直线运行时限力装置锁闭，前后轮对纵向连接刚度很大，避免了斜楔摩擦减振器磨耗后转向架抗菱刚度的不足，保证转向架足够的稳定性；车辆曲线通过时，限力装置的拉压力达到一定的阈值后开始释放，解除前后轮对的摇头约束，充分发挥轮对的径向性能，使车辆得到优越的曲线性能。其结构更简单，性能更好，轮轨作用力更小，生产成本更低。但该转向架在南非没有运用，只在毛里求斯和我国生产过样机。

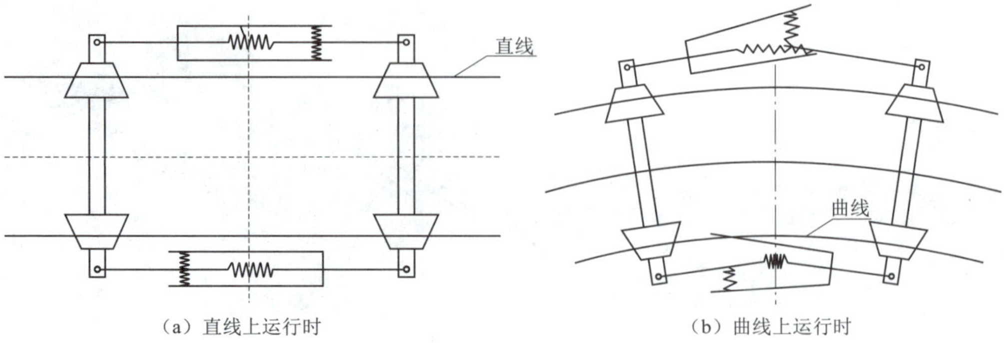

图 2-9　外径向臂转向架原理

2. 北美 DR 系列副构架式径向转向架

DR-1 型转向架是由美国铁路工程协会 H. A. List 在传统三大件转向架基础上研制的一种自导向径向转向架，其径向装置的两导向臂通过摇枕心盘一侧的一个孔用销钉和弹性体套铰接。美国铁路对其做过大量的试验研究，于 20 世纪 70 年代开始运用于北美的 4 个主要干线上。

加拿大 Dofasco 公司在 DR-1 型转向架的基础上研制了 DR-2 型转向架。DR-2 型转向架的导向臂连接用短杆代替铰接，以适应偏心连接引起的纵向运动。另外还加设了辅助横梁构成准构架，兼有刚性构架和普通三大件转向架的优点，可以安装盘形制动系统。同 DR 系列对应，北美铁路还开发了 AR-1、AR-2 型自导向径向转向架，导向臂连接在转向架中心摇枕的心盘下，结构比 DR 系列复杂，如图 2-10 所示。

图 2-10　AR 型径向转向架

加拿大 CPR 和 CNR 西部运煤线路采用装配 32.43 t 轴重的 DR-1 型径向转向架的 NRC-ASW 和 AAR1B 敞车进行重载运输，实现了较好的经济效益。加拿大铁路新设计的 Resco 重载货车径向转向架的试验和运用考验表明，DR-1 型转向架在 4°以上曲线运行时的滚动阻力是传统三大件式转向架的 1/2，在实际线路上运行时可节省约 21.7%的能源；轮缘磨耗率与常规转向架的比值达 1∶13.3；每运行 16 万 km，单台转向架取得的经济效益在 1 700～3 260 美元之间。

3. 北美 Barber-Scheffel 副构架式径向转向架

Barber-Scheffel 转向架（图 2-11）是美国引进南非 Scheffel 技术对原型 Barber 转向架改造而成的。同 Scheffel 转向架相比，它只对原设计做了少许修改。Barber-Scheffel 的侧架同普通三大件转向架侧架相似，但为了与弹性剪切橡胶堆组装，导框定位改为两个底座的形式。侧架坐落在副构架轴箱两侧的 4 个弹性垫上。Barber-Scheffel 转向架 1978 年开始运用，试验车在运行 320 万 km 后无须更换减振器，轮缘磨耗也比 ASF 标准转向架减少 56%左右。

图 2-11　Barber-Scheffel 转向架

4. 英国 Cross-Braced 副构架式径向转向架

英国铁路以 Wickens 理论设计的 Cross-Braced 转向架（图 2-12），也是采用副构架结构的自导向径向转向架。导向机构为两个空心“A”形构架，一端刚性栓接在轮对轴箱上，另一端在摇枕下用一个球形枢轴相互连接，轴箱和侧架间用剪切橡胶垫连接。

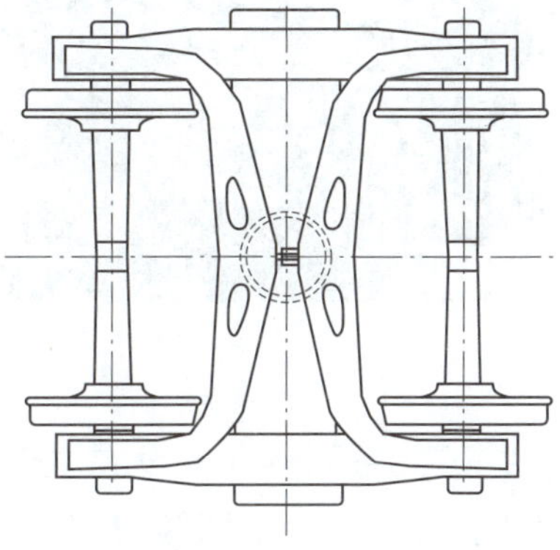

图 2-12　Cross-Braced 转向架

四、焊接构架式转向架

与世界其他区域不同，采用焊接构架式转向架是欧洲铁路货车转向架的鲜明特色。欧洲采用的货车构架式转向架多达几十种，由于篇幅有限，现仅介绍其主流或具有代表性的几种构架式转向架。

1. 板簧式转向架

欧洲早期出现的货车转向架是板簧链接式结构，大概在 1925 年出现，到 20 世纪 50 年代发展成为 G 系列转向架，后来经过不断地改进，该类转向架的性能比较稳定，通过曲线能力较强，但是自重比较大，板簧制造和检修难度较大。如今，这种类型的转向架在欧洲也有少量的使用，如图 2-13 所示。

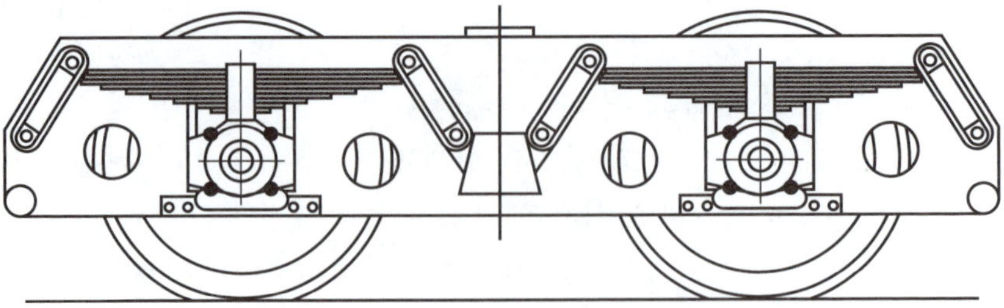

图 2-13　板簧链接式转向架(G70 型转向架)

2. Y25 系列转向架

20 世纪五六十年代，欧洲的货车转向架处于一个快速发展的阶段，Y 系列的转向架就是在这个时期研制出来的。Y25 型转向架研制以前曾出现过 Y19 型、Y21 型、Y23 型等转向架，该系列的货车转向架都是以字母“Y”加上两位奇数来命名的。

Y25 系列转向架是法国铁路部门研制出的一种采用焊接构架和一系利诺尔干摩擦减振器轴箱悬挂的货车转向架，如图 2-14 所示。由于其具有非常理想的运行和运用性能指标，因此 1967 年欧洲铁路联盟(UIC)将其确定为西欧铁路的标准货车转向架，至今仍然是欧洲的主型货车转向架，运用经验超过 50 年。其运行速度最高为 120 km/h，轴重有 20 t、22.5 t 和 25 t 三种。其结构形式已经演变为带端梁和无端梁两种，制动形式有双侧闸瓦制动、单侧闸瓦制动、单元踏面制动、单元轴盘制动等多种形式。

图 2-14　Y25 系列转向架

Y25 系列转向架发展主要分三个阶段：Y25C、Y25R、Y25L，同种类型的不同型号大概有几十种，按照转向架轴重的不同分类见表 2-2。

根据市场运用需求，欧洲货车制造公司开发了一种具备径向特性的 Y25 型转向架，如图 2-15 所示。其轴箱采用双侧利诺尔减振器，降低轮对纵向定位刚度，提高轮对的曲线通过性能，降低轮对磨耗。为了提高转向架直线运行稳定性，前后轮对之间安装了轮对连接装置(两交叉杆之间没有连接)，此种低弯曲刚度和高剪切刚度的组合方式，可达到转向架同时具备高曲线通过能力和高直线运行稳定性的目的。

表 2-2　Y25 系列转向架的分类

轴重	转向架型号
20 t	Y25Rstm，Y25Rst，Y25Rsm，Y25Rsimf，Y25Rsim，Y25Rsif，Y25Rsif,，Y25Rsi，Y25Rs2m，Y25Rs2，Y25Rsa，Y25Rs，Y25Lsod1，Y25Cstm，Y25Cst，Y25Csm，Y25Csimf，Y25Csim，Y25Csif，Y25Csi，Y25Cs2m，Y25Cs2，Y25Cs1m，Y25Cs1，Y25Cst1，Y25Cs，Y25Cm1，Y25Cm，Y25C1，Y25C
22.5 t	Y25Lstm，Y25Lst，Y25Lsodm，Y25Lsif，Y25Lsi，Y25Ls(s)i1，Y25Ls(s)i2，Y25Ls(s)i1f，Y25Ls(s)i2f，Y25Lsdm，Y25Lsd2i，Y25Lsd2，Y25Lsd1，Y25Ls(s)m，Y25Ls(s)，Y25L(s)1
25 t	Y25XLs(s)，Y25XLs(s)if

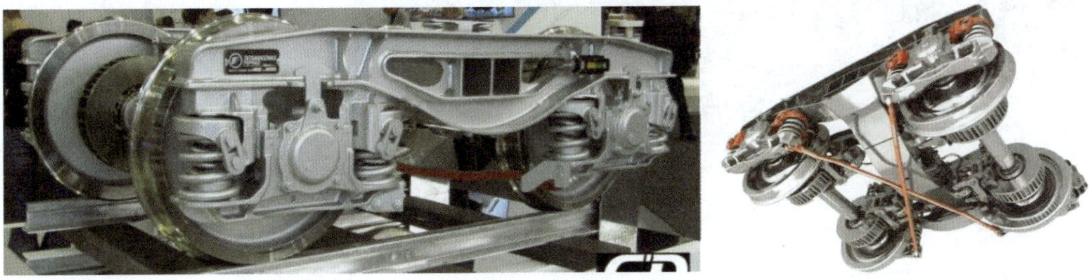

图 2-15　Y25 型径向转向架

3. Y37 型转向架

Y37 型转向架用于欧洲快捷货车，为了适应不同速度，有每轴两个制动盘和每轴三个制动盘两种配置，分别如图 2-16 和图 2-17 所示。同 Y25 型转向架一样，Y37 型转向架的轴箱定位采用轴箱导框、螺旋钢簧加单侧顶柱式利诺尔摩擦减振器的方式，二系悬挂采用了摇动台的形式，以降低横向刚度。1997 年，Y37 型转向架线路试验的最高速度达到 281.8 km/h，创下了货车运行速度的世界纪录。

图 2-16　Y37/VR 型转向架

图 2-17　Y37/VVR 型转向架

4. 德国 DRRS 型转向架

为满足德国联邦铁路夜间在 ICE 高速铁路上开行快速货车的需要，德国 TALBOT 机车车辆厂于 20 世纪 80 年代末成功研制出一种采用焊接构架、轴箱橡胶弹簧悬挂和单侧顶柱式摩擦减振器定位的 DRRS 型货车转向架，其轴箱弹簧装置采用双层橡胶圆环形弹簧和顶柱式摩擦减振器，如图 2-18 所示。转向架轴箱悬挂装置充分利用了橡胶弹簧的非线性特点，可提供空车和重车动力学性能需要的弹性及阻尼，其最高试验速度达到 230 km/h。该系列转向架近年来被大批量投入运用，其运用轴重最大达到 25 t，运用速度达到 120～160 km/h。

图 2-18　德国的 DRRS 转向架及轴箱悬挂

5. 意大利 Fiat 快速货车转向架

Fiat 快速货车转向架由意大利 FIAT 公司研制，如图 2-19 所示，最高商业运行速度 140 km/h，轴重 22.5 t。其轴箱悬挂采用了轴箱两侧螺旋钢弹簧和拉杆式轴箱定位装置，这种悬挂方式可使轴箱结构简化，有效降低簧下质量，实现无磨耗设计。在轴箱弹簧内部安装垂向液压减振器；构架由两箱型侧梁和横梁组焊而成；二系悬挂采用橡胶堆，车体的全部载荷由位于左右两侧梁的橡胶堆承载。

图 2-19　意大利 Fiat 快速货车转向架

6. 瑞士 LEILA 型货车转向架

为了降低转向架自重、车辆运行噪声及轮轨磨耗，瑞士 JOSEF MEYER 公司与德国柏林 TU 大学研究人员联合，于 2002 年开发出了一种轻型低噪声 LEILA 型货车转向架，如图 2-20 所示。该转向架运行速度为 120 km/h，轴重为 22.5 t。LEILA 型货车转向架具有以下典型结构特点:(1)采用内侧轴箱悬挂结构,将一系轴箱悬挂放置在轮对内侧,此种结构可以同时降低轮对和构架质量。(2)一系悬挂采用橡胶堆弹簧、钢弹簧和垂向油压减振器,轮对定位刚度较小,降低磨耗和噪声。(3)采用轮对连接装置,提高轮对直线运行稳定性。(4)采用轮盘制动,提高制动性能,降低制动噪声。(5)车体和转向架接口和标准 Y25 型转向架接口一致。

图 2-20　LEILA 型货车转向架

7. TF25 系列转向架

20 世纪 80 年代初,英国铁路(BR)技术中心开始研发 25 t 轴重低轨道力(Low Track Force,LTF)新型货车转向架,即 TF25 系列转向架的前身 LTF 转向架,如图 2-21 所示。LTF 转向架采用内轴箱悬挂设计方案,较大程度减轻了自重和簧下质量;借鉴客车转向架技术采用了两系悬挂模式,一系轴箱悬挂为钢弹簧悬挂加拉杆弹性定位方案,二系中央悬挂为大尺寸沙漏形橡胶弹簧全旁承承载加垂向液压减振器方案,同时实现了垂向和横向的低动力作用;采用轮盘制动方案,可提供足够的制动功率并降低车轮踏面磨损。

由于其采用了多项高成本技术,使得转向架制造成本在当时显得过于高昂,因此该转向架并未能得到推广应用。鉴于此,为了显著降低制造成本,在不损失任何原有性能前提下,针对 LTF 转向架进行了简化和重新设计,推出了第二代“线路友好”(Track Friendly,TF)TF25 转向架,如图 2-22 所示。该转向架轴距 2.0 m,最大轴重可达

25.5 t，空、重车最高运行速度均为 120 km/h，采用了传统外侧轴箱悬挂和整体焊接构架模式。一系轴箱悬挂采用柔软的钢弹簧悬挂、转臂弹性定位及垂向油压减振器；二系中央悬挂采用橡胶堆全旁承承载方案；制动系统采用单侧踏面制动模式。

图 2-21　LTF25 型转向架

图 2-22　TF25E 型转向架(单元集成单侧踏面制动)

英国 Axiom Rail 公司 2000 年根据 TF25 型转向架成功开发了 TF25SA 型高速货车转向架，如图 2-23 所示。TF25SA 型转向架是一个新型液压减振器和钢弹簧悬挂组合的单轴转向架，其轴重 25.5 t，最高运行速度为 160 km/h。该车运用于瑞典邮政货车上。

8. RC25NT 系列转向架

RC25NT(Radial Controlled 25 t Radsatzlast New Technology)系列货车转向架，是 ELH 近年来最新研发成功的新型焊接三大件自导向径向转向架，如图 2-24 所示。RC25NT 系列转向架主要有以下技术特点：(1)采用全钢焊接三大件技术，继承了三大件转向架轮载均衡性好的优势。(2)采用轮对连接装置，实现了该焊接三大件转向架直线运行高稳定性和曲线通过低磨耗的优良性能。(3)一系悬挂采用大挠度“八”字橡胶堆，二系悬挂采用拐臂式变摩擦减振器。(4)采用单元式轴盘制动，制动装置吊挂于小横梁之上，小横梁柔性安装于两侧梁之间。

图 2-23 TF25SA 型单轴转向架

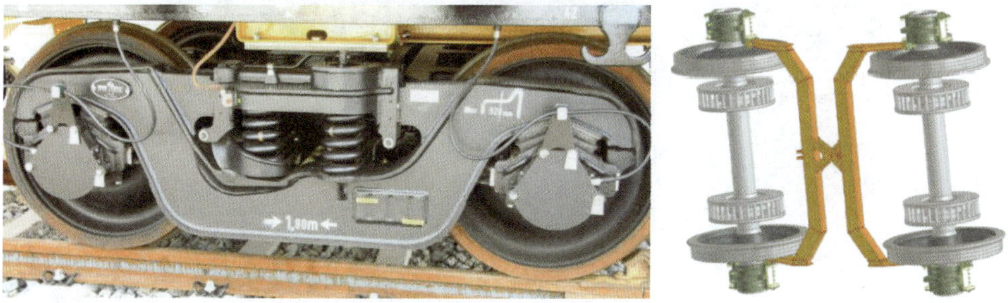

图 2-24 RC25NT 焊接三大件自导向径向转向架

该系列转向架可适应传统杠杆式单侧踏面制动、新型单元集成单侧踏面制动及轴盘盘形制动等各种制动系统的安装使用，相应的型号分别为 RC25NT-K、RC25NT-C 和 RC25NT-D。该型转向架具有低动力、低磨耗、低噪声、易维护等优点。

9. BER 型转向架

BER 型转向架结构如图 2-25 所示，为整体焊接结构的转向架，其中横梁和侧梁为铸件；一系采用了轴箱弹簧悬挂减振系统，采用类似斜楔的干摩擦减振器，为了避免转向架相对摩擦系数过大，斜楔作用于内簧，轴箱两侧的外圆弹簧和轴箱顶端两组弹簧均为承载弹簧。该转向架最大轴重 25.4 t，最高运行速度 120 km/h。

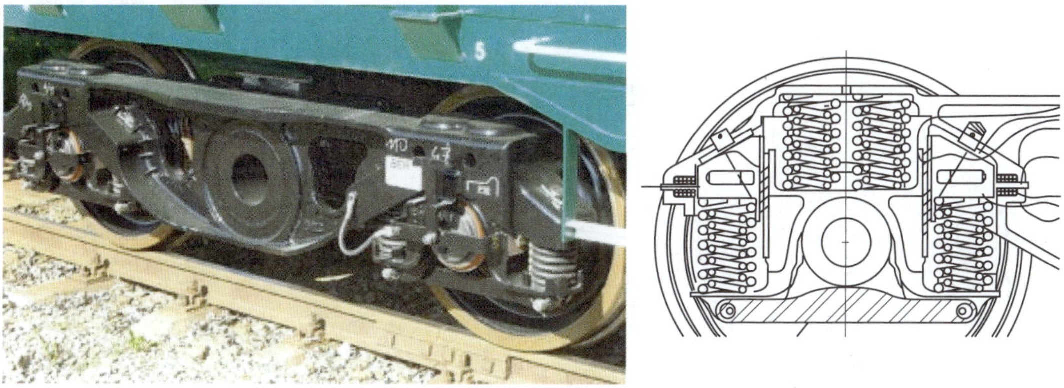

图 2-25 BER 型转向架及其轴箱悬挂系统

10. 板簧式单轴转向架

针对小载重的车辆，单轴转向架具有广泛的运用，且在整个欧洲货车领域占有较大的比重，板簧式单轴转向架如图 2-26 所示。板簧式单轴转向架主要有以下特点：(1)轮对数量少，重量轻，减轻了簧下重量。(2)结构简单，有利于降低维护成本，减少维修工作量。(3)易于实现轮对的径向调节功能，有利于小半径曲线的通过，降低了轮轨作用力和磨耗。

图 2-26　板簧式单轴转向架

第二节　我国铁路货车转向架的发展

我国铁路货车转向架经过新中国成立后七十余年的发展，在重载、提速技术上取得了举世瞩目的成就。通用货车轴重由 21 t 提高到 25 t、27 t，专用货车轴重发展到 30 t，车辆运行速度由 50～60 km/h 提高到 100～120 km/h，转向架运行平稳、磨耗轻微、运行可靠性高、检修成本低，适应了我国铁路“客货共线、高效周转、安全可靠”三大特殊要求，创造了中国铁路货车提速重载并举、独具特色的运输模式。

自新中国成立至今，我国铁路货车转向架主要经历了三个发展阶段。第一阶段从 1949 年至 1958 年，为学习借鉴生产的多种转向架运用阶段；第二阶段从 1958 年至 2003 年，为自主设计制造，以转 8A 型转向架为主型转向架的生产运用阶段；第三阶段从 2003 年至今，为提速重载转向架创新发展阶段。在三个发展阶段中实现了四次大的技术升级。

第一次技术升级，20 世纪 50 年代至 70 年代，逐步淘汰性能不良、轴重小的多种杂型转向架，使结构简单、性能较好的转 8A 型转向架成为货车主型转向架，方便制造、运用、检修，货车运营速度由 50～60 km/h 提高到 70～80 km/h。

第二次技术升级，20 世纪 90 年代至 2003 年，采用侧架交叉支撑技术对转 8A 型转向架进行提速改造，停止生产转 8A 型转向架，全面采用转 K2 型侧架交叉支撑转向架替换运用货车的转 8A 型转向架，对既有 50 多万辆运用货车进行提速改造，使货车运营速度由 70～80 km/h 提高到 120 km/h，满足货车全面提速要求。

第三次技术升级，2005 年至 2011 年，新造货车逐步停止装用 21 t 轴重转向架，载重 70 t 级通用货车和载重 80 t 级专用货车全面采用转 K6、转 K5、转 K7 型提速重载转向架，使我国铁路货车轴重由 21 t 提升到 23～25 t，速度 100～120 km/h，实现重载提速要求。

第四次技术升级，从 2011 年开始，我国开始研制应用 27 t 轴重 DZ1、DZ2、DZ3 型转向架和 30 t 轴重 DZ4、DZ5 型转向架，最高运行速度满足 100 km/h 运用要求，我国铁路货车的列车轴重、牵引重量和年运量均达到国际重载标准。

一、早期货车转向架

1949 年—1958 年我国铁路货车转向架主要是学习借鉴生产的转向架。包括载重 50 t 货车装用的转 1、转 3、转 4 型转向架，载重 60 t 货车装用的转 5、转 15、转 16 型转向架，以及参照苏联的哈宁型转向架设计制造的老转 8(原名 608)型转向架等。这些转向架不但形式繁多、结构复杂、强度低、载重小、运行性能差，而且故障多、检修不便，在使用过程中逐渐被淘汰。

二、转 8 系列转向架

转 8 系列转向架经历了由转 8 型→转 8A 型→转 8G(转 8AG)型→转 8B(转 8AB)型的发展历程，已被转 K2 型、转 K4 型转向架替代，如图 2-27～图 2-30 所示。

1958 年—2003 年，我国开始自主设计制造铁路货车转向架，以转 8A 型转向架为主型的转向架开始批量装用于铁路货车。转 8A 型转向架结构简单、自重较轻，在动力学性能等方面有了较大提升，但仍存在着转向架抗菱刚度低，临界速度不高，车轮轮缘、减振斜楔等磨耗严重的问题，运行速度长期在 70～80 km/h 左右徘徊，不能满足提速要求，于 2001 年停止新造。

图 2-27 转 8 型转向架

图 2-28　转 8A 型转向架

图 2-29　转 8AG 型转向架

图 2-30　转 8G 型转向架

为了满足货车提速的需要，应用侧架下交叉支撑技术改造转 8A 型转向架，满足车辆 100 km/h 商业运营速度的要求，2001 年改造后的转向架被命名为转 8AG 型转向架。2002 年，在全路展开将转 8A 型转向架改造为转 8AG 型转向架，2003 年末停止了既有装用转 8A 型转向架货车换装转 8AG 的改造。

为提高侧架强度储备，在转 8AG 型转向架的基础上，研制了转 8G 型转向架，主要用于新造。2001 年，转 8G 型转向架开始大批量生产；2002 年，随着商业运营速度可达 120 km/h的转 K2 型、转 K4 型转向架的批量生产，转 8G 型转向架停止生产。

为进一步提高既有转8G和转8AG型转向架的运用可靠性，2007年通过采用JC-1型弹性旁承、组合式斜楔和45钢立柱磨耗板、组合式制动梁和高摩合成闸瓦、"C"形交叉杆等技术完成了完善改造，改造后的转向架分别命名为转8B、转8AB型转向架。

三、提速货车转向架

20世纪90年代初期，我国开始进行新一代提速货车转向架的研发工作，自主创新了在两侧架间安装弹性中交叉支撑机构的转K1型转向架（图2-31），1999年小批量装于P_{65}型行包快运棚车和C_{76A}、C_{76C}型运煤敞车，其中装用于P_{65}型快运棚车的转K1型转向架被转K2型转向架替代，装用于C_{76A}、C_{76C}型运煤敞车的转向架被命名为转E21、转E22型转向架。转K1型转向架主要应用于出口铁路货车，已形成不同轨距及轴重的系列产品。

图2-31　转K1型转向架

1998年，为满足既有铁路货车120 km/h提速需要，分别研制了21 t轴重和23 t（25 t）轴重下交叉支撑转向架，线路动力学最高试验速度达到138 km/h。21 t轴重下交叉支撑转向架于2002年被定型为转K2型转向架（图2-32），开始大批量装用于新造货车，2004年开始批量用于既有货车提速改造，截至2008年底全国已有近40万辆货车装用转K2型转向架，成为我国铁路货车主型转向架，约占21 t轴重货车的97.7%。23 t（25 t）轴重下交叉支撑转向架于2003年被定型为转K6型转向架（图2-33），开始批量装用于C_{70}、C_{70E}、P_{70}、X_{2K}、NX_{70}型等通用货车和C_{80}、C_{80B}型等专用货车，是我国23 t轴重通用货车和25 t轴重专用货车的主型转向架，装车数量约占92.4%。

1998年，我国设计开发了21 t轴重转K3型转向架（图2-34），该转向架采用了整体焊接构架、轴箱一系悬挂、常接触弹性旁承、球面心盘等技术，基础制动装置装用单侧吊挂式踏面制动，主要用于X_{1K}型快运集装箱平车。

图 2-32　转 K2 型转向架

图 2-33　转 K6 型转向架

图 2-34　转 K3 型转向架

2001 年，在侧架摆动式转向架技术基础上研制开发了 21 t 轴重转 K4 型转向架（图 2-35），该转向架结构是在传统的三大件式转向架的基础上增加了弹簧托板，提高了转向架的抗菱刚度和车辆的横向运行品质，在 C_{64H}、NX_{17BH} 等新造车型上装车使用。

2003 年，在转 K4 型转向架的基础上，研制开发了 23 t(25 t)轴重转 K5 型转向架（图 2-36），主要技术原理和设计结构与转 K4 型转向架相似，在 X_{2H} 型双层集装箱平车、C_{80H}型运煤敞车和 70 t 级货车上装车使用。

图 2-35　转 K4 型转向架

图 2-36　转 K5 型转向架

2004 年，在 Scheffel 转向架技术基础上研制开发了 25 t 轴重转 K7 型转向架(图 2-37)，采用 U 形副构架将前后两轮对弹性连接，提高了车辆曲线通过性能，2007 年小批量装用于 C_{80BF}型运煤专用敞车。

图 2-37　转 K7 型转向架

四、重载货车转向架

2008 年—2012 年，为进一步提高运输效益，提高我国货车整体技术水平，使我国铁路货车全面达到国际重载标准，研制了 27 t 轴重 DZ1、DZ2、DZ3 型和 30 t 轴重 DZ4、

DZ5、DZ6 型转向架(图 2-38～图 2-43)，满足车辆最高运行速度 100 km/h 的要求。DZ1、DZ2、DZ3 型转向架完成装用于 $C_{80E(H、F)}$型敞车运用考验和产品定型工作，DZ4、DZ5 型转向架装用于 $C_{96(H)}$型运煤专用敞车并投入运用考验，DZ6 型转向架装用于 KM_{98AF} 型铝合金煤炭漏斗车。上述重载货车转向架具有优良的运行平稳性、安全性，低动力作用，良好的轮瓦及轮轨匹配关系，轮轨、轮瓦低磨耗等特点，为我国铁路全面跨入国际重载标准行列奠定了坚实基础。

图 2-38 DZ1 型转向架

图 2-39 DZ2 型转向架

图 2-40 DZ3 型转向架

图 2-41 DZ4 型转向架

图 2-42 DZ5 型转向架

图 2-43 DZ6 型转向架

五、快捷货车转向架

为适应我国快捷货物运输发展需要，自 2003 年至今先后研制了 16.5 t、18 t 和 21 t 轴重系列 160～220 km/h 快捷货车转向架(图 2-44)，早期采用轴箱定位方式，新研制的快捷转向架基本采用转臂定位结构，一系、二系安装有可变阻尼的垂向和横向液压减振器，提高车辆高速运行的稳定性和安全性。快捷转向架已完成样机试制，正在开展相关试验研究工作，不久将会投入到实际运用中，为深入推进货运组织改革、适应高附加值货物运输需要，进一步发展快捷货物运输进行了有益尝试。

(a) 轴箱定位

(b) 转臂定位

图 2-44　快捷货车转向架

此外，为满足长大、特种、专用货车及个性化运输需求，还研制了 3 轴、4 轴、5 轴焊接构架式转向架(图 2-45)；为满足我国“一带一路”建设实施和互联互通技术发展需要，正在开展不同轨距间过轨运输转向架及变轨距转向架研制。

（a）3轴转向架

（b）4轴转向架

图 2-45　构架式转向架

同时，近十年来我国自主研发的出口货车转向架已形成系列产品并实现技术输出，轨距从 1 000 mm 到 1 676 mm，轴重从 14 t 到 45 t，展示了我国铁路货车综合技术水平。

第三章　铁路货车转向架的设计与试验

多年来，我国铁路货车转向架通过自主创新，大力推动技术发展，产品研发、工艺装备、技术管理水平全面提升。在不断推出满足铁路运输需求装备同时，形成了完整的设计、仿真分析和试验等方面的标准体系，为铁路货车转向架技术发展创新创造了良好的条件，满足了铁路货车转向架技术管理、设计、制造、检修、运用安全等各方面的需求。

本章着重介绍了铁路货车转向架的设计标准和设计原则，对摇枕、侧架、构架、弹簧、制动梁等转向架关键零部件作用载荷的分析确定、静强度和刚度分析评定、疲劳强度分析评定、轮对和轴承试验方法和车辆动力学试验标准进行了详细说明。

第一节　标准体系

目前，我国铁路货车转向架技术标准内容基本涵盖技术管理、设计、制造、检修、运用和安全检测等方面，主要包括：术语、标识、代码；安全性、有效性、可靠性；系统总体技术规范；产品的品种、规格、型式、尺寸；产品的性能、质量；零件的尺寸公差及其互换性；试验方法、检验方法、操作方法等各类方法；重要过程工艺规范；安全操作、劳动保护、安全卫生、保护健康、保护环境等方面的规范、规程；质量检验、维修养护、运营管理等各阶段的管理规程等。

我国铁路货车转向架技术标准体系分三个层次，即技术法规、国家（行业）标准和企业标准，主要内容见表 3-1。

表 3-1　铁路货车技术标准体系

标准层次	标准文件种类	主要内容
第一层	技术法规	所有指导铁路货车生产、运用、检修的技术法规。近几年在铁路货车生产中，中国国家铁路集团有限公司管理部门组织进行了大量的科研及技术开发工作，在此基础上以各种形式制定了满足重载提速运输需要的技术标准，这些技术标准和技术文件是铁路货车标准体系中的重要组成部分
第二层	国家标准	（1）铁路货车整机与外界产生相互影响的要素，主要部件间产生相互影响的要素规范。 （2）主要部件通用性的技术与检验要求
	铁道行业标准、规程	涉及安全、环境、健康等方面的部件及重要零件的技术要求和相关的需要统一的检查与试验方法及试验装备、重要工艺规则等
第三层	企业标准	主要涉及铁路货车装备制造、安装试验等内容。这些标准也是支持铁路货车可靠运行的重要组成部分，是技术标准体系中不可缺少的支持性标准

一、设计标准

1. 国外设计标准

国际标准是指国际标准化组织(ISO)、国际电工委员会(IEC)和国际电信联盟(ITU)制定的标准,以及国际标准化组织确认并公布的其他国际组织制定的标准。国际铁路标准化组织主要有UIC国际铁路联盟和ОСЖД国际铁路合作组织两个国际性组织。国外先进标准主要指经济发展水平较高、技术水平较为先进国家(地区)制定的国家(地区)标准或行业标准,国外铁路标准体系主要有北美铁路标准AAR以及德国工业标准DIN、日本工业标准JIS和欧洲标准EN中的铁路相关标准。其中,UIC和AAR标准的技术特点与我国铁路货车转向架技术发展方向较为一致,对我国新建立的铁路货车转向架设计标准有参考意义。

国外设计标准的特点:

(1)标准制、修订进入持续稳定的发展阶段。进入20世纪90年代,新技术设计标准快速发展,传统工业的标准数量比例下降;新制定标准数量减少,修订标准数量增加,标准的构成趋向更为合理,水平和质量有所提高。

(2)基础标准、方法标准和零部件标准构成现行标准体系的主体。

(3)标准的制、修订等标准化工作持续性高。相关标准的制、修订及整理工作随着技术发展不间断的同步进行,标准的制、修订工作超前进行,保证各项标准的时效性和指导性。

(4)基础性标准的制、修订,试验评估、检测标准等具有一定的前瞻性。

常用的铁路货车转向架国外设计标准见表3-2。

表3-2 铁路货车转向架国外设计标准

序号	标准编号	标准名称
1	AAR-M101	《经热处理碳素钢车轴标准规范》
2	AAR-M107	《碳素钢车轮》
3	AAR-M201	《铸钢件规范》
4	AAR-M202	《铸造或构造转向架摇枕设计和试验规范》
5	AAR-M203	《铸钢转向架侧架设计和试验规范》
6	AAR-M203A	《摇枕设计载荷技术条件三轴转向架摇枕和侧架设计试验要求》
7	AAR-M210	《AAR批准的联运货车侧架摇枕供货技术条件》
8	AAR-M934	《货车车轴滚子轴承》
9	AAR G-Ⅱ	《轮轴手册》
10	EN 15085	《轨道应用 轨道车辆及其部件的焊接》
11	SPEC-076-M-0048	《铁路车辆多次磨耗车轮技术规范》
12	SPEC-076-M-00066	《货车车轴技术规范》
13	SPEC-076-M-00067	《转向架用铸钢补充技术规范》
14	TSI标准附件J-2007	《车辆轨道互动和测定 转向架和走行机构》
15	UIC 510-3	《二轴货车转向架在试验台上的强度试验》

2. 国内设计标准

铁路货车转向架设计标准体系是我国铁路行业标准体系的组成部分，隶属于机车车辆标准体系中的车辆标准系统。随着我国铁路科学技术水平的不断提高，铁路货车转向架系统在长期的设计、制造、运用和检修过程中，也逐步建立、积累了大量设计标准，标准体系得到不断充实、完善，促进了我国铁路货车转向架技术的快速发展。随着我国铁路货车转向架关键技术的重大突破，提速、重载、可靠性三大技术全面提升，建立并逐步完善了 70 t 级、80 t 级货车转向架技术平台，形成了具有中国特色的铁路货车转向架设计标准体系。

我国铁路货车转向架重要设计标准包括 GB 146.1《标准轨距铁路机车车辆限界》、TB/T 1335《铁道车辆强度设计及试验鉴定规范》、GB/T 25024《铁道货车二轴转向架通用技术条件》、TB/T 1959《铁道货车摇枕、侧架静载荷及疲劳试验》、GB/T 5599《铁道车辆动力学性能评定和试验鉴定规范》。上述标准及其他相关标准构成了铁路货车转向架设计标准的完整体系，在转向架设计中起到了较大的作用。国内常用铁路货车转向架设计标准见表 3-3～表 3-5。

表 3-3　转向架总体设计标准

序号	标准代号	标准名称
1	GB 146.1	《标准轨距铁路机车车辆限界》
2	GB/T 25024	《铁道货车二轴转向架通用技术条件》
3	TB/T 1335	《铁道车辆强度设计及试验鉴定规范》
4	TB 1560	《货车安全技术的一般规定》
5	TB/T 2429	《铁道货车转向架基础制动装置技术条件》

表 3-4　转向架零部件设计标准

序号	标准代号	标准名称
1	TB/T 1959	《铁道货车摇枕、侧架静载荷及疲劳试验》
2	TB/T 2211	《机车车辆用压缩钢制螺旋弹簧》
3	TB/T 2988	《铁路机车车辆部件冲击试验方法》
4	TB/T 3225	《铁道货车交叉杆组成》
5	TB/T 3268	《铁道货车承载鞍橡胶垫》
6	TB/T 3269	《铁道货车弹性旁承》

表 3-5　轮轴设计标准

序号	标准代号	标准名称
1	GB/T 4663	《滚动轴承　推力圆柱滚子轴承　外形尺寸》
2	GB/T 6391	《滚动轴承　额定动载荷和额定寿命》
3	TB/T 449	《机车车辆车轮轮缘踏面外形》

续上表

序号	标准代号	标准名称
4	TB/T 1010	《铁道车辆轮对及轴承型式与基本尺寸》
5	TB/T 2705	《铁道车辆非动力车轴设计方法》
6	TB/T 3000	《机车车辆轴箱滚动轴承在轴箱试验机上的热试验方法》
7	TB/T 3017	《机车车辆轴箱滚动轴承在轴箱试验机上的耐久试验方法》

二、试验与评价标准

铁路货车转向架是铁路货车的走行装置，对铁路货车的线路运行性能有至关重要的作用。为保证铁路货车转向架投入使用之后，在使用寿命或检修周期内能够安全、稳定、可靠的实现其功能，必须依据一系列的试验标准对铁路货车转向架进行试验检测，以证明其功能、强度及可靠性满足使用要求。

1. 转向架总成试验标准

铁路货车转向架总成需要进行限界检查、称重检查，并验证其动力学性能是否满足试验标准要求。由于转向架自身不能单独运行，这些检查和试验一般结合整车试验进行，常用试验标准见表 3-6。

表 3-6　货车转向架总成试验标准

试验类别	试验标准
限界检查	GB 146.1《标准轨距铁路机车车辆限界》
	GB/T 16904.1《标准轨距铁路机车车辆限界检查　第 1 部分：检查方法》
称重检查	GB/T 5601《铁道货车检查与试验规则》
动力学性能试验	GB/T 5599《铁道车辆动力学性能评定和试验鉴定规范》

2. 疲劳强度试验标准

疲劳破坏是铁路货车转向架部件主要的失效形式之一，在新设计产品试制完成以及原有产品在结构、材质及工艺等方面有重大改变时，一般要进行疲劳试验来检验其疲劳可靠性是否能够满足运用要求。对于货车转向架构架、摇枕、侧架等关键承载部件，我国已制定了相关的试验标准和技术规范，形成了独具特点的试验评价体系。常用试验标准见表 3-7。

表 3-7　货车转向架承载部件疲劳强度试验标准

部件名称	试验标准
摇枕、侧架	TB/T 1335《铁道车辆强度设计及试验鉴定规范》
	TB/T 1959《铁道货车摇枕、侧架静载荷及疲劳试验》
	TB/T 3012《铁道货车铸钢摇枕、侧架》

续上表

部件名称	试验标准
构架	TB/T 1335《铁道车辆强度设计及试验鉴定规范》
	EN 13749《铁路应用　轮对和转向架　转向架结构要求的规定方法》
	UIC 510-3《二轴货车转向架在试验台上的强度试验》
圆柱螺旋弹簧	TB/T 2211《机车车辆用压缩钢制螺旋弹簧》
制动梁	TB/T 1978《铁路货车转向架　组合式制动梁》
交叉杆组成	TB/T 3225《铁道货车交叉杆组成》

货车转向架在弹簧装置、定位装置中使用了大量的橡胶弹性元件，如弹性旁承、轴箱橡胶弹簧、承载鞍橡胶垫等。对于货车转向架上使用的橡胶弹性元件，我国已制定了相关的试验标准和技术规范来考核其疲劳性能，常用试验标准见表 3-8。

表 3-8　货车转向架橡胶弹性元件疲劳强度试验标准

部件名称	试验标准
弹性旁承	TB/T 3269《铁道货车弹性旁承》
承载鞍橡胶垫	TB/T 3268《铁道货车承载鞍橡胶垫》

3. 静载荷、静强度试验标准

静载荷试验与静强度试验是检验产品使用性能的基本方法之一，主要用于考核产品结构是否合理，结构强度是否满足运用要求。常用试验标准见表 3-9。

表 3-9　货车转向架承载部件静载荷、静强度试验标准

试验类别	部件名称	试验标准
静强度	摇枕、侧架	TB/T 1335《铁道车辆强度设计及试验鉴定规范》
静强度	构架	TB/T 1335《铁道车辆强度设计及试验鉴定规范》
		EN 13749《铁路应用　轮对和转向架　转向架结构要求的规定方法》
		UIC 510-3《二轴货车转向架在试验台上的强度试验》
静载荷	摇枕、侧架	TB/T 1959《铁道货车摇枕、侧架静载荷及疲劳试验》
		TB/T 3012《铁道货车铸钢摇枕、侧架》
静载荷	制动梁	TB/T 1978《铁路货车转向架　组合式制动梁》

我国铁路货车三大件式转向架摇枕、侧架静强度试验按照 TB/T 1335《铁道车辆强度设计及试验鉴定规范》的有关规定进行，静载荷试验按照 TB/T 1959《铁道货车摇枕、侧架静载荷及疲劳试验》的有关规定进行。铁路货车组合式制动梁静载荷试验按照 TB/T 1978《铁路货车转向架　组合式制动梁》的有关规定进行。

构架式转向架静强度试验按照 TB/T 1335《铁道车辆强度设计及试验鉴定规范》、或 EN 13749 以及 UIC 510-3 的有关规定进行。

4. 轮轴系统试验标准

轮轴系统的试验标准主要用于考核车轴、车轮、组装好的轮对的车轴轮座疲劳性能以及轴承的耐久性能。常用试验标准见表 3-10。

表 3-10　货车转向架轮轴系统试验标准

部件名称	试验标准
车轴	EN 13261《铁路应用　轮对和转向架　车轴　产品要求》
车轮	EN 13262《铁路应用　轮对和转向架　车轮　产品要求》
轮对	EN 13260《铁路应用　轮对和转向架　轮对　产品要求》
轴承	TB/T 3017.1《机车车辆轴承台架试验方法　第 1 部分：轴箱滚动轴承》
	EN 12082《铁路应用　轴箱　性能试验》

5. 其他类型试验标准

对于货车转向架各部件，除了考核静载荷、静强度、疲劳强度性能外，根据其物理特性以及运用过程中的承载情况，还需对外观尺寸、刚度、摩擦系数、化学成分等方面进行考核。因涉及的技术文件过多，在此不逐一列出。其他部分试验标准见表 3-11。

表 3-11　货车转向架其他类型试验标准

试验类别	部件名称	试验标准
外观尺寸	摇枕、侧架	TB/T 3012《铁道货车铸钢摇枕、侧架》
	承载鞍	TB/T 3267《铁道货车承载鞍及弹性定位》
化学成分	摇枕、侧架	TB/T 3012《铁道货车铸钢摇枕、侧架》
	承载鞍	TB/T 3267《铁道货车承载鞍及弹性定位》
刚度试验	弹性旁承	TB/T 3269《铁道货车弹性旁承》
	圆柱螺旋弹簧	TB/T 2211《机车车辆用压缩钢制螺旋弹簧》
	承载鞍橡胶垫	TB/T 3268《铁道货车承载鞍橡胶垫》
摩擦系数	心盘磨耗板	TB/T 3270《铁道货车心盘磨耗盘》
	旁承磨耗板	TB/T 3269《铁道货车弹性旁承》

第二节　转向架设计原则

铁路货车转向架是车辆的重要部件之一，对车辆的运行平稳性和安全性具有重要影响，性能良好的转向架是铁路货车运行品质的重要保障。铁路货车转向架总体设计工作的重点在于根据其预期达到的功能和技术要求，提出切实可行的结构方案。铁路货车产品设计除了遵循机械产品的一般设计原则外，还有其自身的特点。

(1)符合法令、法规及环保要求，尊重知识产权。

产品设计应符合铁路发展的需要，符合铁路主要技术规范和相关标准的规定，符合社会对环境保护的要求。符合技术创新的规律，重视对知识产权的保护。

(2)安全可靠，经济合理，技术先进。

铁路货车转向架对整个车辆的运行平稳性和安全性具有重要影响，因此，在实现产品功能的基础上，最重要的是保证运用安全。转向架技术性能满足设计要求，并有适当的安全裕量，各构件本身及相互间结合应可靠。对转向架新产品设计必须经过试制、试验、运用考验等程序，以使设计更切合实际，保证安全。

合理的设计应该在保证产品功能的前提下，降低全寿命周期的使用成本。技术经济指标是一种由许多因素影响的综合性指标，因此必须统筹兼顾各影响因素。

积极推广和使用新技术、新工艺、新材料。推广和使用"三新"应遵循通过试验的原则，考虑批量生产的可能性，把学习国际、国内先进经验同创新思想结合起来。

(3)兼顾工艺，便于生产，合理选材。

产品的设计不单是结构设计，还应包括工艺设计和生产设计。设计与工艺、生产相结合，使得转向架结构制造工艺性良好。

选用材料的规格、牌号要力求简化、统一，材料来源应充足。

(4)坚持"四化"原则。

执行标准化、通用化、系列化、模块化的"四化"原则。在满足设计要求的前提下应尽量采用标准件、通用件、系列件或借用已有成熟的零部件。

(5)设计时应充分考虑转向架及零部件的检修工艺性，方便运用和维护。

一、通用性与专用性

通用货车转向架与专用货车转向架在总体设计中是有着一定区别的。专用转向架只适用于一种车辆或较少的几种车辆，转向架的使用条件比较单纯，各种工况比较明确，可以按照具体车辆的使用条件来设计转向架。如装配用于凹底平车、落下孔车、钳夹车等长大货车的多轴转向架、轨道工程车所装用的转向架等。

通用货车转向架适应的车种比较多，一般应适用于敞车、平车、棚车、罐车、漏斗车、保温车等多种货车。

一方面需要综合考虑作用于转向架上的载荷。为保证转向架具有足够的强度和刚度，要确定出最大可能的计算载荷，包括作用于心盘、旁承以及各零部件上的载荷。在计算风力引起货车的侧向载荷时应以侧面积最大的棚车为标准。

另一方面需要充分考虑通用货车转向架与车体的接口，包括传递车体载荷的接口和连接制动装置的接口。通用货车转向架普遍采用平面心盘，既要选用常见的心盘和旁承形式，还要使下心盘与下旁承之间的相对位置符合已有车体结构。新设计通用货车转向架时，既要考虑心盘面距轨面高度，又要考虑弹簧装置垂向刚度的差异表现在车体自重下挠度的不同，这主要影响车辆新造落成后车钩高度，影响车辆之间的连挂。

二、运用条件和功能分析

铁路货车转向架及其所装用车辆的运用条件是转向架功能分析的基础，功能分析为转向架的结构选型提供依据。运用条件包括使用环境、运输对象、线路及编组情况、最高运行速度、商业运行速度等。在商业运行速度范围内车辆应具有较好的动力学性能，最高运行速度则是动力学性能和零部件强度计算的依据。

我国幅员辽阔，铁路货车转向架需要在铁路线上运行，由于线路的条件和温度差异较大以及运输对象的不同，对车型的要求也不同，进而对转向架也有不同的要求。如棚车在充分利用其容积后往往还不能达到满载的重量，重心也比一般铁路货车高，棚车的这一运用特点应反映在转向架设计上，以提高运行平稳性和抗脱轨稳定性。

铁路货车转向架的功能包括走行、导向、减振、缓冲、承载及制动等，各种类型转向架结构及相关参数的差异，正是为了满足不同运用条件下的功能要求。如为适应小半径曲线较多的山区线路，推荐采用径向转向架；而对于带有押运人员的专用车辆，为提高押运人员乘坐舒适性，推荐采用带两系悬挂的构架式转向架。

三、技术参数和型式选择

转向架主要参数包括轨距、轴数、轴重、自重、限界、运行速度、寿命周期、心盘面高度等，这些主要参数决定着转向架所承受的载荷、各零部件的受力情况，是满足设计安全可靠性的重要依据；车体的结构和尺寸参数决定着转向架的对应接口情况，是保证连接可靠、运行安全的重要依据。

铁路货车转向架的重要技术指标（包括最高运行速度、不同的速度级等）是转向架设计选型的重要依据。运行速度要求不大于 80 km/h 时，考虑简化结构、降低成本、易于检修维护等方面，转向架可以采用三大件式等型式。运行速度要求在 80～120 km/h 范围，考虑良好的抗菱形变形能力、抑制蛇行运动等方面，转向架可以采用交叉支撑式、摆动式、副构架式、焊接构架式等型式。运行速度要求在 120 km/h 以上时，考虑较高速度情况下的抗菱形变形能力、运用的安全可靠性、轴箱弹性悬挂定位等方面，转向架宜采用整体构架式、多种弹性元件或关节连接的型式。

轴重是铁路货车转向架的重要技术指标之一，不同的轴重要求是转向架设计选型的重要依据。对于轴重不大于 25 t 的转向架，可采用轴箱刚性接触的结构，因为在轴重较小的情况下，轮轨之间的静载荷、动载荷以及轮轨之间的冲击均相对较小，对于线路基础建筑的破坏相对较低，实际运用的经验也证明是能够适应和匹配的。对于轴重在 27 t 及以上的转向架，宜采用轴箱具有一系弹性悬挂的低动力式结构，因为轮轨之间的动载荷以及轮轨之间的冲击关系曲线随着轴重加大而呈现几何级数的增长趋势，而轴箱部位的弹性悬挂可以减少簧下质量、降低轮轨冲击和动作用力、减轻轮轨磨耗、延长使用寿命、提高经济效益。同时轴箱一系弹性悬挂实现了轮对弹性定位，改善了转向架的曲线通过性能，可减少检修维护工作量，降低运营成本。

线路情况也影响到车辆运用和转向架选型，如丘陵、多山地区铁路的线路曲线相对较多，型式上宜选用具有优良的曲线通过性能的副构架式径向转向架。

通过分析能够初步确定转向架的主要参数和结构形式，而另外一些技术参数，如弹簧装置的形式与刚度、轴箱定位装置的形式与刚度、抑制蛇行运动的阻尼形式和参数、减振装置的形式与参数等，需要进一步进行运行性能的计算分析对比工作，分析运行平稳性指数、脱轨系数、轮重减载率、蛇行运动失稳的临界速度等，据此进行判断并优化，确定合理可行的转向架技术参数。

铁路货车转向架的设计选型，需要综合考虑运用环境、检修维护条件、性能参数要求、技术规范等内容，还需要参考既有的成熟运用中的转向架结构，进行合理的设计选型，更好的满足运用要求。

第三节　结构强度及动力学性能

一、结构强度

转向架结构强度评定，一般包括三方面的内容，即作用载荷的分析确定、静强度和刚度分析与评定、疲劳强度分析与评定。

转向架结构作用载荷(或力)的分析确定。作为既承载又作用于线路上的快速运行的转向架，在运行中承受着各种复杂且随机的作用载荷(或力)。因此，如何分析确定这些载荷之间的组合及取值是十分重要的。多年的实践表明：在转向架结构分析中应区别以下两种载荷：一种是在车辆使用寿命期中出现次数极少，甚至只有一次或数次，但其数值很大的载荷；另一种是转向架上的大部分交变载荷，出现极为频繁、对使用寿命有着重要影响。在构架式转向架分析中前一种称为超常载荷——运用中可能发生的最大载荷，它为转向架构架的静态设计提供了载荷计算依据；后一种称为模拟运营载荷——实际运营中经常发生的载荷，它为转向架构架疲劳分析和疲劳试验提供了准静态和动态载荷值。在三大件式转向架分析计算中主要强调极限载荷对摇枕、侧架的变形影响，以及疲劳载荷作用下的分析校核。此外，还需考虑各种悬吊装置所产生的动载荷，在相关的标准均有具体的分析。

转向架在载荷作用下静强度和刚度计算分析。转向架结构强度计算，传统方法是利用理论力学、材料力学、结构力学和弹性力学来求解，其中，“力法”在铁道车辆结构强度计算中得到了普及和广泛的使用，这种方法的计算精度较差，尤其对不规则的结构形状，计算误差较大。随着有限元法的发展和普及，目前在对铁道车辆结构的计算中，有限元法已起到了主导作用，可以获得较高的计算精度，并可以通过应力云图显示结构上的应力分布等。

静强度试验的目的是检验转向架结构在最大可能载荷组合下不发生破坏和永久变

形。通过在大应力区（特别是应力集中区）布置应变片或应变花获得各载荷下的应力值。

静强度评定：各载荷单独及组合作用下，转向架结构上任何点的应力值均不得超过材料许用应力。

转向架结构疲劳分析与评定。为实现车辆的快速、重载发展要求，采用了轻量化的转向架结构设计，因此正确评价转向架承载结构的安全性和可靠性是非常重要的。转向架构架（或摇枕、侧架），作为走行装置的重要部件，它承受着复杂的交变载荷。目前，在转向架焊接构架或铸造摇枕、侧架的疲劳强度设计方面，已形成了以 UIC 规程、JISE 4208《铁道车辆转向架构架设计通用条件》、AAR 机务标准以及我国铁道行业标准为代表的设计、评价体系。

根据转向架结构型式的不同，转向架结构强度分析的适用标准和评价方法也不相同。以下分别就三大件式转向架和焊接构架式转向架的分析评价进行介绍。

1. 三大件式转向架结构强度计算分析

三大件式转向架的结构强度分析评价主要指对摇枕、侧架的结构强度进行分析评价。其中刚度及疲劳载荷分析评价按照 TB/T 1959《铁道货车摇枕、侧架静载荷及疲劳试验》的有关规定进行，静强度分析评价按照 TB/T 1335《铁道车辆强度设计及试验鉴定规范》的有关规定进行。

（1）摇枕结构强度分析

对摇枕的结构强度分析主要从静强度、刚度和疲劳强度三个方面进行。

①摇枕静强度和刚度校核

摇枕静强度和刚度主要考核其在心盘垂向载荷、旁承垂向载荷以及横向载荷作用下的变形和应力。

一个转向架承受的总载荷为 P，计算见式（3-1）：

$$P=(2G-H)g \tag{3-1}$$

式中　P——一个转向架承受的总载荷，N；

G——轴重，kg；

H——一个转向架的质量，kg；

g——重力加速度，取 9.8 m/s^2。

摇枕静强度载荷包括垂向载荷和沿车体纵向作用的水平载荷。垂向载荷施加在摇枕心盘面上，摇枕两端弹簧支撑面处以刚性支撑，释放摇枕端部在摇枕纵向垂直平面内的回转自由度。横向载荷施加在摇枕一侧中央截面处，对摇枕另一侧八字面施加横向约束，同时释放端部侧面在摇枕水平平面内的回转自由度。

摇枕静强度考核共包括 2 个工况，工况 1 为 $1P$ 垂向载荷与 $0.25P$ 横向载荷的合成工况，工况 2 为单独 $0.8P$ 横向载荷工况。摇枕有限元仿真计算所得最大应力不得超过各工况下所对应材料的许用应力。摇枕常用材料对应的许用应力见表 3-12。

表 3-12 摇枕静强度工况许用应力

工 况	材 质	许用应力(MPa)
工况 1	ZG230-450	103
	B级钢	117
	C级钢	151
工况 2	ZG230-450	78
	B级钢	89
	C级钢	115

摇枕刚度考核内容、载荷值及允许最大变形量见表 3-13。

表 3-13 摇枕刚度考核内容、载荷值及允许最大变形量

刚度考核内容	载荷值(N)	允许最大变形量(mm)		
		B级钢	B+级钢	C级钢
横向载荷下的弹性变形	0.95P	1.91	2.54	3.05
旁承垂向载荷下的弹性变形	1.43P	1.40	1.60	1.78
心盘垂向载荷下的弹性变形	1.43P	1.91	2.31	2.67

②摇枕疲劳强度校核

摇枕疲劳载荷工况与考核标准见表 3-14。当 100 万次的疲劳载荷造成的摇枕各部位的累积疲劳损伤系数均小于 1 时，表明摇枕疲劳强度满足要求。

表 3-14 摇枕疲劳载荷工况与考核标准

载荷工况	疲劳载荷			考核标准
	定义	作用力	各载荷最低循环次数	评定曲线(脉动疲劳 S—N 曲线)
1	心盘浮沉载荷循环(Q)	0.33P～2.35P	不小于 37.5 万次	图 3-1
2	心盘边缘浮沉载荷循环($C-G$)	0.33P～2.35P	不小于 37.5 万次	
3	旁承侧滚载荷循环($Z-Z'$)	0～1.07P	不小于 25 万次	

参考 AAR 研究试验报告 R-387《关于制定疲劳设计使用的缺陷—品质判据的 AAR 指南说明》，缺陷系数 K_f＝1.5 下的 B+级铸钢摇枕的脉动循环应力—寿命曲线(S—N 曲线)，如图 3-1 所示。K_f＝1.5 仅代表正常铸造质量水平，偏离正常的质量和良好的铸造工艺，K_f 值会相应降低。

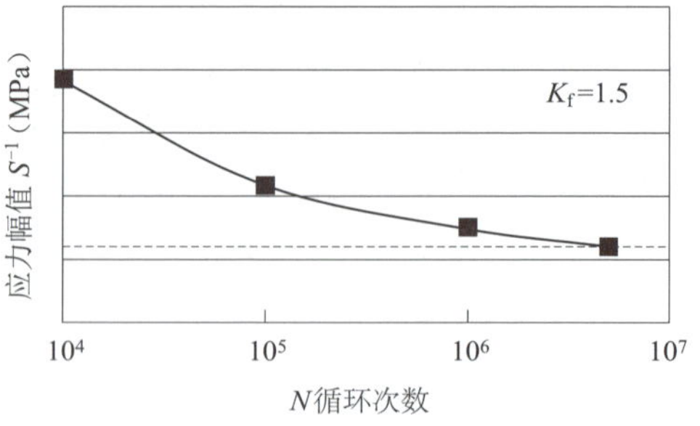

图 3-1 B+级铸钢件的脉动循环应力—寿命曲线
(AAR 设计基准，缺陷系数 K_f＝1.5)

(2)侧架结构强度分析

①侧架静强度和刚度校核

侧架静强度和刚度主要考核其在垂向载荷以及水平载荷作用下的变形和应力。

侧架轴载荷 C 的计算见式(3-2):

$$C=(G-T)g \tag{3-2}$$

式中 C——侧架轴载荷,N;

G——轴重,kg;

T——一个轮对的质量,kg;

g——重力加速度,取 9.8 m/s^2。

侧架静强度计算载荷包括垂向载荷和沿车体横向作用的水平载荷。垂向载荷施加在侧架弹簧支撑面上,侧架端部刚性支撑。横向载荷施加在侧架一侧的两个立柱上,对侧架端部侧面进行约束。

侧架静强度试验的工况为垂向载荷 1.5C 与横向载荷 0.4C 的合成工况。

侧架有限元计算所得的最大应力不得大于材料的许用应力。侧架常用材料对应的静强度工况许用应力见表 3-15。

侧架刚度考核内容、载荷值见表 3-16。

表 3-15 侧架静常用材料对应的静强度工况许用应力

材　质	许用应力(MPa)
ZG230-450	103
B 级钢	117
C 级钢	151

表 3-16 侧架刚度的考核内容、载荷值

刚度考核内容	载荷值(N)
水平载荷下的弹性变形	0.57C
垂向载荷下的弹性变形	2.14C

各种刚度载荷下侧架允许变形量的计算见式(3-3)。式中不同材质侧架允许变形量的 K 值和 I 值见表 3-17。

$$D_{允许}=Kl-I \tag{3-3}$$

式中 $D_{允许}$——允许变形量,mm;

l——转向架的固定轴距,mm;

K——比例系数;

I——常数,mm。

表 3-17 不同材质侧架允许变形量的比例系数 *K* 和常数 *I*

刚度考核内容	B 级钢		B+级钢		C 级钢	
	比例系数 *K*	常数 *I* (mm)	比例系数 *K*	常数 *I* (mm)	比例系数 *K*	常数 *I* (mm)
水平载荷下的弹性变形	0.002 17	1.970	0.003 00	2.718	0.003 72	3.374
垂向载荷下的弹性变形	0.001 27	1.176	0.001 48	1.338	0.001 72	1.570

②侧架疲劳强度校核

侧架疲劳载荷工况与考核标准见表 3-18。当一共 37.5 万次的疲劳载荷造成的侧架各部位的累积疲劳损伤均小于 1 时，表明侧架疲劳强度满足要求。

表 3-18 侧架疲劳载荷工况与考核标准

载荷工况	最大疲劳载荷				考核标准	
	定义	弹簧承台垂向力	侧架立柱边缘横向力	侧架立柱水平面力偶	各载荷最低循环次数	评定曲线（疲劳 S—N 曲线）
1	垂向	0～2.38C	—	—	不小于 15 万次	图 3-1
2	横向内—外	—	±0.31C	—	不小于 15 万次	图 3-2
3	扭转右—左	—	—	±0.20C	不小于 7.5 万次	图 3-2

参考 AAR 研究试验报告 R-387《关于制定疲劳设计使用的缺陷—品质判据的 AAR 指南说明》，缺陷系数 K_f＝1.5 下的 B＋级铸钢摇枕的脉动或者对称循环应力—寿命曲线（S—N 曲线），如图 3-1、图 3-2 所示。对垂向载荷评定应力为脉动应力范围值，拉伸区疲劳极限取 200 MPa；对横向和扭转载荷评定应力为对称循环应力幅值，疲劳极限取 110 MPa。K_f＝1.5 仅代表正常铸造质量水平，此处疲劳极限仅代表正常铸造质量水平；偏离正常的质量和良好的铸造工艺，疲劳极限应相应降低。

2. 焊接构架式转向架结构强度计算分析

目前，国内铁路货车焊接构架式转向架主要依据 EN 13749：2011《铁路应用　轮对和转向架　转向架结构要求的规定方法》进行静强度和疲劳强度分析校核。

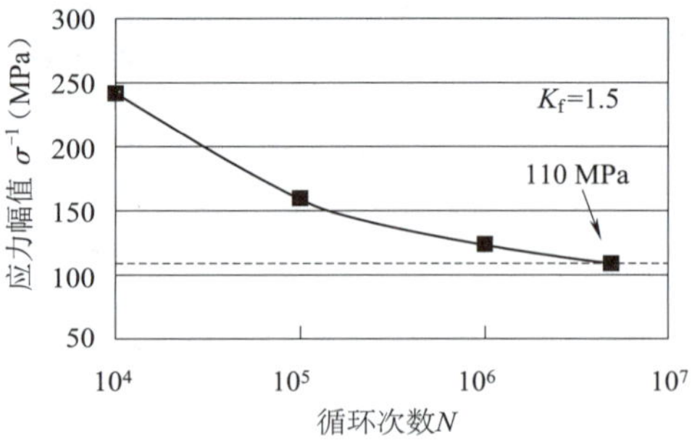

图 3-2 B＋级铸钢件的对称循环应力—寿命曲线
（AAR 设计基准，缺陷系数 K_f＝1.5）

转向架构架上所受到的载荷主要包括垂直载荷、横向载荷、纵向载荷、斜对称载荷和各种悬吊装置上所产生的静载荷和动载荷。垂直载荷一般作用于构架两侧梁上的支撑座或心盘承载结构的下心盘处，横向载荷主要作用于横向止挡位置，纵向菱形载荷作用于四个轴端，各种悬吊装置上所产生的静载荷和动载荷作用于各种悬吊安装座处。

构架上承受的载荷，一种为在整个寿命期内可能出现的最大载荷，称为超常载荷，用该载荷对构架进行静强度评价；另一种为在实际运营中频繁出现的交变载荷，称为模拟运用载荷，对构架进行疲劳强度评价。

由于转向架具体结构型式、运用线路环境条件的不同，每个构架上所承受的具体载荷类型以及大小均不太相同，以下介绍典型的载荷类型。

(1)静强度评价

①超常载荷

a. 垂向载荷

超常垂向载荷:

$$F_{zmax}=1.5F_z=1.5\times(4Q_0-m^+g+m^yg) \tag{3-4}$$

式中 F_{zmax}——作用在构架两侧梁上的超常垂向载荷,kN;

F_z——施加于转向架上的静态载荷,kN;

Q_0——车轮静态垂直力,kN;

m^+——转向架质量,t;

m^y——摇枕的质量,t;

g——重力加速度,取 9.8m/s²。

当转向架为心盘集中承载方式时,$F_{zmax}=2F_z$。

b. 横向载荷

超常横向载荷:

$$F_{ymax}=2\left(10+2\frac{Q_0}{3}\right) \tag{3-5}$$

c. 斜对称载荷

按轨道扭曲量 10‰考虑,例如转向架轴距为 2 500 mm,则斜对称载荷可按对角车轮位置垂向位移±25.0 mm 模拟。

d. 纵向(菱形)载荷

每个车轮上的纵向载荷:

$$F_{x1}=0.1\times(F_z+m^+g)$$

e. 制动载荷

紧急制动作用下牵引拉杆座上的纵向力:

$$F_{brake}=\frac{1.3\times(8Q_0-2m^++2m^y)\times a_{ac}}{2} \tag{3-6}$$

式中 a_{ac}——最大制动减速度。

每个制动单元闸片与制动盘间的摩擦力取为紧急制动力的 1.3 倍,该力作用在制动闸片几何中心位置上。安装在构架上的制动缸惯性载荷三个方向加速度取值分别为:垂向 11g,横向 5g,纵向 5g。

f. 调车冲击工况

冲击加速度为 5g,构架牵引拉杆座上的纵向载荷:

$$F_{impact}=m^+\times5g$$

g. 减振器载荷

减振器载荷应根据其设计特性和运用参数确定。如缺少可用的运用数据,取设计卸荷力的 2 倍,沿减振器轴线方向施加在安装座处。

h. 空车脱轨工况

构架三点支撑，即某个车轮100%不承载，用来模拟空车低速脱轨情况。

②工况组合

垂向载荷、横向载荷和斜对称载荷（线路扭曲载荷）按照模拟车辆直线运行、曲线运行以及缓和曲线运行情况进行组合。

空车脱轨工况单独模拟。

垂向载荷分别与纵向冲击载荷、纵向菱形载荷、制动载荷、减振器载荷组合，并根据转向架运用情况确定各载荷之间是否组合。

③评价标准

在超常载荷作用下，结构母材上各点应力均不得大于相应材料的屈服极限，焊接接头上各点应力均不得大于相应材料的屈服极限/1.1。

(2)疲劳强度评价

①模拟运用载荷

a. 垂向静载荷

$$F_z = 4Q_0 - m^+ g + m^y g \tag{3-7}$$

b. 横向载荷

$$F_y = 0.4 \times 0.5(F_z + m^+ g) \tag{3-8}$$

c. 斜对称载荷

按轨道扭曲量5‰考虑。

d. 纵向载荷

每个车轮上的纵向载荷：

$$F_{x2} = 0.05 \times (F_z + m^+ g)$$

e. 制动载荷

每个制动单元闸片与制动盘间的摩擦力取为制动力的1.1倍。

此外，安装在构架上的制动缸惯性载荷三个方向加速度取值分别为：垂向5g，横向4g，纵向3g。

f. 减振器载荷

减振器载荷应根据其设计特性和运用参数确定。如缺少可用的运用数据，取设计卸荷力，载荷沿减振器轴线方向施加在安装座处。

②模拟运用载荷工况组合

构架模拟运用载荷的工况组合见表3-19。

③评价标准

先在构架结构模型上分别施加表3-19中的13种运营载荷工况中的垂向载荷、横向载荷和斜对称载荷（主载荷），分别计算其结构应力，然后计算这13个工况中任意2个工况下的应力幅（两者代数差的一半）和平均应力（两者代数合的一半）。将任意两个工况下计算所得应力幅再与其余具有交变特点的纵向、制动和减振器载荷引起的应力幅相叠加，即可得到结构的平均应力和动应力幅。将构架结构大应力区域的动应力幅和相应的平均应力点入对应材料母材/焊接接头的 Goodman 图，当所有大应力点的平均应力和应力幅值均落在 Goodman 图范围内时，构架满足疲劳强度的要求。构架典型疲劳强度评估曲线如图 3-3 所示。

表 3-19 构架模拟运用载荷工况组合

载荷工况		主载荷				其他动载荷
		垂向载荷		横向载荷	斜对称载荷	
		左侧	右侧			
启动	1	F_z	F_z	0	0	纵向载荷 减振器载荷 制动摩擦载荷 制动缸惯性载荷
通过曲线	2	$(1+\alpha-\beta)F_z$	$(1-\alpha-\beta)F_z$	0	0	
	3	$(1+\alpha-\beta)F_z$	$(1-\alpha-\beta)F_z$	+	0	
	4	$(1+\alpha+\beta)F_z$	$(1-\alpha+\beta)F_z$	0	0	
	5	$(1+\alpha+\beta)F_z$	$(1-\alpha+\beta)F_z$	+	0	
	6	$(1-\alpha-\beta)F_z$	$(1+\alpha-\beta)F_z$	0	0	
	7	$(1-\alpha-\beta)F_z$	$(1+\alpha-\beta)F_z$	−	0	
	8	$(1-\alpha+\beta)F_z$	$(1+\alpha+\beta)F_z$	0	0	
	9	$(1-\alpha+\beta)F_z$	$(1+\alpha+\beta)F_z$	−	0	
通过缓和曲线	10	$(1+\alpha-\beta)F_z$	$(1-\alpha-\beta)F_z$	+	+	
	11	$(1+\alpha+\beta)F_z$	$(1-\alpha+\beta)F_z$	+	−	
	12	$(1-\alpha-\beta)F_z$	$(1+\alpha-\beta)F_z$	−	+	
	13	$(1-\alpha+\beta)F_z$	$(1+\alpha+\beta)F_z$	−	−	

注：α 为侧滚系数，β 为浮沉系数。

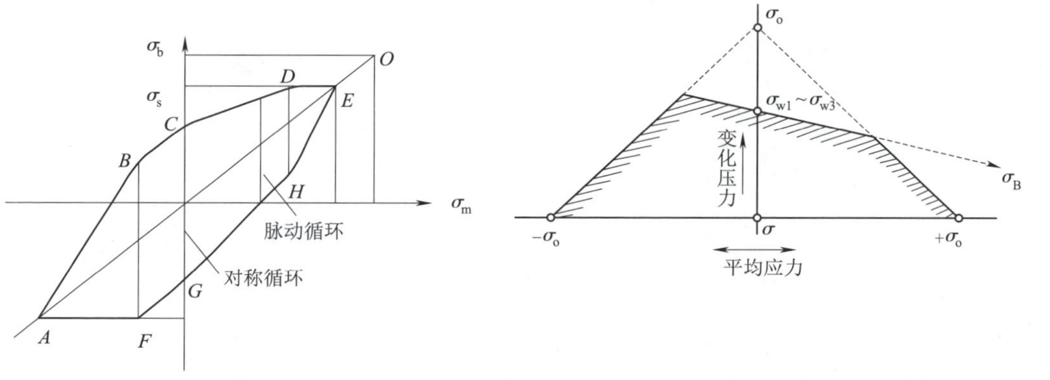

（a）Smith图　　（b）High图

σ_B：材料的拉伸强度（MPa）
σ_o：相对于材料屈服的容许应力
$\sigma_{w1}\sim\sigma_{w3}$：疲劳容许应力（MPa）

图 3-3 典型疲劳强度评估曲线

二、动力学性能

1. 目的和意义

随着货车转向架轴重的增加和运行速度的提高，动力学性能仿真技术在货车转向架的研发过程中得到了广泛的应用，确保了货车转向架的运行品质，提高了货车转向架的可靠性，降低了开发的周期和成本，推动了货车转向架的研发进程。因此，动力学性能仿真是货车转向架研发过程中必不可少的技术手段之一。

货车动力学性能仿真分析就是利用计算机仿真技术，对货车在运行中的动力学问题进行求解，得出各项动力学性能指标，并根据相关标准对货车的运行性能进行预测和评估。货车动力学性能仿真分析主要包括以下几项主要内容：

(1)分析货车蛇行运动失稳的临界速度；

(2)分析货车在直线及曲线上运行的安全性；

(3)分析货车横向和垂向振动对外部激扰的响应；

(4)分析货车运行对线路的影响，包括轮轨作用力和轮轨磨耗等；

(5)对货车转向架悬挂参数进行优化分析；

(6)研究转向架各零部件性能对货车动力学性能的影响；

(7)对货车转向架在运行中出现异常现象的原因进行分析。

2. 模型的建立

铁路货车转向架有三大件式和整体构架式两种结构模式，为满足空、重车工况下的动力学性能和连挂要求，主悬挂装置多数采用空、重车两级(或多级)刚度特性弹簧和摩擦减振器，采用心盘和常接触弹性旁承联合承载模式，采用踏面制动等。三大件式转向架采用中央悬挂为主悬挂，整体构架式转向架采用轴箱悬挂为主悬挂。铁路货车转向架系统中有多种非线性因素，对货车的动力学性能有重要影响，在货车动力学性能仿真分析时应重点考虑。货车转向架系统中的非线性因素主要有以下几个。

(1)轮轨接触非线性

我国铁路货车车轮采用 LM 磨耗型踏面，LM 型踏面和 60 kg/m 钢轨配合时的接触几何关系如图 3-4 所示，轮轨之间的接触几何关系有着明显的非线性特征。

(2)悬挂非线性

货车转向架悬挂系统中存在多个非线性因素，主要有：

①各种止挡。如承载鞍和侧架之间、摇枕和侧架之间的纵向和横向止挡。

②非线性弹簧。如两级或多级刚度弹簧、橡胶弹簧等。

③摩擦减振器。如常摩擦和变摩擦减振器的摩擦阻力。

④摇枕(或构架)与车体之间的回转摩擦力矩等。

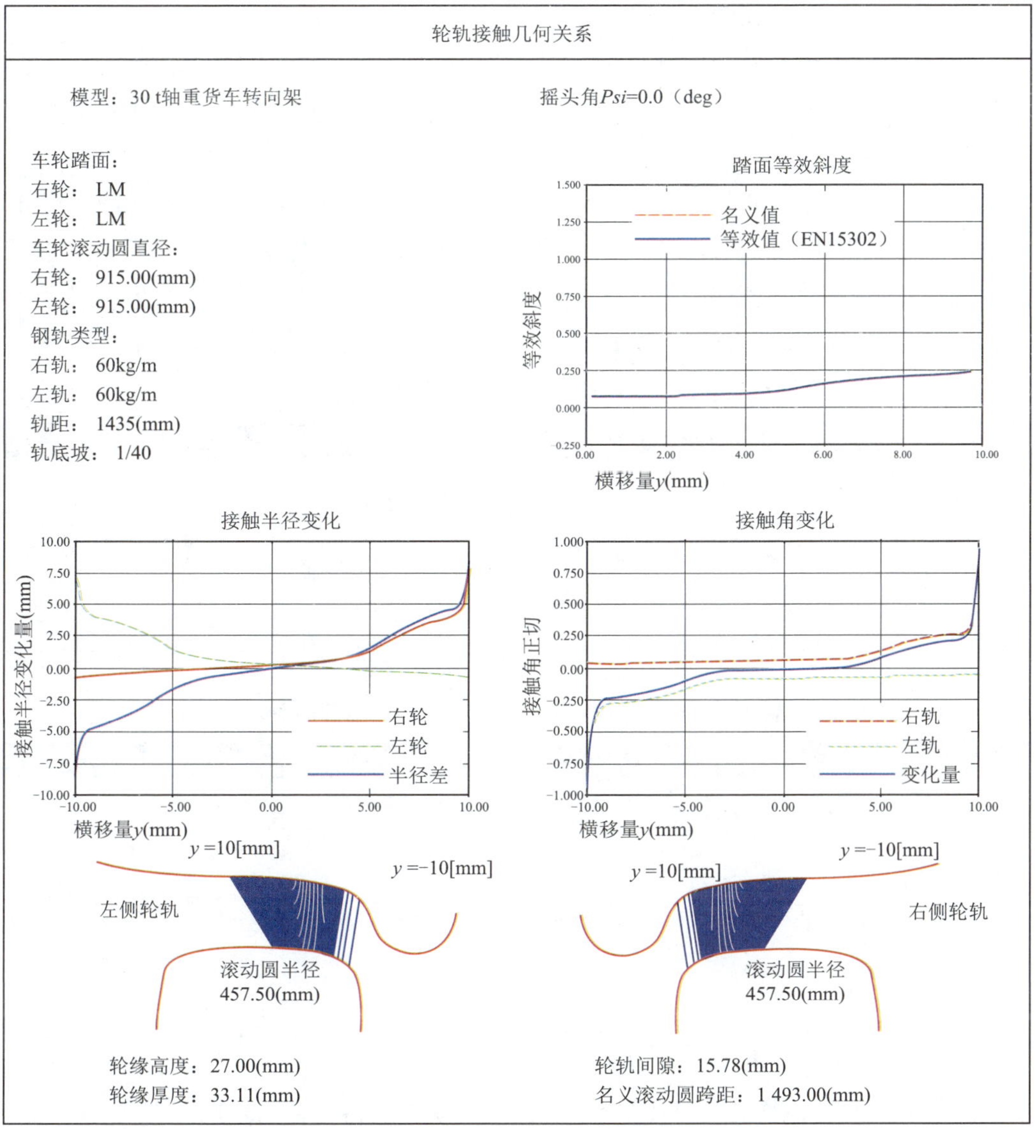

图 3-4　轮轨接触几何关系

3. 货车广义坐标及自由度

铁道货车是一个复杂的多体系统，不但有各部件之间的相互作用力和相对运动，而且还有轮轨之间的相互关系。因此，仿真分析模型应根据研究的主要目的和要求，对一些次要因素进行相应的假定或简化，而在对动力学性能影响较大的主要因素上尽可能做出符合实际情况的模拟，使分析模型中各刚体的运动方式与实际运动方式尽可能一致。根据货车及转向架的结构特点，在建立货车的动力学模型时，将作如下假定：

（1）轮对、承载鞍（或轴箱）、侧架（或构架）、摇枕和车体（个别刚度较小的车体除外）等部件的弹性比悬挂系统的弹性要小得多，均视为刚体，即忽略各部件的弹性变形。

（2）不考虑相邻车辆的纵向相对运动，即只考虑一辆车的匀速运动。

(3)不考虑钢轨的弹性变形。

忽略货车各部件本身的弹性变形后，则车辆可模拟为离散的多刚体多自由度系统。由于车辆垂向和横向运动是相互耦合的，因此在货车动力学性能仿真分析中将货车在横向和垂向的运动综合起来作为一个系统考虑。

装三大件式转向架的货车有 4 个轮对、8 个承载鞍、4 个侧架、2 个摇枕和 1 个车体共 19 个刚体，在动力学性能仿真分析中车辆各刚体的广义坐标见表 3-20，共有 54 个独立的自由度；装整体构架式转向架的货车有 4 个轮对、8 个轴箱、2 个构架和 1 个车体共 15 个刚体，在动力学性能仿真分析中车辆各刚体的广义坐标见表 3-21，共有 30 个独立的自由度。

表 3-20　三大件式转向架货车动力学模型自由度

刚　体	纵向 x	横移 y	浮沉 z	侧滚 ϕ	点头 θ	摇头 ψ
车体	x_c	y_c	z_c	ϕ_c	θ_c	ψ_c
摇枕(i=1,2)				ϕ_{bi}		ψ_{bi}
左侧架(j=1,2)	x_{SLj}	y_{SLj}	z_{SLj}	ϕ_{SLj}	θ_{SLj}	ψ_{SLj}
右侧架(k=1,2)	x_{SRk}	y_{SRk}	z_{SRk}	ϕ_{SRk}	θ_{SRk}	ψ_{SRk}
轮对(n=1,2,3,4)		y_{wn}			θ_{wn}	ψ_{wn}
承载鞍(m=1,2,…,8)					θ_{chm}	

表 3-21　整体构架式转向架货车动力学模型自由度

刚　体	纵向 x	横移 y	浮沉 z	侧滚 ϕ	点头 θ	摇头 ψ
车体	x_c	y_c	z_c	ϕ_c	θ_c	ψ_c
构架(i=1,2)				ϕ_{fi}		ψ_{fi}
轮对(n=1,2,3,4)		y_{wn}			θ_{wn}	ψ_{wn}
轴箱(m=1,2,…,8)					θ_{zhm}	

4. 软件建模

车辆运行动力学性能的仿真是通过计算机实现的，常用的货车动力学性能仿真分析软件主要有 SIMPACK、NUCARS、Adams/rail(VI-Rail)、UM 等。根据货车结构参数、质量特性参数和悬挂参数等，在 SIMPACK 仿真平台上建立的某型货车动力学性能仿真模型如图 3-5 所示。

图 3-5　货车动力学性能仿真模型

5. 动力学性能考核标准

铁路货车动力学性能根据 GB/T 5599《铁道车辆动力学性能评定和试验鉴定规范》执行，主要性能指标如下。

（1）轮轨横向力

根据 GB/T 5599 规定，按车辆通过时对线路的影响，轮轨横向力 Q 采用以下标准。

①道钉拔起，道钉应力为弹性极限时的横向力标准：

$$Q_b \leqslant 19+0.3P_{st}=[Q_b] \quad (\mathrm{kN}) \tag{3-9}$$

式中　P_{st}——车轮静载重，kN。

②道钉拔起，道钉应力为屈服极限时的横向力标准：

$$Q_s \leqslant 29+0.3P_{st}=[Q_s] \quad (\mathrm{kN}) \tag{3-10}$$

（2）轮轴横向力

根据 GB/T 5599 的规定，轮轴横向力 H 按式(3-11)、式(3-12)评定。

对于木枕：

$$H \leqslant 0.85\times\left(10+\frac{P_{st1}+P_{st2}}{2}\right)=[H] \quad (\mathrm{kN}) \tag{3-11}$$

对于混凝土轨枕：

$$H \leqslant 0.85\times\left(15+\frac{P_{st1}+P_{st2}}{2}\right)=[H] \quad (\mathrm{kN}) \tag{3-12}$$

式中　P_{st1}、P_{st2}——左右车轮静载重，kN。

（3）脱轨系数

根据 GB/T 5599 的规定，脱轨系数评定标准：

$$\text{第一限度：}\frac{Q}{P}\leqslant 1.2\text{，第二限度：}\frac{Q}{P}\leqslant 1.0$$

式中　Q——爬轨侧车轮作用于钢轨上的横向力，kN；

P——爬轨侧车轮作用于钢轨上的垂向力，kN。

（4）轮重减载率

根据 GB/T 5599 的规定，轮重减载率评定标准：

$$\text{第一限度：}\frac{\Delta P}{\overline{P}}\leqslant 0.65\text{，第二限度：}\frac{\Delta P}{\overline{P}}\leqslant 0.60$$

式中　ΔP——轮重减载量，kN；

$\overline{P}$——增载和减载侧车轮的平均轮重，kN。

（5）倾覆系数

根据 GB/T 5599 的规定，倾覆系数评定标准：

$$D<0.8$$

（6）车辆运行平稳性

根据 GB/T 5599 的规定，货车运行平稳性采用车体上心盘内侧纵向 1 000 mm 内中梁下盖板上的平稳性指标和振动最大加速度来表示。新造货车的平稳性指标应达到

GB/T 5599的良好标准,经 40 Hz 滤波后车体横向和垂向最大振动加速度应分别小于 0.5g(4.905 m/s^2)和 0.7g(6.867 m/s^2)。GB/T 5599 对货车平稳性指标的评定标准见表 3-22。

表 3-22　货车平稳性评定标准

平稳性等级	评　　定	平稳性指标 W
1	优	<3.5
2	良	3.5～4.0
3	合格	4.0～4.25
4	不合格	>4.25

注:横向和垂向采用相同标准进行评定。

6.线路不平顺等激扰输入

线路不平顺是引起车辆振动的主要因素,也是货车动力学性能仿真分析的主要激扰输入,因此,在货车转向架动力学性能仿真分析中,选取仿真分析的线路不平顺数据应根据车辆最高运行速度及运营中线路的实际不平顺数据,选择对应等级的轨道几何尺寸及轨道不平顺参数。一般情况下,在没有特殊规定时,设计运行速度在 100～120 km/h 范围内,可以选择 AAR Ⅴ级线路谱进行仿真分析;通过曲线时,欠超高一般取 75 mm(对于未平衡离心加速度 0.05g),特殊情况可以取 90 mm。

7.仿真实例

在车辆动力学性能仿真分析中,通常采用观察轮对横向运动收敛与否来判定车辆蛇行运动的稳定性,其基本方法是:给定一个初始横向激扰,然后撤出激扰车辆继续运行,如果轮对的横移量随时间逐渐减小,直至收敛,则判定为蛇行运动稳定;如果轮对横移量逐渐增大,则判定为蛇行运动失稳;如果轮对横移既不收敛、也不发散,出现等幅振动,此时车辆的运行速度则为蛇行运动失稳的临界速度。

图 3-6 为装某型转向架的货车在空、重车工况下轮对横移量的时间历程,根据图 3-6 的结果,可以判定该车空、重车蛇行运动失稳临界速度分别为 153 km/h、198 km/h。

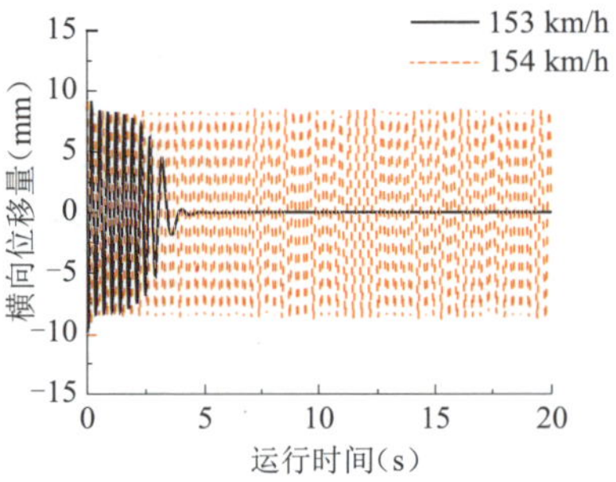

(a) 空车

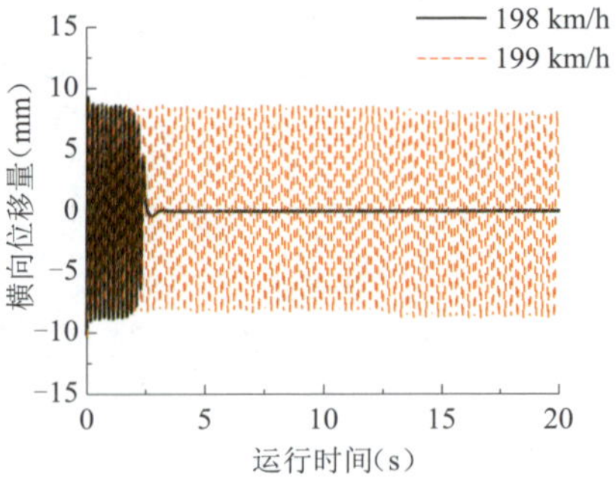

(b) 重车

图 3-6　轮对横移量时间历程

图 3-7 为装某型转向架的货车在空、重车工况下,110 km/h 内车体的横向及垂向平稳性指标,根据图 3-7 的结果,可以判定该车空、重车工况下的平稳性指标小于 4.0,

满足 GB/T 5599 的良好级标准。

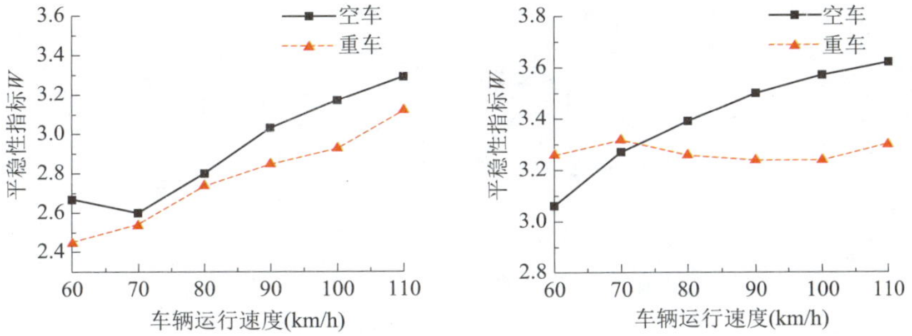

(a) 横向平稳性指标　　(b) 垂向平稳性指标

图 3-7　车体平稳性指标

三、试验与评定

1. 关键承载部件的试验

转向架支撑车体、传递载荷的作用主要通过关键承载部件来实现，这些关键承载部件影响转向架整体的运行性能。因此，对于关键承载部件的考核显得尤为重要。下面分别介绍转向架摇枕、侧架、构架、制动梁、交叉杆组成、摇动座、弹簧托板、副构架关键承载部件的试验情况。

(1)摇枕、侧架试验

目前摇枕侧架静载荷试验以及疲劳试验依据 TB/T 1959《铁道货车摇枕、侧架静载荷及疲劳试验》进行，静强度试验依据 TB/T 1335《铁道车辆强度设计及试验鉴定规范》进行。

①摇枕静载荷试验

每次摇枕的静载荷试验应随机抽取 2 个试件在静载荷试验设备上进行试验，摇枕水平、垂向静载荷试验的安装如图 3-8、图 3-9 所示。

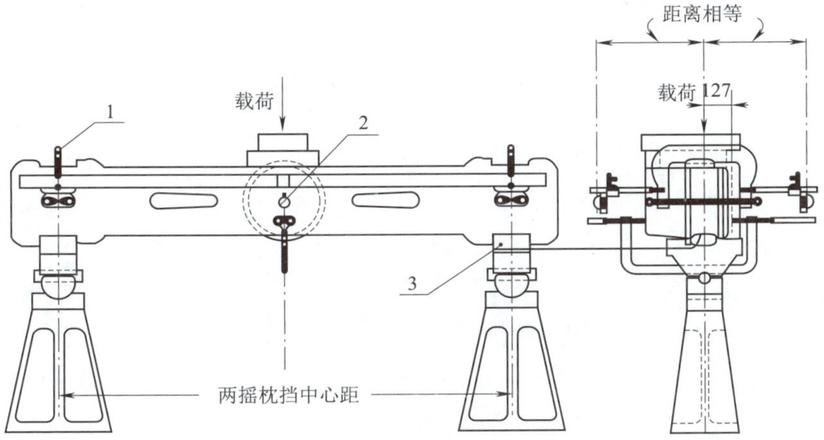

图 3-8　摇枕水平静载荷试验安装示意

1—三点卡具；2—百分表；3—调整片

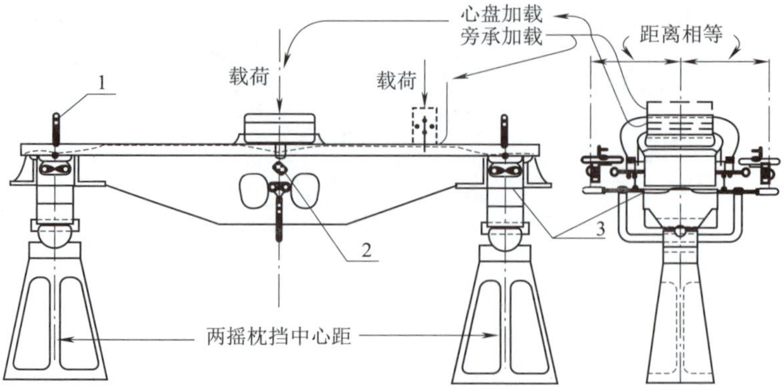

图 3-9 摇枕垂向静载荷试验安装示意

1—三点卡具；2—百分表；3—调整片

摇枕静载荷试验的试验内容、载荷值及允许最大变形量见表 3-23。

表 3-23 摇枕静载荷试验的试验内容、载荷值及允许最大变形量

试验内容	载荷值	允许最大变形量(mm)		
		B 级钢	B+ 级钢	C 级钢
水平载荷下的弹性变形	0.95*P*	1.91	2.54	3.05
旁承垂向载荷下的弹性变形	1.43*P*	1.40	1.60	1.78
心盘垂向载荷下的弹性变形	1.43*P*	1.91	2.31	2.67
水平载荷下的永久变形	1.90*P*	0.64	0.64	0.64
旁承垂向载荷下的永久变形	2.38*P*	0.64	0.64	0.64
心盘垂向载荷下的永久变形	2.85*P*	0.64	0.64	0.64
心盘垂向最小极限载荷	5.22*P*	—	—	—

其中，P 为一个转向架承受的总载荷：

$$P=(2G-H)g \tag{3-13}$$

式中 P——1 个转向架承受的总载荷，N；

G——轴重，kg；

H——1 个转向架的质量，kg；

g——重力加速度，取 9.8 m/s^2。

将测量变形的两个百分表对称放置在试件两支承点的中间，试件的变形值为两个测量数值的算术平均值。应先做水平静载荷试验，后做垂向静载荷试验。垂向载静荷试验应先做旁承载荷试验后做心盘载荷试验。

垂向和水平静载荷试验均按照如下顺序进行：先施加与弹性变形试验相同的载荷进行预压，然后降至 22.25 kN 的初始载荷，将百分表或挠度计调零；在初始载荷的基础上再施加弹性变形试验载荷，测量弹性变形量；将载荷降至 22.25 kN，百分表或挠度计调零后，将载荷加至永久变形试验载荷(初始载荷包括在内)，再降至 22.25 kN，测量永久变形量。垂向最小极限载荷试验做为最后一项进行，测量垂向永久变形量后，将载荷加至最小极限载荷。

结构与转 K2 型摇枕基本相同的摇枕允许只作心盘垂向载荷试验。

单个试件的弹性变形量、永久变形量、最小极限载荷均符合要求，则该试件判定为合格。所有试件均合格，则静载荷试验判定为合格。若有一个试件不合格，允许另取两个试件进行复试，复试的试件仍有不合格项，则静载荷试验判定为不合格。

②侧架静载荷试验

每次侧架的静载荷试验应随机抽取 2 个试件在静载荷试验设备上进行试验，侧架水平静载荷试验、垂向静载荷试验的安装分别如图 3-10、图 3-11 所示。

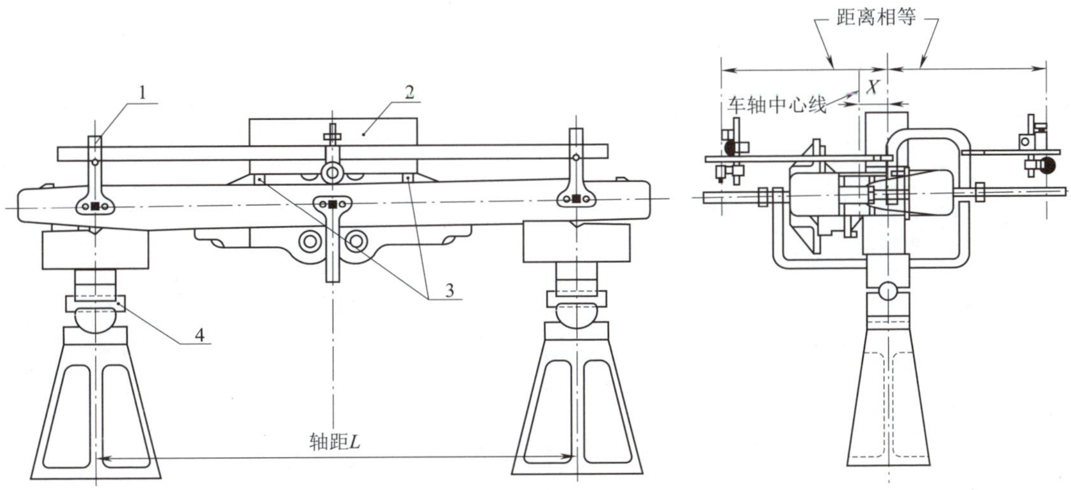

图 3-10　侧架水平静载荷试验安装示意

1—三点卡具；2—加载块；3—垫块；4—转动销

图 3-10 中 X 为轮轴中心线到载荷作用线之间的投影距离，C 轴取值 89 mm，D 轴取值 102 mm，E 轴取值 114 mm，F 轴取值 127 mm。

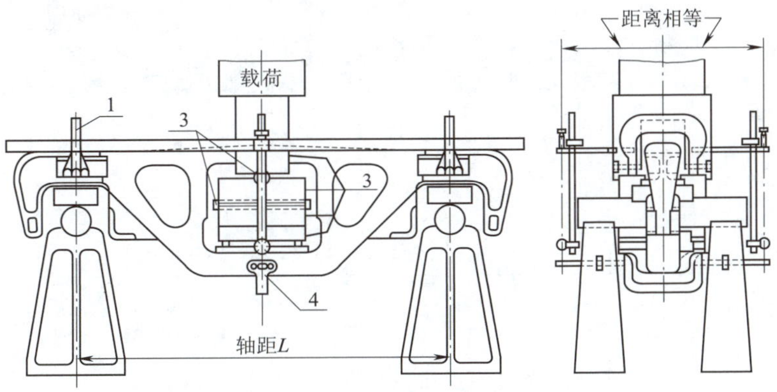

图 3-11　侧架垂向静载荷试验安装示意

1—三点卡具；2—转动销；3—加载块；4—卡具

侧架静载荷试验的试验内容、载荷值见表 3-24。

表 3-24　侧架静载荷试验的试验内容、载荷值

试验内容	试验载荷
水平载荷下的弹性变形	0.57C
垂向载荷下的弹性变形	2.14C
水平载荷下的永久变形	1.14C
垂向载荷下的永久变形	4.28C
垂向最小极限载荷	11.90C

其中，C 为轴载荷：

$$C=(G-T)g \tag{3-14}$$

式中　C——轴载荷，N；

G——轴重，kg；

T——1 个轮对的质量，kg；

g——重力加速度，取 9.8 m/s^2。

各种试验载荷下侧架允许变形量按式(3-15)计算：

$$D_{允许}=Kl-I \tag{3-15}$$

式中　$D_{允许}$——允许变形量，mm；

l——转向架的固定轴距，mm；

K——比例系数；

I——常数，mm。

不同材质侧架允许变形量的比例系数 K 和常数 I 见表 3-25。

表 3-25　不同材质侧架允许变形量的比例系数和常数

试验内容	B 级钢		B+级钢		C 级钢	
	比例系数 K	常数 I (mm)	比例系数 K	常数 I (mm)	比例系数 K	常数 I (mm)
水平载荷下的弹性变形	0.002 17	1.970	0.003 00	2.718	0.003 72	3.374
垂向载荷下的弹性变形	0.001 27	1.176	0.001 48	1.338	0.001 72	1.570
水平载荷下的永久变形	0.000 35	0.352	0.000 35	0.352	0.000 35	0.352
垂向载荷下的永久变形	0.000 35	0.352	0.000 35	0.352	0.000 35	0.352

将测量变形的两个百分表对称放置在试件两支承点的中间，试件的变形值为两个测量数值的算术平均值。应先做水平载荷试验，后做垂向载荷试验。

垂向和水平静载荷试验均按照如下顺序进行：先施加与弹性变形试验相同的载荷进行预压，然后降至 22.25 kN 的初始载荷，将百分表或挠度计调零；在初始载荷的基础上再施加弹性变形试验载荷，测量弹性变形量；将载荷降至 22.25 kN，百分表或挠度计调零后，将载荷加至永久变形试验载荷(初始载荷包括在内)，再降至 22.25 kN，测量永久变形量。垂向最小极限载荷试验作为最后一项进行，测量垂向永久变形量后，将载荷加至最小极限载荷。

对于结构与转 K2 型侧架基本相同的侧架允许只作垂向载荷试验。

单个试件的弹性变形量、永久变形量、最小极限载荷均符合要求，则该试件判定为合格。所有试件均合格，则静载荷试验判定为合格。若有一个试件不合格，允许另取两个试件进行复试，复试的试件仍有不合格项，则静载荷试验判定为不合格。

③摇枕静强度试验

摇枕静强度试验载荷包括垂向载荷和沿车体纵向作用的水平载荷。垂向载荷施加在摇枕心盘面上，摇枕两端弹簧支承面处以刚性支承，释放摇枕端部在摇枕纵向垂直平面内的回转自由度。水平载荷施加在摇枕侧面中央截面处，对摇枕端部侧面进行约束，同时释放端部侧面在摇枕水平平面内的回转自由度。

摇枕静强度试验共包括 2 种工况。工况 1 为垂向载荷 P 与水平载荷 $0.25P$ 的合成工况，工况 2 为水平载荷 $0.8P$ 工况。P 为一个转向架承受的总载荷，按照式(3-13)计算。

摇枕各测点的最大合成应力均不能大于许用应力，各材质不同工况下的许用应力值见表 3-26。

表 3-26　摇枕静强度试验许用应力

工　况	材　质	许用应力(MPa)
工况 1	ZG230-450	103
	B 级钢	117
	C 级钢	151
工况 2	ZG230-450	78
	B 级钢	89
	C 级钢	115

④侧架静强度试验

侧架静强度试验载荷包括垂向载荷和沿车体横向作用的水平载荷。垂向载荷施加在侧架弹簧支承面上，侧架端部刚性支撑。横向载荷施加在两个立柱上，对侧架端部侧面进行约束。

侧架静强度试验的工况为垂向载荷 $1.5C$ 与横向载荷 $0.4C$ 的合成工况。C 为一个轴载荷，按照式(3-14)计算。

侧架各测点的最大合成应力均不能大于许用应力，各材质许用应力值见表 3-27。

⑤摇枕疲劳试验

每次摇枕的疲劳试验应随机抽取 2 个试件在疲劳试验设备上进行试验，摇枕疲劳试验试件安装及加载方式如图 3-12 所示。

表 3-27　侧架静强度试验许用应力

材　质	许用应力(MPa)
ZG230-450	103
B 级钢	117
C 级钢	151

摇枕疲劳试验的循环次数共计 100 万次，分 10 个加载单元进行施加，每个加载单元循环次数为 10 万次。在每一加载单元中，共分为旁承侧滚工况、心盘边缘侧滚工况、心盘浮沉工况，三种试验工况的载荷值见表 3-28。其中，P 为一个转向架承受的总载荷，按照式(3-13)计算。

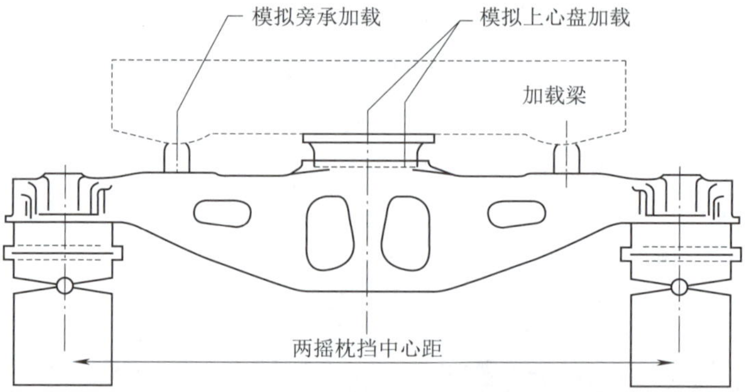

图 3-12　摇枕疲劳试验试件安装及加载方式示意

表 3-28　摇枕疲劳试验载荷值

载荷类型	载荷值(N)
心盘载荷峰值 B_1	$2.35P$
心盘载荷谷值 B_2	$0.33P$
旁承载荷峰值 R	$1.07P$

每种试验工况的载荷作用位置及加载方式如下。

a. 旁承侧滚载荷

旁承侧滚载荷加载位置、波形如图 3-13 所示，加载位置为左右两侧旁承的 Z 点和 Z' 点处，加载方式为载荷交替作用在两点上，左右旁承各加载一次为一个完整循环，旁承侧滚载荷疲劳试验的循环次数为一个加载单元循环次数的 25%。

b. 心盘边缘侧滚载荷

心盘边缘侧滚载荷加载位置、波形如图 3-14 所示，加载位置为心盘左边缘 G 点、中心 Q 点及右边缘 C 点，加载方式为三点各加载一次为一个完整循环。心盘边缘侧滚载荷疲劳试验的循环次数为一个加载单元循环次数的 37.5%。

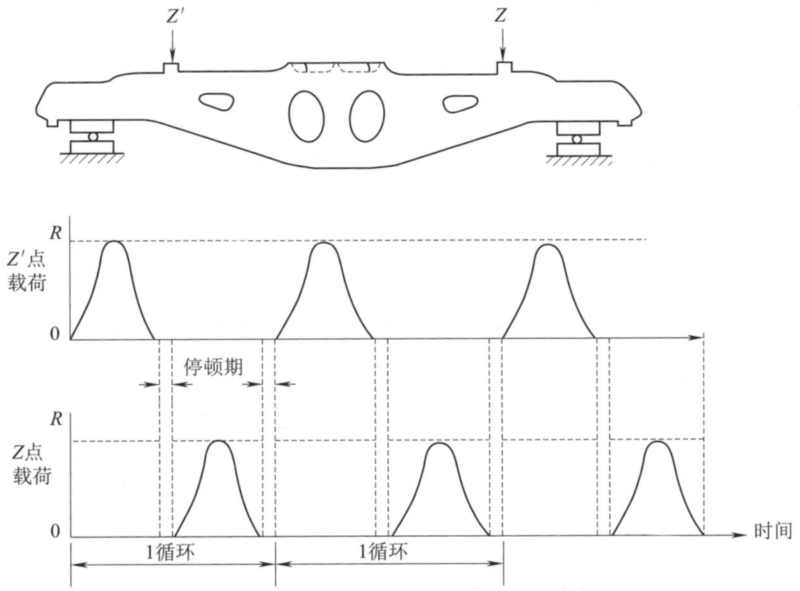

图 3-13　摇枕旁承侧滚载荷疲劳试验状态

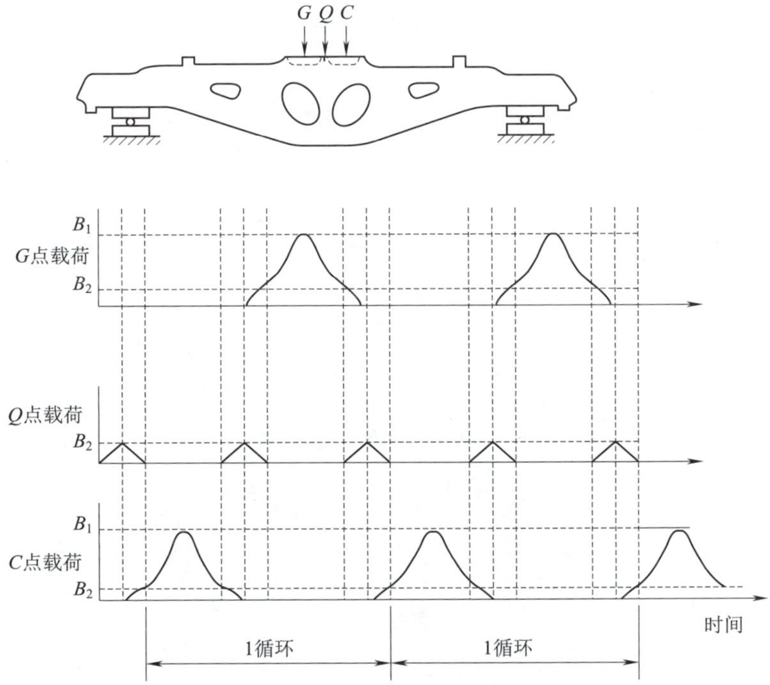

图 3-14　摇枕心盘边缘侧滚载荷疲劳试验状态

c. 心盘浮沉载荷

心盘浮沉载荷加载位置、波形如图 3-15 所示，加载位置为整个心盘表面，心盘浮沉载荷疲劳试验的循环次数为一个加载单元循环次数的 37.5%。

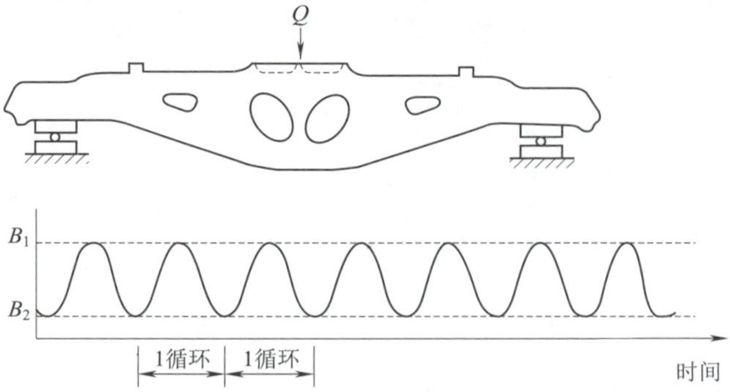

图 3-15　摇枕心盘浮沉载荷疲劳试验状态

摇枕疲劳试验后，2 个被试摇枕均达到 100 万次循环而不发生危险裂纹（摇枕、侧架上危险裂纹定义为：试验过程中构件上扩展的长度大于 6.35 mm 的裂纹；侧架导框顶部包括过渡圆角区域的任何裂纹；任何属于 TB/T 3012 中规定的区域 1 的裂纹），其疲劳强度判定为合格。

在摇枕疲劳试验后，如有 1 个试件发生危险裂纹，可另取 2 个试件进行复试。复试的两个试件，试验结果应全部符合规定，否则判定为不合格。

对于转 K5、转 K6、转 K7 型摇枕，在完成 100 万次疲劳试验后，载荷增加 20%，继续进行 20 万次增载疲劳试验。

⑥侧架疲劳试验

每次侧架的疲劳试验应随机抽取 4 个试件在疲劳试验设备上进行试验，侧架疲劳试验试件安装及加载方式如图 3-16 所示。

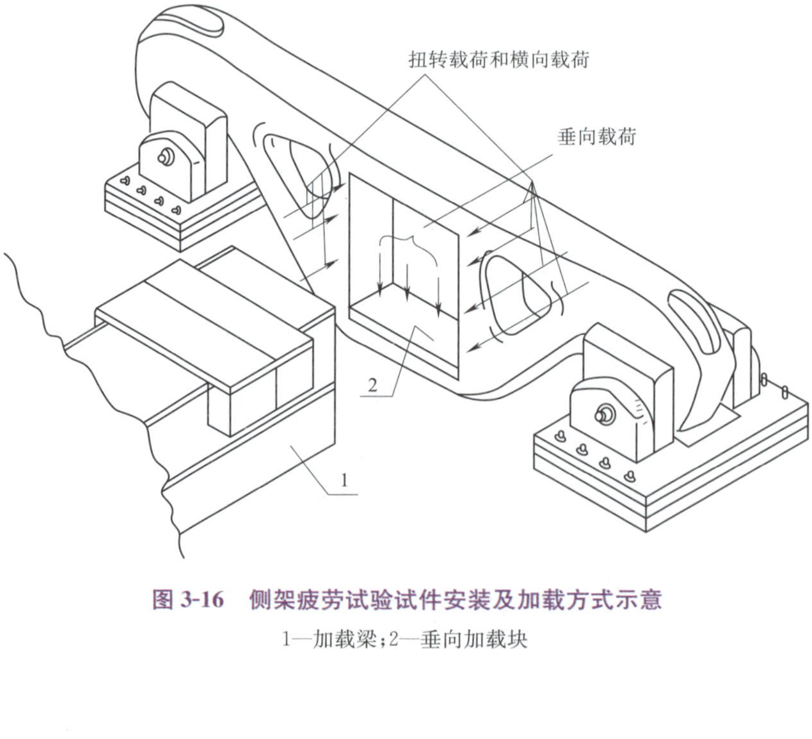

图 3-16　侧架疲劳试验试件安装及加载方式示意

1—加载梁；2—垂向加载块

侧架疲劳试验的加载次数为 15 万次，试验时同时对侧架施加垂向、横向和扭转载荷，载荷值见表 3-29。其中，C 为一个轴载荷，按照式(3-14)计算。

表 3-29　侧架疲劳试验载荷幅值

载荷类型	载荷幅值(N)
垂向载荷	2.38C
横向载荷	0.31C
扭转载荷	0.20C

载荷作用位置及加载方式分别为：

a. 垂向载荷作用在侧架弹簧支承面上，加载方式为均布加载。

b. 横向载荷加载位置为侧架立柱边缘，近似于在静载作用下摇枕接触立柱的位置。每一次垂向加载应有一次在立柱内、外侧施加的横向交变载荷。

c. 扭转载荷施加位置为侧架立柱面及边缘。该扭转载荷是通过在侧架内侧距其中心线距离 d 处施加一定的纵向载荷来实现，d 为转向架轴颈中心距之半。每两次垂向加载，应有一次依顺、逆时针方向交变的扭转载荷。

侧架疲劳试验加载波形如图 3-17 所示。

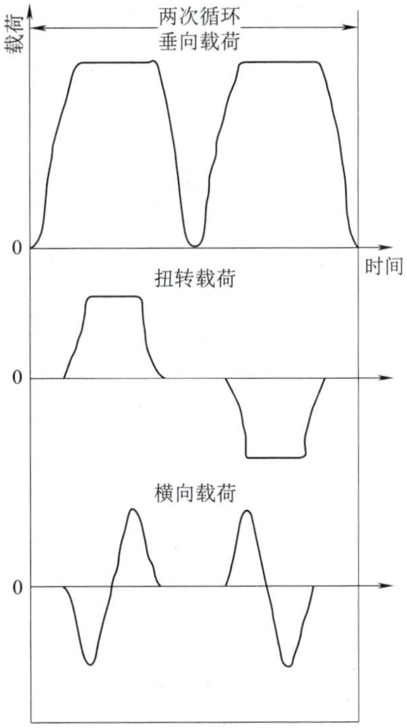

图 3-17　侧架疲劳试验载荷波形

侧架疲劳试验后，4 个被试侧架均达到 15 万次循环而不发生危险裂纹，其疲劳强度判定为合格，其中如有 1 个侧架发生危险裂纹，可另取两个侧架进行复试。复试的两个试件，试验结果应全部符合规定，否则为不合格。

对于转 K5、转 K6、转 K7 型侧架，在完成 15 万次疲劳试验后，载荷增加 40%，继续进行 5 万次增载疲劳试验。

(2)构架静强度、疲劳强度试验

目前，国内铁路货车构架式转向架静强度试验和疲劳试验依据 TB/T 1335《铁道车辆强度设计及试验鉴定规范》、国际铁路联盟标准 UIC 510-3：1994《货车二轴和三轴转向架强度试验》以及欧洲标准 EN 13749：2011《铁路应用　轮对和转向架转向架　结构要求的规定方法》进行。

在此，依次介绍 TB/T 1335、UIC 510-3、EN 13749 规定的静强度、疲劳强度试验内容。因篇幅有限，仅介绍了各个标准中关于不同工况下的载荷计算以及结果评定，未对各个标准中工况组合情况以及疲劳加载谱进行过多阐述。

①TB/T 1335 静强度试验

a. 试验载荷

静强度试验载荷包括垂向载荷、横向载荷以及扭曲载荷。

垂向载荷包括垂向静载荷与垂向动载荷。其中，垂向静载荷等于转向架总轴重减去试件以下所有零部件重量相应的静载荷除以转向架中平行受力的相同试件的数目，垂向动载荷为垂向静载荷与动荷系数的乘积。

垂向试验载荷施加在试件实际的承载面上。

横向载荷包括离心惯性力和风力。如果没有特殊规定，货车离心惯性力按垂向静载荷的 7.5%取值。风力按单位风压力乘以车体的侧向投影面积计算。风力的合力作用于投影面积的形心上，单位风压力可取 540 Pa。

扭曲载荷由构架轴径中心距、轴箱弹簧总刚度、构架扭转刚度计算得出。

b. 试验方法

试验所得数据是垂向总载荷和扭曲载荷作用下的合成应力。

对组成的转向架进行试验时，采用以下加载方式：在心盘和旁承上加垂向载荷，同时在心盘边缘（允许在摇枕端部）加横向载荷。可在车轮与钢轨之间加 10 mm 厚的垫片近似加载扭曲载荷。

c. 结果评定

对于构架各个测点的合成应力为垂向载荷、横向载荷、扭曲载荷作用下应力之和。各测点的最大可能合成应力均不得大于材质的许用应力值。

②TB/T 1335 疲劳强度试验

a. 试验载荷

试验载荷包括垂向载荷与横向载荷。

垂向载荷为 $0.7P \sim 1.3P$，加载频率 2～7 Hz。横向载荷为 $0 \sim 0.3P$，加载频率为垂向加载频率的 0.6～0.7 倍。

b. 结果评定

对于货车焊接式转向架构架载荷循环次数应不少于 6×10^6 次。试验结束后进行检查不得出现裂纹损坏。

③UIC 510-3 静强度试验

a. 超常工况试验载荷

超常工况试验载荷包括垂向载荷、横向载荷、扭曲载荷、纵向冲击载荷、制动载荷。

垂向载荷：

$$F_{zmax}=a(2n_eQ_0-m^+g) \tag{3-16}$$

式中　F_{zmax}——转向架垂向总载荷，N；

a——系数，不考虑车辆侧滚时取 2.0，考虑车辆侧滚时取 1.5；

n_e——每转向架上的轮对数；

Q_0——车轮静态垂向载荷，N；

m^+——转向架质量，kg；

g——重力加速度，取 9.8 m/s²。

对于非心盘承载结构的构架，垂向载荷施加在左右二系悬挂位置或左右旁承上，计算公式为：

$$F_{z1max}=F_{z2max}=\frac{F_{zmax}}{2} \tag{3-17}$$

对于心盘和旁承共同承载的构架，当不考虑侧滚产生的垂向载荷时，仅在心盘处施加超常垂向载荷 F_{zmax}。

当考虑车辆侧滚时，在心盘处施加的超常垂向载荷：

$$F_{zpmax}=F_{zmax}(1-\alpha) \tag{3-18}$$

式中　α——滚动系数。

构架横向载荷：

$$F_{ymax}=2\left(10^4+\frac{2}{3}Q_0\right) \tag{3-19}$$

扭曲载荷：模拟通过 10‰顺坡率的缓和曲线时构架的扭曲变形，通过使一个车轮产生垂向的位移实现。

纵向冲击载荷：UIC 510-3 规定若在静强度试验中没有模拟冲击载荷，则安装在空车上的转向架需进行 15 km/h 的冲击试验。

制动载荷：制动载荷模拟紧急制动，取额定载荷的 1.2 倍。

b. 运营工况试验载荷

运营工况试验载荷包括垂向载荷、横向载荷、扭曲载荷、制动载荷。

垂向载荷：

$$F_z=2n_eQ_0-m^+g \tag{3-20}$$

构架横向载荷：

$$F_y=0.2(F_z+m^+g) \tag{3-21}$$

扭曲载荷：模拟通过 5‰顺坡率的缓和曲线时构架的扭曲变形，通过使一个车轮产生垂向的位移实现。

制动载荷：取额定载荷的 1.0 倍。

c. 结果评定

超常载荷试验中构架不能产生永久变形，即各测点的应力不超出材料的屈服极限，卸载后构架能够弹性复原。

将运营载荷工况各测点的试验结果绘入 ERRI B12/RP17 提供的钢材疲劳极限图中。各测点的峰值和谷值均应落在疲劳极限图之内，允许有少数测点的峰值和谷值超出疲劳极限图，但其峰值和谷值的超出部分不应超出疲劳极限图的 20%，在疲劳试验时应对这些测点进行重点监测。

④UIC 510-3 疲劳试验

a. 试验载荷

疲劳试验载荷包括垂向载荷、横向载荷、扭曲载荷。

垂向载荷包括静态载荷、准静态载荷和动态载荷，横向载荷包括准静态载荷和动态载荷，扭曲载荷取转向架通过 5‰顺坡率的缓和曲线时构架的扭曲变形。

疲劳试验分三个阶段完成：

第一阶段：垂向和横向动载荷循环次数 6×10^6，扭曲载荷循环次数 0.6×10^6。

第二阶段：垂向和横向动载荷循环次数 2×10^6，扭曲载荷循环次数 0.2×10^6，试验时保持静态载荷部分不变，准静态和动态部分为第一阶段的 1.2 倍。

第三阶段：垂向和横向动载荷循环次数 2×10^6，扭曲载荷循环次数 0.2×10^6，试验时保持静态载荷部分不变，准静态和动态部分为第一阶段的 1.4 倍。

垂向、横向试验载荷应包括模拟同样数量的左曲线和右曲线工况。在每一段对应于左曲线或右曲线的准静态载荷范围内，垂向和横向动载荷的循环次数一般为 20 次。垂向载荷和横向载荷动态分量的频率和相位相同。

b. 结果评定

在第一阶段试验完成之后不应出现任何形式的裂纹。第二阶段和第三阶段中，每完成 100 万次试验进行无损探伤检查，允许出现在运行过程中不需立即修复的微小裂纹。

⑤EN 13749 静强度试验

a. 超常载荷工况

超常载荷工况载荷包括垂向载荷、横向载荷、扭曲载荷、纵向冲击载荷、纵向菱形载荷、制动载荷、减振器载荷和悬挂附件惯性载荷。

垂向载荷、横向载荷以及扭曲载荷与 UIC 510-3 计算方法相同，在此不做赘述。扭曲载荷还应模拟空车状态下的一个车轮 100%减载时构架的扭曲变形。

纵向冲击载荷：如车辆在运行期间需重新编组，应使用 80 t 重的货车以 15 km/h 的速度进行冲击试验，在不进行冲击试验的情况下，对构架施加与冲击过程中转向架质量和车辆最大加速度的乘积相同的静态纵向力进行静强度试验。

纵向菱形载荷：纵向菱形载荷模拟转向架在运行中前后轮对摇头运动导致的纵向载荷，施加在每个车轮上，同一轮对上的纵向载荷方向相反，构成一个力偶，前后轮对上的力偶矩相同。施加在每个车轮上的纵向菱形载荷：

$$F_x=0.1(F_{z\max}+m^+g) \tag{3-22}$$

制动载荷：制动载荷模拟紧急制动，取额定载荷的 1.3 倍，如果额定载荷已经含有了余量设置部分的载荷，上述系数可降为 1.2。载荷根据实际传递关系确定，通常包括制动摩擦力，制动压力及纵向载荷等。

减振器载荷：减振器载荷应根据其设计特性和运用参数确定。如缺少可用的运用数据，超常载荷取设计卸荷力的 2 倍。载荷沿减振器轴线方向施加。

悬挂附件惯性载荷：转向架上安装的悬挂附件应当能承受作为超常载荷的惯性力，加速度选取见表 3-30。

表 3-30　悬挂附件加速度取值

方向	加速度及位置			备　注
	一系悬挂上方	构架中心	轴箱上	
垂向	$\pm 20g$	$\pm 10g$	$\pm 70g$	构架上其余位置加速度根据线性插值计算。各加速度需根据转向架的类型及应用确定，纵向加速度应满足纵向冲击加速度的规定
横向	$\pm 10g$	$\pm 5g$	$\pm 10g$	
纵向	$\pm 3g$ 或 $\pm 5g$	$\pm 1.5g$ 或 $\pm 2.5g$	$\pm 10g$	

b. 超常载荷工况组合

垂向载荷、横向载荷和扭曲载荷（10‰线路扭曲）按照模拟车辆过直线运行、过曲线运行、过缓和曲线运行进行组合。

垂向施加空车自重载荷同一个车轮 100%卸载的扭曲变形模拟空车脱轨。

垂向施加空车自重载荷同纵向冲击载荷模拟纵向冲击。

其余载荷按垂向施加超常垂向载荷与每个局部超常载荷组合或根据技术规范确定（根据运用情况确定各载荷之间是否组合）。

c. 运营载荷工况

运营载荷工况载荷包括垂向载荷、横向载荷、扭曲载荷、纵向菱形载荷、制动载荷、减振器载荷和悬挂附件惯性载荷。

垂向载荷、横向载荷以及扭曲载荷与 UIC 510-3 计算方法相同，在此不做赘述。

纵向菱形载荷：纵向菱形载荷模拟转向架在运行中前后轮对摇头运动导致的纵向载荷，施加在每个车轮上，同一轮对上的纵向载荷方向相反，构成一个力偶，前后轮对上的力偶矩相同。施加在每个车轮上的纵向菱形载荷：

$$F_x = 0.05(F_{z\max} + m^+ g) \tag{3-23}$$

制动载荷：制动载荷模拟紧急制动，取额定载荷的 1.1 倍，如果额定载荷已经含有了余量设置部分的载荷，可取为额定载荷。载荷根据实际传递关系确定，通常包括制动摩擦力，制动压力及纵向载荷等。

减振器载荷：减振器载荷应根据其设计特性和运用参数确定。如缺少可用的运用数据，运营载荷取设计卸荷力，载荷沿减振器轴线方向施加。

悬挂附件惯性载荷：转向架上安装的悬挂附件应当能承受作为运营载荷的惯性力，加速度选取见表 3-31。

表 3-31　悬挂附件加速度取值

方向	加速度及位置			备　注
	一系悬挂上方	构架中心	轴箱上	
垂向	$\pm 6g$	$\pm 3g$	$\pm 25g$	构架上其余位置加速度根据线性插值计算。各加速度需根据转向架的类型及应用确定，纵向加速度应满足纵向冲击加速度的规定
横向	$\pm 5g$	$\pm 2.5g$	$\pm 5g$	
纵向	$\pm 2.5g$	$1.25g$	$\pm 5g$	

d. 运营载荷工况组合

在此列出垂向载荷与横向载荷的工况组合，见表 3-32。

扭曲载荷在表 3-32 中工况 4、工况 5、工况 6、工况 7 下分别以正反两个方向施加，扭曲载荷的引入不应改变垂向力的总和。

抗侧滚扭杆载荷应根据实际产生的垂向增减载与上述载荷工况合成。

其余载荷应在表 3-32 中工况 1 下分别以正反两个方向施加或根据技术规范确定（根据运用情况确定各载荷之间是否组合）。

表 3-32　运营工况组合

试验工况	作用于侧架 1/旁承 1 上的静态力 F_{z1}	作用于心盘上的静态力 F_{zp}	作用于侧架 2/旁承 2 上的静态力 F_{z2}	作用于转向架上的静态力 F_y
1	0	F_z	0	0
2	0	$(1+\beta)F_z$	0	0
3	0	$(1-\beta)F_z$	0	0
4	$\alpha(1+\beta)F_z$	$(1-\alpha)(1+\beta)F_z$	0	F_y
5	0	$(1-\alpha)(1+\beta)F_z$	$\alpha(1+\beta)F_z$	$-F_y$
6	$\alpha(1-\beta)F_z$	$(1-\alpha)(1-\beta)F_z$	0	F_y
7	0	$(1-\alpha)(1-\beta)F_z$	$\alpha(1-\beta)F_z$	$-F_y$

注：α 为滚动系数；β 为摆动系数。

e. 结果评定

超常载荷试验中构架不能产生永久变形，即各测点的应力不超出材料的屈服极限，卸载后构架能够弹性复原。

将运营载荷工况各测点的试验结果绘入 ERRI B12/RP17 提供的钢材疲劳极限图中。各测点的峰值和谷值均应落在疲劳极限图之内，允许有少数测点的峰值和谷值超出疲劳极限图，但其峰值和谷值的超出部分不应超出疲劳极限图的 20%，要专门针对这些部件重新进行试验，试验时横向载荷按实际载荷施加或减小到原来的 1/2。

⑥EN 13749 疲劳试验

a. 试验载荷

疲劳试验载荷包括垂向载荷、横向载荷、扭曲载荷。

垂向载荷包括静态载荷、准静态载荷和动态载荷，横向载荷包括准静态载荷和动态载荷，扭曲载荷取转向架通过5‰顺坡率的缓和曲线时构架的扭曲变形。抗侧滚扭杆载荷为准静态载荷，取其运营载荷。其余载荷按运营载荷确定，其中自重为静态载荷，其余为动态载荷。

疲劳试验分三个阶段完成：

第一阶段：垂向和横向动载荷循环次数 6×10^6，扭曲载荷循环次数 0.6×10^6。

第二阶段：垂向和横向动载荷循环次数 2×10^6，扭曲载荷循环次数 0.2×10^6，试验时保持静态载荷部分不变，准静态和动态部分为第一阶段的1.2倍。

第三阶段：垂向和横向动载荷循环次数 2×10^6，扭曲载荷循环次数 0.2×10^6，试验时保持静态载荷部分不变，准静态和动态部分为第一阶段的1.4倍。

垂向、横向试验载荷应包括模拟同样数量的左曲线和右曲线工况。在每一段对应于左曲线或右曲线的准静态载荷范围内，垂向和横向动载荷的循环次数一般为20次。垂向载荷和横向载荷动态分量的频率和相位相同。

b. 结果评定

前两个阶段试验完成之后不应出现任何形式的裂纹。第三阶段试验完成后，允许出现在运行过程中不需立即修复的微小裂纹。

(3)制动梁试验

目前组合式制动梁静载荷试验、疲劳试验依据TB/T 1978《铁路货车转向架　组合式制动梁》进行。

①静载荷试验

随机抽取2件制动梁产品进行静载荷试验。制动梁的静载荷试验试件安装及载荷施加方式如图3-18所示。制动梁两端的闸瓦托应通过模拟闸瓦支承在模拟轮对踏面上。

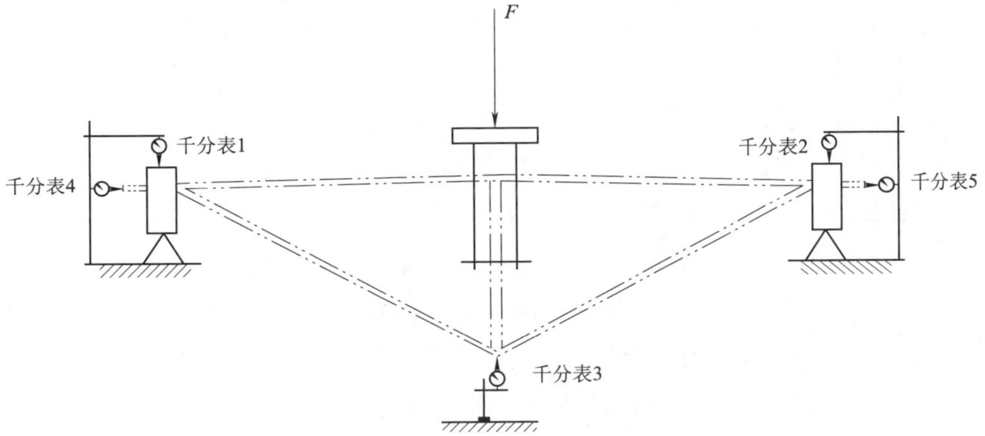

图3-18　制动梁的静载荷试验试件安装及载荷施加方式示意

试验前应仔细检查并确认试验设备及试件位置的正确性。

制动梁的静载荷试验包括:挠度试验、永久变形试验、安全系数试验。

试验按照预加载、挠度试验、永久变形试验、安全系数试验的顺序进行,如图 3-19 所示。

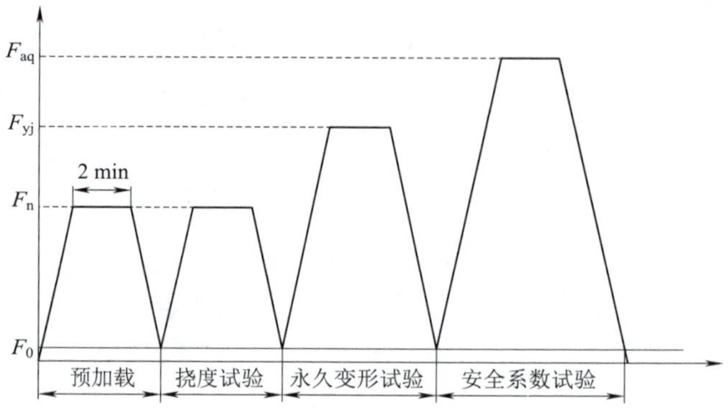

图 3-19 制动梁静载荷试验加载过程

挠度试验载荷 F_n 取值 104.5 kN。

永久变形试验载荷 F_{yj} 取值 157.9 kN。

安全系数试验载荷 F_{aq} 取值 237.4 kN。

挠度试验的测试结果不大于 2.5 mm 为合格。

永久变形试验的测试结果不大于 0.6 mm 为合格。

安全系数试验的垂向测试结果不大于 50 mm;横向测试结果不大于 13 mm;且制动梁任何部位不出现损坏为合格。

单个试件的挠度试验、永久变形试验、安全系数试验均符合要求,则该试件判定为合格。被试的 2 个制动梁均合格,则判定静载荷试验为合格。若有一个试件不合格,允许另取两个试件进行复试,复试的试件仍有不合格项,则静载荷试验判定为不合格。

②疲劳试验

制动梁疲劳试验的依照标准是 TB/T 1978《铁路货车转向架　组合式制动梁》,每次制动梁的疲劳试验需 4 个试件,其加载方式如图 3-20 所示。

制动梁通过模拟闸瓦安装在模拟轮对上,模拟制动梁实际受力情况。制动梁疲劳试验需要同时施加压力和摩擦力两种载荷,挠度载荷 F_n 施加在制动梁支柱上的销孔上,变化范围为 $0 \sim F_n$,F_n 由紧急制动时制动梁支柱销孔上的载荷乘以一定的安全系数得到,按照式(3-24)计算;摩擦载荷 F_t 通过在模拟轮对踏面和两个模拟闸瓦之间产生变化范围为 $-F_t \sim F_t$ 的切向力实现,F_t 由 F_n 乘以摩擦系数得到,按照式(3-25)计算。压力载荷应与摩擦载荷同步施加到每个闸瓦中心线上,且摩擦载荷必须反作用于制动梁的端部延伸部分。

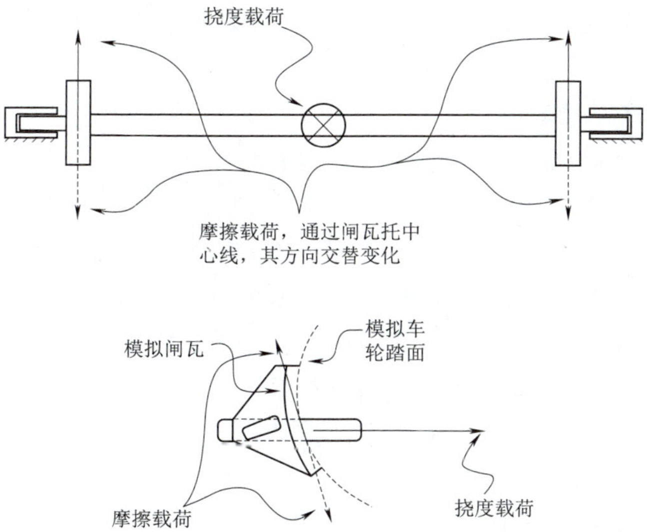

图 3-20　制动梁疲劳试验加载方式示意

$$F_n = \frac{\pi D^2}{4} \times P \times n \div m \tag{3-24}$$

式中　m——1 辆车上的制动梁数量；

n——制动倍率，无量纲；

P——紧急制动时制动缸空气压强，kPa；

D——制动缸直径，mm。

$$F_t = F_n \times f \tag{3-25}$$

式中　f——闸瓦与车轮踏面间的摩擦系数。

制动梁疲劳试验的加载波形如图 3-21 所示。

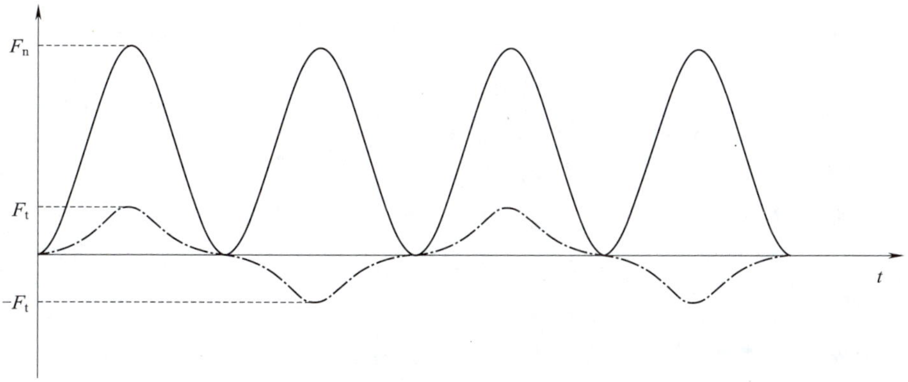

图 3-21　制动梁疲劳试验加载波形

每件制动梁疲劳试验的加载次数(以压力载荷加载次数为准)为 100 万次，试验结束后，对制动梁进行裂纹检查，试件不应产生肉眼可见的裂纹缺陷。如果有一件不合格，允许另增加两件制动梁进行试验。若两件均合格，则本项试验合格，否则判为不合格。

(4)交叉杆支撑装置试验

转 K2 型、转 K6 型转向架交叉杆组成疲劳试验按照 TB/T 3225《铁道货车交叉杆组成》、TJ/CL 155《铁路货车交叉杆组成技术条件及检验方法》以及铁道部批复的运装货车〔2006〕393 号文件要求进行。试件的技术状态应符合产品图样和有关技术文件的规定，试件应随机抽取，试验前应对焊缝及压型处进行探伤检查，确认无裂纹存在，试验采用经审查批准的试验装置，如图 3-22 所示。所用的传感器等试验仪器应符合相应检定标准的要求，水平力采用力传感器控制，力传感器精度应不低于 0.5%，静态系统误差应不大于 1.0%；扭转位移采用位移传感器控制，位移传感器精度应不低于 0.5%，静态系统误差应不大于 1.0%。

试验装置应由水平移动侧梁 A、垂直扭转侧梁 B 及相应的水平、垂直作动器等组成，侧梁 A 可沿试验台面水平纵向运动，由水平作动器推动产生往复运动；侧梁 B 中部通过水平转动轴与轴承支撑座连接，可绕转动轴做点头运动而不能横向移动，通过与侧梁 B 相连的垂向作动器进行驱动，产生扭转位移。试验装置应具有足够的刚度，并应牢固固定在铁平台上，平台厚度应不小于 150 mm，面积不小于 4.5 m×3.8 m。

侧梁 A 的底部应装有能沿作动器 A 推出方向往复运动的支承滚轮，侧梁 A 的两侧垂直面上布置有耐磨板，与固定支座滚子配合，以确保侧梁 A 的轴向加载，每个固定支座上方的连接横梁下部装有压轮，以防止侧梁 A 上翘。滚子应有间隙微调功能以降低冲击振动力，各支承滚轮、滚子及压轮应有滚动轴承，以减少运动摩擦力。侧梁 B 两侧下方的铁平台上应装有限制侧梁 B 过大转动的安全限位器。侧梁 B 的两侧垂直面上布置有耐磨板，与固定支座滚子配合，以确保侧梁 B 绕水平轴的扭转加载，滚子应有间隙微调功能以降低冲击振动力，各滚子及水平转动轴应有滚动轴承，以减少运动摩擦力。

试件采用交叉支撑装置专用的端头螺栓、锁紧板、轴向橡胶垫、上下扣板、U 形弹性垫、X 形弹性垫及上下扣板连接用螺栓、螺母、垫圈等进行组装，组装过程中，先将下交叉杆通过端头螺栓、锁紧板及两侧轴向橡胶垫与侧梁 A 和侧梁 B 相连，交叉杆中部压型应垂直向上，将 X 形弹性垫放入中部压型内，再将上交叉杆通过端头螺栓、锁紧板及两侧轴向橡胶垫与侧梁 A 和侧梁 B 相连。调整侧梁 A、侧梁 B 及交叉杆正位后，将 U 形弹性垫两端挡边落入扣板两端面外侧，通过两个螺栓将上下扣板连接，上下扣板连接螺栓应紧固，且螺栓两侧须加装平垫圈，组装后，上下扣板平焊缝处应接触，局部最大间隙应不大于 0.8 mm。紧固交叉杆端头螺栓，紧固的同时应确认交叉杆组成中部压型位于垂直位置，交叉杆端头螺栓扭紧力矩应为 675～700 N·m。

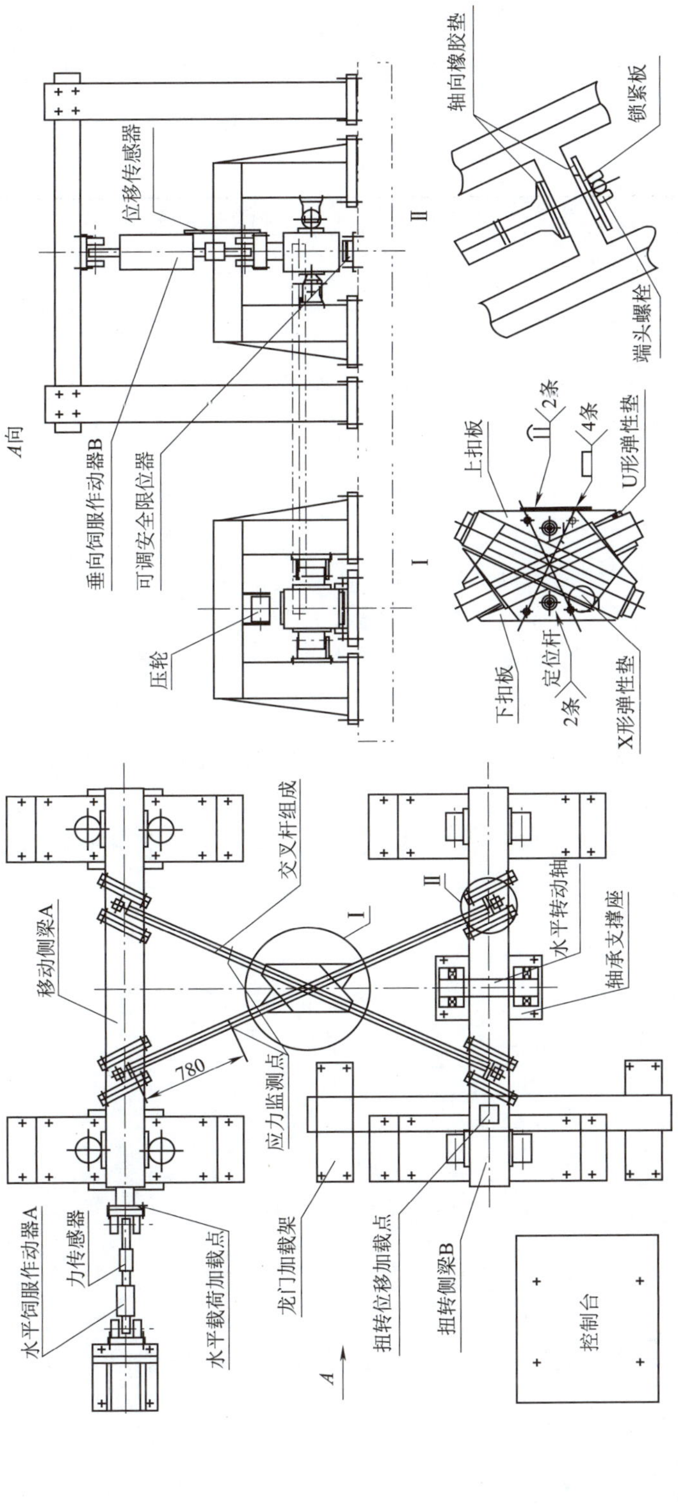

图 3-22　交叉杆疲劳试验装置示意

试件安装后，检查并确认试验装置、加载设备及试件位置正确，标定出水平、垂向作动器零位，启动加载设备通过试验装置对试件进行加载，先按频率 3 Hz 开启水平作动器至加载幅值，再按频率 0.5 Hz 开启垂向作动器至标定位移幅值，加载应按 BCAD 载荷级别的规定顺序进行(具体疲劳试验载荷见表 3-33)。疲劳试验的同时，在试件的杆体指定位置(距端头端面 780～800 mm)贴轴向应变片来测试杆体应力，对作动器的推力稳定性进行监控。

表 3-33　交叉杆支撑装置疲劳试验载荷

载荷级别	扭转位移(mm)	水平力(kN)	水平力对应频数
A	±5.3	±19	2 500 000
B	±5.3	±22	900 000
C	±5.3	±24	90 000
D	±5.3	±25	10 000

在 350 万次疲劳试验完成后，应对杆体压型及焊缝处进行湿法着色探伤检查。杆体压型及焊缝处无裂纹和折断，则判定合格。

(5)弹簧托板疲劳试验

目前，弹簧托板疲劳试验按照 Q/CR 548.2《铁道货车转向架　第 2 部分：摆动式转向架》附录 B 进行。每次抽取 2 件进行疲劳试验。根据转 K5 型转向架线路动力学试验过程中获得的弹簧托板动应力测试结果，按照弹簧托板的动应力由横向剪切载荷和扭转载荷产生的应力来等效的原则确定加载形式及载荷大小。

弹簧托板疲劳试验加载如图 3-23 所示，试验在专用试验工装上进行。按载荷控制方式对弹簧托板施加交变载荷，加载频率不大于 4 Hz。21 t 轴重转向架交变载荷值为±31.5 kN，25 t 轴重转向架交变载荷值为±38.3 kN，大于 25 t 轴重转向架交变载荷值为±43 kN。同时，弹簧托板加载端的扭转角范围为±1.5°。

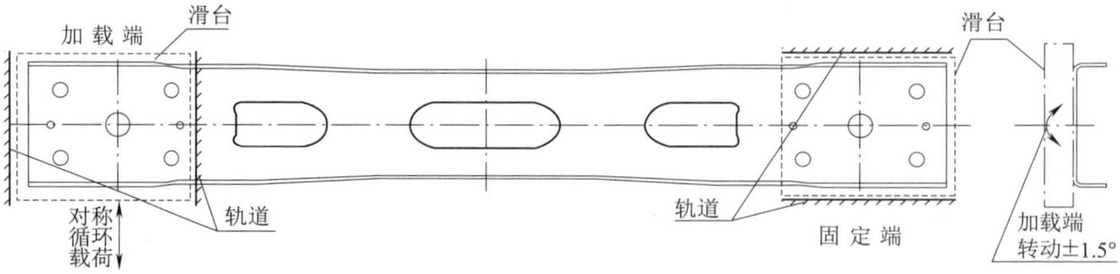

图 3-23　弹簧托板加载示意

经 200 万次循环载荷后，对所有孔边周围 50 mm 区域进行磁粉探伤检查，未出现裂纹者为合格。

每次抽取 2 件进行疲劳试验，应全部合格。若有 1 件不合格，另抽取 2 件复试，并均应合格。

(6)副构架疲劳试验

副构架部件疲劳试验暂无相关标准，主要依据相关技术文件以及青岛四方车辆研究所有限公司会同副构架转向架的设计生产单位眉山车辆有限公司制定的试验大纲进行。

试验参照国际铁路联盟关于转向架构架疲劳试验标准 UIC 510-3《二轴货车转向架强度试验》的相关做法：

试验载荷取为运用中副构架受到的比较大的载荷；

试验循环次数暂定为 600 万次，试验结束后对副构架进行无损探伤，以不发生疲劳裂纹作为试验合格标准；

试件数量为 1 套(两件)。

副构架受到的外载荷有承载鞍处的垂向载荷和轴箱处的纵向载荷和横向载荷，其中垂向载荷取值根据 UIC 510-3《二轴货车转向架强度试验》中关于转向架构架受到的垂向载荷传递到副构架上的垂向载荷。根据线路测试得到的副构架上抗疲劳能力薄弱的焊缝部位的动态应力，计算得到车辆以每年运用 20 万 km、运用 35 年所产生的疲劳损伤量，将此损伤量乘以 1.5 倍的安全系数，取增载轴箱端载荷变化范围为 190～352 kN；减载侧两轴箱上的载荷为 134～249 kN。

横向载荷和纵向载荷是副构架与其他转向架承载部件受力的特别之处，两个副构架是通过两个连接杆连接而成的一个自导向机构，其横向载荷与纵向载荷是相互关联的。换句话说，如果约束副构架在轴箱处的纵向位移而施加横向载荷的话则会产生纵向的载荷，根据这一特点制定了副构架试验的水平加载和约束方式如图 3-24 所示。根据线路动力学测试得到的动态应力，计算该部位运用 700 万 km 的疲劳损伤量，考虑 1.5 倍的安全系数，利用 Miner 疲劳损伤累积模型，取横向载荷的幅值 25.0 kN。

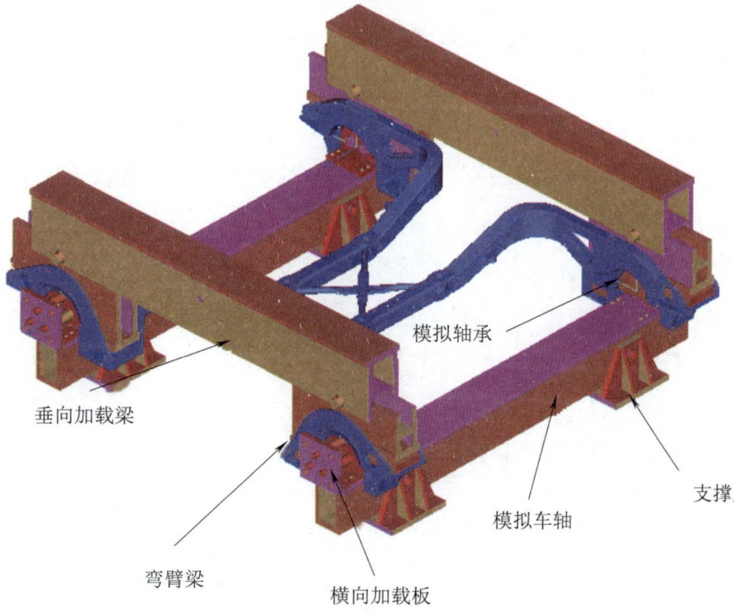

图 3-24　副构架疲劳试验的约束和加载

副构架通过支撑座、模拟车轴、模拟轴承等工装安装到试验台上，约束副构架机构的 3 个承载部位沿 x 轴（轨道方向）、z 轴（竖直方向）的位移，另一个承载鞍部位的沿 x 轴（轨道方向）、y 轴（车轴方向）、z 轴（竖直方向）三个方向的位移均被约束。使用 3 个作动器通过横向加载板在三个没有约束 y 轴方向位移的承载鞍部位施加横向载荷。

使用 2 个作动器通过弯臂梁、垂向加载梁等工装将垂向载荷施加到副构架的橡胶堆安装面上。

参照 UIC 规范中有关车辆转向架部件疲劳试验的做法，疲劳试验只模拟车辆通过曲线时副构架的受力情况，载荷由静态、准静态和动态几部分组成，动态载荷的循环次数取为 600 万次。

试验时 1、3 位承载鞍受到的载荷相位相同，2、4 位承载鞍受到的载荷相位相同。施加在左右两侧的垂向载荷与模拟通过的左右曲线相适应，即外侧承载鞍增载，内侧承载鞍减载。使用 3 个作动器通过横向加载板在三个没有约束 y 轴方向位移的承载鞍部位施加横向载荷。同一副构架上的 2 个作动器施加的横向准静态和动态载荷相位相同，它们与另一个作动器施加的横向准静态和动态载荷相位相反。横向准静态载荷的相位也与模拟通过的左右曲线相适应，即一位导向轮对上的承载鞍受到背向曲线半径圆心方向的横向力。

横向载荷的动态部分和垂向动态载荷同时增大，同时减小。

模拟通过左曲线和右曲线的准静态载荷在完成 20 次动态载荷时进行变换。

试验加载频率为 2～5 Hz。试验循环次数暂定为 600 万次，试验结束后对副构架进行无损探伤，以不发生疲劳裂纹作为试验合格标准。

2. 轮轴系统的试验

(1)车轴疲劳试验

按照 TL/CL 446《铁路货车 LZ45CrV 钢车轴暂行技术条件》或参考 EN 13261《铁路应用　轮对和转向架　车轴　产品要求》对车轴轴身进行疲劳试验，试验部位与车轴产品相应部位具有相近的几何形状及表面粗糙度，且制造工艺与批量生产的车轴相同，取 3 根试样进行试验，每个试样在疲劳极限的作用下完成 10^7 次应力循环，用磁粉方法对车轴轴身进行检测，均不允许出现裂纹。试验台结构示意如图 3-25 所示。

铁路货车 LZ45CrV 钢实心轴轴身疲劳极限（F_1）≥210 MPa。其他材质不做疲劳试验。

(2)车轮疲劳试验

按照 TJ/CL 447《铁路货车 CL65、CL70 碾钢整体车轮暂行技术条件》或参考 EN 13262-2004《铁路应用　轮对和转向架　车轮　产品要求》对车轮辐板进行疲劳试验，试验车轮制造工艺与批量生产的车轮相同，取 2 个车轮进行试验，每个车轮在疲劳极限

的作用下完成 10^7 次应力循环，用磁粉方法对车轮辐板进行检测，均不允许出现裂纹。试验台结构如图 3-25 所示。

铁路货车 CL65、CL70 碾钢整体车轮辐板在机加工下的径向应力值为±240 MPa。其他材质不做疲劳试验。

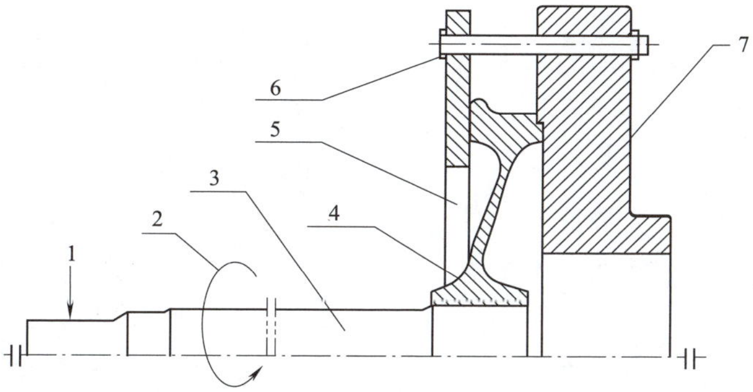

（a）旋转弯曲式

1—施加载荷；2—旋转；3—车轴；4—车轮；5—工装垫板；6—紧固螺栓；7—试验台法兰

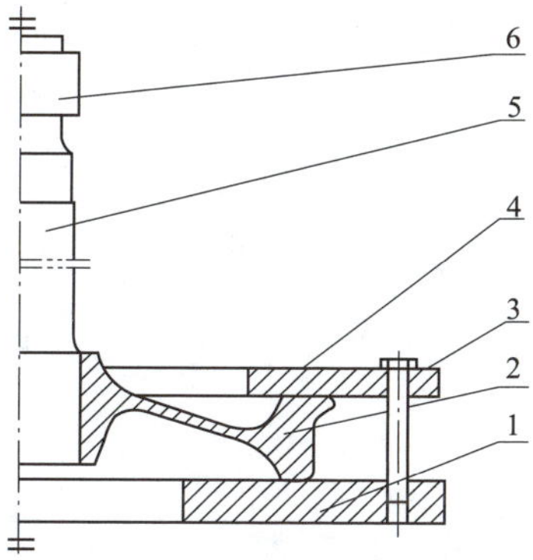

（b）偏心共振式

1—试验台地基；2—车轮；3—连接螺栓；4—夹紧工装；5—车轴；6—加载装置

图 3-25　试验台结构

（3）轮对疲劳试验

参考 EN 13260《铁路应用　轮对和转向架　轮对　产品要求》对组装好的车轴轮座进行疲劳试验，试验部位与车轴产品相应部位具有相近的几何形状及表面粗糙度，且制造工艺与批量生产的车轴相同，取 3 根试样进行试验，每个试样在疲劳极限的作用下完成 10^7 次应力循环，用磁粉方法对车轴轮座进行检测，均不允许出现裂纹。试验台结构示意如图 3-25 所示。目前国内货车车轴轮座不进行疲劳试验。

（4）轴承试验

按照 TB/T 3017.1《机车车辆轴承台架试验方法　第 1 部分：轴箱滚动轴承》或 EN

12082《铁路应用　轴箱　性能试验》对轴承进行试验，其中 TB/T 3017.1《机车车辆轴承台架试验方法　第 1 部分：轴箱滚动轴承》还包含 1 个热试验。两个标准的试验方法和评定方法基本一致。

①试验机原理

试验机原理如图 3-26 所示。

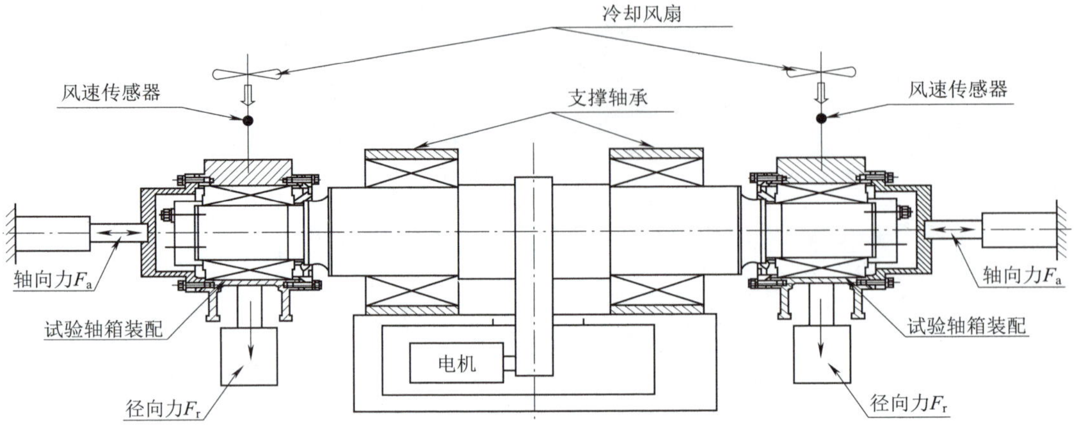

图 3-26　试验机原理

②试验载荷

a. 径向力 F_r

试验中的径向力 F_r 是一个恒定的载荷，按照式(3-26)进行计算。

$$F_r = 1.2 \times 1/2 \times g \times (m - m_0) = 0.6 \times g \times (m - m_0) \tag{3-26}$$

式中　F_r——径向力，N；

1.2——安全系数；

1/2——考虑与轴箱的数量有关而规定的系数；

m——轴重，kg；

m_0——簧下质量，kg；

g——重力加速度，取值 9.81 m/s²。

b. 最大轴向力 F_{an}

试验中的轴向力 F_{an}是一个交变的载荷，按照式(3-27)进行计算。当实际试验速度小于最高运行速度的 20％时则不施加轴向力。

$$F_{an} = 1.2 \times 1/2 \times 0.5 \times 0.85 \times \left(10^4 + \frac{mg}{3}\right) = 0.255 \times \left(10^4 + \frac{mg}{3}\right) \tag{3-27}$$

式中　F_{an}——试验中的最大轴向力，N。

③试验循环工况

轴承试验循环工况如图 3-27 所示。循环工况对应的时间见表 3-34。

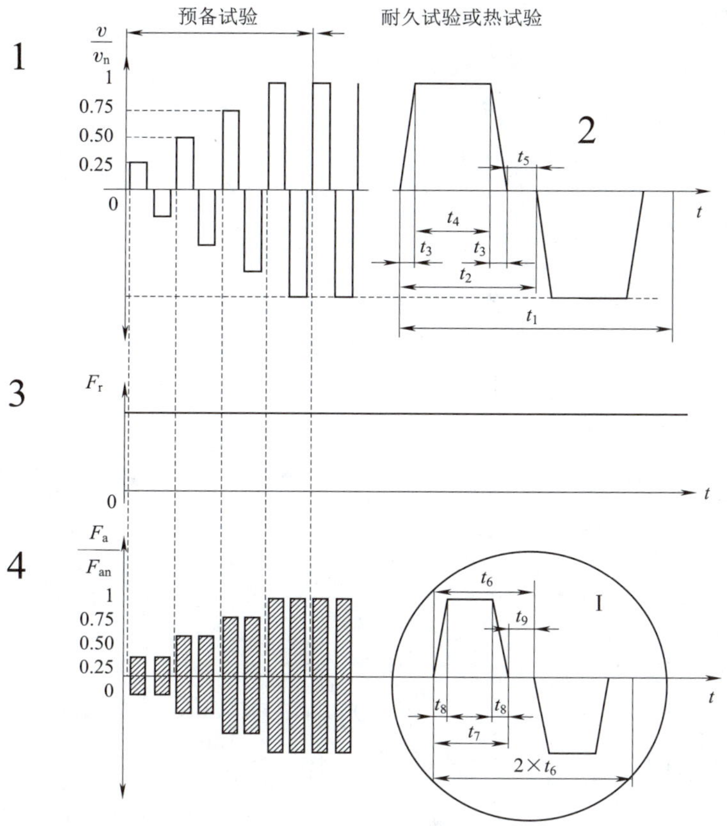

图 3-27　试验循环工况

1—速度的变化曲线图；2—每个试验循环的速度变化详解图；3—径向力；4—轴向力的加载曲线

表 3-34　循环工况对应的时间

序号	时间	速　度	公　差
		$v\leqslant 200$ km/h	
1	t_1	$2\times t_2$	
2	t_2	240 min	
3	t_3	5 min	±1 min
4	t_4	220 min	±1 min
5	t_5	10 min	±18 min
6	t_6	t_7+t_9	
7	t_7	5 s	±0.1 s
8	t_8	0.2 s	±0.1 s
9	t_9	0～5 s	±0.1 s
注：t_9 根据实际运行情况确定。			

④试验转速

最高试验转速 n 是在货车最高运行速度 v_{max} 的基础上增加 10%的安全裕量而计算出来的，最高转速按照式(3-28)计算。

$$n=\frac{100\times v_n}{6\times\pi\times D}=\frac{110\times v_{max}}{6\times\pi\times D} \tag{3-28}$$

式中 n——最高试验转速，r/min；

v_n——最高试验转速对应的最高试验速度，km/h；

D——车轮直径，按全磨耗计算，m；

v_{max}——车辆最高运行速度，km/h。

⑤试验风速

通风装置提供冷却风，在靠近试验轴箱处测量的风速为 8～10 m/s。当试验进行时，保持通风冷却，当试验停止时，停止通风冷却。

⑥试验方法

a. 预备试验

在进行试验之前，先进行一个预备试验。预备试验包括 4 个试验循环(图 3-27)，每个试验循环由两个单向行程组成，其速度分别为最高试验速度的 25%、50%、75%、100%。对应的轴向力分别为最大轴向力的 25%、50%、75%、100%，试验中始终保持径向力。每个单向行程由起速、恒速、减速、停止组成。每个单向行程的距离并不提前决定，当温度稳定下来(至少 2 h 内变化量不超过 5 ℃)，该行程结束。

b. 耐久试验

耐久试验是在最高试验转速下重复一定次数的试验循环，直到达到规定的总模拟走行里程。耐久试验的每个试验循环由两个单向行程组成，一个旋转方向为一个单向行程。两个单向行程中间有短暂的停止。每个单向行程都由起速、恒速、减速、停止组成。

对于 $v_{max}\leqslant 200$ km/h 的货车，轴承耐久试验总模拟走行里程不少于 60×10^4 km。

c. 试验温度

试验过程中测量的温度应符合表 3-35 中的规定，若超过限制值时，应停止试验。特殊情况下，试验是否继续进行由供需双方协商确定。

在环境温度不等于 20 ℃的情况下，有效温度按照式(3-29)进行换算。

$$\theta_{有效}=\theta_{测量}-(\theta_{环境}-20\ ℃) \tag{3-29}$$

式中 $\theta_{有效}$——相对于 20 ℃环境温度的测量有效温度，℃；

$\theta_{环境}$——轴承试验时试验室环境温度，℃；

$\theta_{测量}$——轴箱轴承的测量温度，℃。

表 3-35　耐久试验有效温度要求

特　　性	v_{max}≤200 km/h
环境温度为 20 ℃，在前 20 个基本走行里程期间测量的负荷区内的滚动轴承的最高温度	≤100 ℃
环境温度为 20 ℃，在每个基本走行里程期间(前 20 个基本走行里程除外)测量的负荷区内的滚动轴承的最高温度	≤90 ℃；对于至多 1%的基本走行里程，最高温度可在 90～100 ℃之间
环境温度为 20 ℃，在前 20 个基本走行里程期间，轴箱观测区内的最高温度	≤80 ℃
当环境温度为 20 ℃时，在每个基本走行里程期间(前 20 个基本走行里程期除外)，轴箱观测区内的最高温度	≤70 ℃；对于至多 1%的基本走行里程，最高温度可在 70～80 ℃之间
当最热的轴箱的最高温度≥50 ℃时，在每个基本走行里程(前 20 个基本走行里程除外)期间，同时测量的两个轴箱负荷区的最大温差	≤15 ℃；对于至多 2%的基本走行里程，最大温差可在 15～25 ℃之间
当最热的轴箱的最高温度≥50 ℃时，在每个基本走行里程期间，同时测量的两个轴箱在轴箱的观测区内的最大温差	≤15 ℃；对于至多 2%的基本走行里程，最大温差可在 15～25 ℃之间
对于每个轴箱，测得的同一循环的两个连续的单向行程(前 20 个基本走行里程除外)之间的负荷区内的最大温差	≤10 ℃；对于至多 2%的基本走行里程，最大温差可在 10～15 ℃之间

d. 外观检查

检查并记录滚子和套圈是否存在鳞状脱落、卡住、发热变色、掉块等现象，保持架是否存在断裂、裂纹、变形或异常磨损等现象；润滑脂是否泄漏，颜色、气味、外观上是否异常。

e. 理化检验

试验结束后，应检测轴承润滑脂的理化性能，检测项点及方法见表 3-36。润滑脂中铁含量检测部位应在图 3-28 中 A 区、B 区、C 区、D 区。

表 3-36　润滑脂经耐久性试验后理化检测项点及方法

序号	特　　性		单位	要求	检测方法
1	锥入度		0.1 mm	200～380	GB/T 269
2	滴点	Ⅳ型	℃	>160	GB/T 4929
	滴点	Ⅴ型	℃	>200	GB/T 4929
3	铁含量	A 区、B 区	%	<0.5	NB/SH/T 0865 或试验双方确定
	铁含量	C 区、D 区	%	<1	NB/SH/T 0865 或试验双方确定

⑦热试验

热试验是在最高试验转速下重复一定数量的试验循环，直到达到规定的总模拟走行里程。对于 v_{max}≤200 km/h 的货车，轴承总模拟走行里程不少于 4.5×10^4 km。

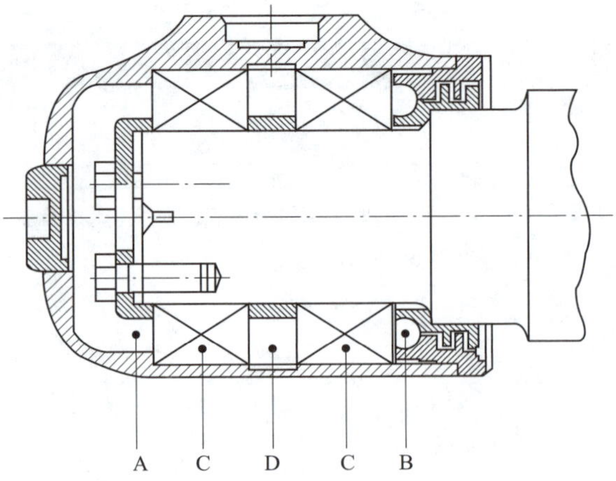

图 3-28　润滑脂中铁含量检测部位

a. 试验温度

试验过程中测量的温度应符合表 3-37 中的规定，若超过限制值时，应停止试验。特殊情况下，试验是否继续进行由供需双方协商确定。

在环境温度不等于 20 ℃的情况下，有效温度按照式(3-28)进行换算。

表 3-37　热试验有效温度的要求

特　　性	v_{max}≤200 km/h
在 20 ℃的环境温度下，每个基本走行里程过程中负荷区内滚动轴承的最高温度	≤100 ℃
在 20 ℃的环境温度下，每个基本走行里程过程中轴箱观测区内的最高温度	≤80 ℃
当两个轴箱中最热的轴箱的最高温度≥50 ℃时，在每个基本走行过程中，同时测量的两个轴箱在负荷区或轴箱观测区温度的最大温差	≤15 ℃；在至多为基本走行里程的60%时，最大温差允许在 15～25 ℃之间
对于每个轴箱，在同一试验循环周期的两个连续的单向行程之间的负荷区内的最大温差	≤10 ℃；在至多为基本走行里程的60%时，最大温差允许在 10～15 ℃之间

b. 外观检查

检查并记录滚子和套圈是否存在鳞状脱落、卡住、发热变色、掉块等现象，保持架是否存在断裂、裂纹、变形或异常磨损等现象；润滑脂是否泄漏，颜色、气味、外观上是否异常。

3. 动力学性能试验

货车转向架的动力学性能决定所配装车辆的动力学性能，为综合评估货车的动力学性能，车辆在设计制造完成之后，必须对样车进行动力学性能试验，考核新造车辆是否满足相关标准规定的要求。

我国进行铁路货车动力学性能试验采用的标准有 GB/T 5599《铁道车辆动力学性能评定和试验鉴定规范》、GB/T 17426《铁道特种车辆和轨行机械动力学性能评定及试验方法》,前者主要针对常规铁道车辆进行动力学性能评定和试验鉴定,后者主要针对长大货物车、轨行机械等特种车辆进行动力学性能评定和试验鉴定。标准主要规定了进行动力学性能试验的试验条件、试验方法以及评定指标等。

(1)试验条件

试验车辆和试验线路必须具备一定的条件才能进行动力学性能试验,标准对试验车辆、试验线路和试验速度三个方面进行规定。

(2)试验车辆

①新造车出厂须经 5 000～8 000 km 的运用考核后才能进行试验鉴定,进行动力学性能试验的车辆,其技术状态必须符合设计要求及有关技术标准、规程的规定。

②进行试验鉴定时,被试车不应连挂在机车后部或试验列车尾部,并应设置符合技术条件的、有代表性的比较车。

(3)试验线路

①试验应在铁路技术管理规程中规定的Ⅰ级线路或Ⅱ级线路上进行。

②为确保车辆的数据采集具有足够的数量和代表性,试验线路应不少于 50 km。

③为反映车辆在不同线路几何条件下的动力学性能,试验线路应包含一定数量的直线、曲线和道岔,曲线半径应该在 300～800 m 之间取值,试验车辆通过车站侧线道岔的最小号数为 12 号单开道岔。

(4)试验速度

①试验时,试验车辆最高试验速度应较该车辆的设计构造速度高 10 km/h,自最高速度以下,分若干速度级,各速度级差为 10～20 km/h。

②试验车辆在曲线上运行时,按曲线允许的最高速度通过。

③试验车辆通过车站侧线道岔应该按道岔的允许最高速度通过,12 号道岔通过速度为 45 km/h。

(5)测点位置布置

货车车辆试验时测定的各项参数包括:车体垂直和横向振动加速度,轮轨间的作用力(垂向力和横向力),以及摇枕弹簧、轴箱弹簧的动挠度。

①车体加速度

测定铁路货车车体垂直和横向加速度的加速度传感器,安装在 1 或 2 位心盘内侧距心盘中心线小于 1 000 mm 的车底架中梁下盖板上。

各测量点测得的垂直和横向加速度,用于统计计算铁路货车垂向、横向平稳性指标,最大加速度和平均最大加速度。

②轮轨间的作用力(垂向力和横向力)

轮轨间作用力的测量可以使用测力钢轨也可以使用测力轮对,测力轮对又分为连续法测力轮对和间断法测力轮对。货车动力学性能试验中常使用间断法测力轮对进行轮轨力的测量。

用于试验的测力轮对应与试验车辆运行前方转向架的前一轮对换装。利用测力轮对测定的轮轨间的垂向力和横向力计算试验车辆的脱轨系数、轮重减载率、轮轴横向力及倾覆系数等指标。

③弹簧动挠度

对于轴箱悬挂的铁路货车,在前进方向转向架的轴箱弹簧处布置位移测点;对于采用摇枕弹簧的铁路货车,在各转向架摇枕弹簧处布置位移测点。

(6)试验车辆随机采样的一般规定

①试验车辆在直线上运行,一般情况下其每一速度级的随机采样段数为 8～10 段。每段的采样时间为 18～20 s。

②试验车辆通过曲线时不分速度级,不规定采样时间。其通过曲线的速度按该曲线允许通过的最高速度确定。采样段自试验车辆驶入曲线的第一缓和曲线前开始,至驶出曲线的第二缓和曲线后结束。对于长曲线区段,可在曲线两端(包括缓和曲线和部分圆曲线)间断采样。在试验线路全程内,采样段数为 5～10 段。

③试验车辆通过车站侧线道岔时不分速度级,不规定采样时间,其通过道岔的最高速度按道岔号数确定。采样段自试验车辆驶入道岔前的轨道开始,至驶出道岔后的轨道结束,即包括道岔全长(道岔前后两轨缝中心线的距离)在试验线路全程内,采样段数(进行采样的道岔数)为 3～5 段。

④进行比较性试验时,试验鉴定车辆和比较车辆(测点对应)同步采样,以减小两车激振输入的时间差。

(7)评定指标

主要从货车运行平稳性和货车运行稳定性(安全性)方面来评定被试铁路货车在规定条件下的动力学性能。其中运行平稳性用于评定铁路货车运行时运送货物的完整性,分别按平稳性指标、最大振动加速度和平均最大振动加速度评定;运行安全性则按脱轨系数、轮重减载率、横向力允许限度和倾覆系数等指标加以评定。

①平稳性指标

货车运行平稳性指标按照式(3-30)计算。

$$W=7.08\sqrt[10]{\frac{A^3}{f}F(f)} \tag{3-30}$$

式中 W——平稳性指标;

A——振动加速度,g;

f——振动频率，Hz；

$F(f)$——频率修正系数，见表 3-38。

表 3-38　频率修正系数

垂向振动		横向振动	
0.5～5.9 Hz	$F(f)=0.325f^2$	0.5～5.4 Hz	$F(f)=0.8f^2$
5.9～20 Hz	$F(f)=400/f^2$	5.4～26 Hz	$F(f)=650/f^2$
>20 Hz	$F(f)=1$	>26 Hz	$F(f)=1$

货车运行平稳性的评定等级见表 3-39。垂向和横向平稳性采取相同的评定等级，新造货车应不低于 2 级标准。

表 3-39　货车运行平稳性等级

平稳性等级	评定	平稳性指标 W
1 级	优	3.5
2 级	良好	3.5～4.0
3 级	合格	4.0～4.25

②最大振动加速度

货车最大振动加速度（包括最大推断值）为货车振动强度的极限值，对于垂直振动为 $0.7g$，对于横向振动为 $0.5g$。该极限值以货车在每 100 km 试验区段内通过直道、弯道、车站侧线测定的振动加速度的超限个数来评定。规定超限个数不大于 3 个为合格，若不合格时，则以出现超限值的最低速度级为该试验车辆的限制速度。

③脱轨系数

脱轨系数用于鉴定试验车辆其车轮轮缘在横向力作用下是否会因逐渐爬上轨头而脱轨。脱轨系数$\frac{Q}{P}$应符合以下要求：

第一限度：

$$\frac{Q}{P}\leqslant 1.2 \tag{3-31}$$

第二限度：

$$\frac{Q}{P}\leqslant 1.0 \tag{3-32}$$

式中　Q——爬轨侧车轮作用于钢轨上的横向力，kN；

P——爬轨侧车轮作用于钢轨上的垂直力，kN。

式(3-31)和式(3-32)中，横向力的作用时间应大于 0.05 s。其中所列第一限度为评定车辆运行安全的合格标准，第二限度为增大了安全裕量的标准。

④轮重减载率

试验鉴定车辆的轮重减载率$\frac{\Delta P}{\overline{P}}$应符合以下要求：

第一限度：

$$\frac{\Delta P}{\overline{P}} \leqslant 0.65 \tag{3-33}$$

第二限度：

$$\frac{\Delta P}{\overline{P}} \leqslant 0.60 \tag{3-34}$$

式中　ΔP——轮重减载量，kN；

$\overline{P}$——减载和增载侧车轮的平均轮重，kN。

第一限度为评定车辆运行安全的合格标准，第二限度为增大了安全裕量的标准。

⑤轮轨横向力和轮轴横向力

推荐应用横向力允许限度鉴定试验车辆在运行过程中是否会导致轨距扩宽（道钉拔起）或线路产生严重变形（钢轨和轨枕在道床上出现横向滑移或挤翻钢轨），按车辆通过时对线路的影响，横向力的允许限度采用以下标准。

道钉拔起，道钉应力为弹性极限时的限度：

$$Q \leqslant 19 + 0.3P_{st} \tag{3-35}$$

道钉拔起，道钉应力为屈服极限时的限度：

$$Q \leqslant 29 + 0.3P_{st} \tag{3-36}$$

计算得到的轮轴横向力应符合以下限度值：

对于木轨枕：

$$H \leqslant 0.85\left(10 + \frac{P_{st1} + P_{st2}}{2}\right) \tag{3-37}$$

对于混凝土轨枕：

$$H \leqslant 0.85\left(15 + \frac{P_{st1} + P_{st2}}{2}\right) \tag{3-38}$$

式中　Q——轮轨横向力（车轮力），kN；

H——轮轴横向力，kN；

P_{st}、P_{st1}、P_{st2}——车轮静载荷，kN。

车辆通过直线、弯道和道岔时，其横向力的允许限度以式（3-35）为目标，不应超过式（3-36）、式（3-37）的规定值。

⑥倾覆系数

倾覆系数用于鉴定试验车辆在侧向风力、离心力、横向振动惯性力的同时作用下是否会导致车辆倾覆，其倾覆的临界条件：

$$D=\frac{P_d}{P_{st}}=1 \tag{3-39}$$

式中　D——倾覆系数；

P_d——车辆或转向架同一侧车轮的动载荷，kN；

P_{st}——相应车轮的静载荷，kN。

试验鉴定车辆同一侧各车轮或一台转向架的同一侧各车轮其倾覆系数 D 同时达到或超过 0.8 时，方被确认为有倾覆危险。

第四章　铁路货车转向架技术

铁路货车转向架具有结构简单、安全可靠、承载能力强、造修方便、制造成本低等特点，动力学性能稳定性、部件安全可靠性、摩擦副磨耗轻微、方便检修运用等是铁路货车转向架研制过程中需要重点考虑的关键因素。特别是近年来随着我国铁路货车轴重进一步提高，对转向架抗菱技术、低动力技术、低磨耗技术、与车体连接技术等提出了更高的要求。经过近十余年铁路工作者的不懈努力，转向架技术取得了重大突破，使我国铁路货车进入了运行速度 120 km/h、轴重 23～25 t 和运行速度 100 km/h、轴重 27～30 t 的提速、重载新阶段。

第一节　低动力作用

一、低动力技术的意义

重载铁路运输因其运能大、效率高、运输成本低而受到世界各国铁路的广泛重视，是世界铁路货运发展的主要趋势之一，特别适用于具有比重大、数量多、运距长特点的大宗物资。但相关运用经验表明，车辆轴重增大后将带来严重的轮轨损伤和磨耗问题，主要表现在以下两个方面。

1. 轮轨作用力和接触应力增大

轴重增加后，轮轨力参数指标也将增加，轮轨作用力增大后，必然导致轮轨接触应力相应增大。与 25 t 轴重转向架相比，30 t 轴重转向架其轴重增加了 20%，轮轨力参数指标也将增加 12%～24%。

2. 轮轨磨耗增加与寿命缩短

轴重增加后，车轮和钢轨（特别是曲线钢轨）的寿命明显降低。据预测，以专列空重比率 1∶1 进行车轮圆周磨耗量估算，车辆运行 18 万 km，25 t 轴重车磨耗量为3.4 mm，30 t 轴重车磨耗量为 4.3 mm，磨耗增幅约 26.4%。美国铁路在 3°～4°（曲线半径为 R440 m～R580 m）曲线上进行的 30 t 轴重货车对钢轨寿命影响的研究结果表明，若采用 30 t 轴重的货车，通过总重 3.45 亿 t，净运量 2.4 亿 t 时即需换轨，相当于我国大秦线半年左右的运量。

针对重载运输所带来的这一系列轮轨作用及磨耗问题，一般可以采用以下三种措施。

（1）改造线路，加大曲线半径，减小线路的扭曲和不平顺。

(2)采用合理型面和硬度的车轮和钢轨，根据轮轨配合的不同情况，制定钢轨预打磨、轮轨润滑等技术方案。

(3)采用低动力作用转向架，改善车辆的振动，降低轮轨作用力。

由于线路改造和钢轨打磨需要耗费大量的人力和物力，经济性不高，因此转向架的低动力作用越来越受到各国特别是实行重载铁路运输的国家的重视。

二、轮轨作用力

车辆在铁路线路上运行时，直接作用于车轮和钢轨间的力称为轮轨作用力，是引起钢轨变形、侧翻、横移、下沉和轮轨磨耗的主要因素，主要分为垂向作用力和横向作用力两种。

1. 轮轨垂向作用力

由于对线路起破坏效应的主要是轮轨垂向动力作用及其在轨下基础结构中的扩散传播，因此垂向动力作用是限制机车车辆轴重增大和列车速度提高的关键因素。为了适应铁路货运发展，确保列车提速或轴重加大后不至于出现影响行车安全的轨道破坏和线路变形，不少学者研究了轮轨系统对轮轨上的离散不平顺响应，提出了轮载最大值的限定。H. H. Jenkins、Lyon、Ahlbeck 等人提出的车轮通过钢轨低接头时，轮轨间动作用力会有两个较大的峰值，被称为 P_1 力和 P_2 力，如图 4-1 所示。

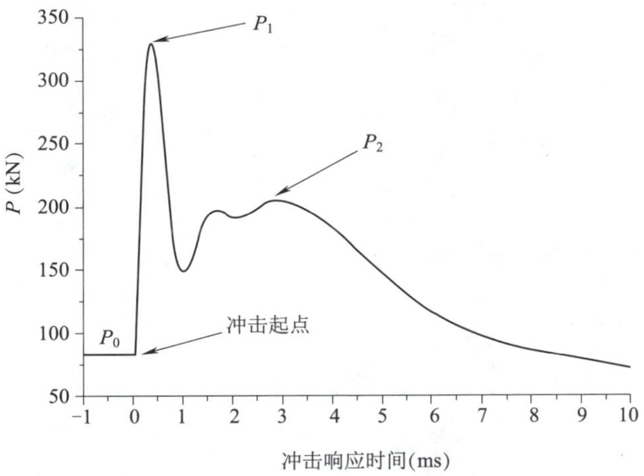

图 4-1　脉冲激扰下的轮轨垂向冲击力响应

P_1 力称为高频力(>500 Hz)。该力在车轮通过钢轨低接头且车轮运动方向发生改变时产生，车轮和钢轨通过轮轨接触刚度发生相互作用。P_1 力数值虽然很大，但作用时间短，主要以接触应力形式集中在钢轨，基本影响不到轨枕、道床和路基。P_1 力的主要危害是导致车轮扁疤、轨头破损、螺栓孔裂纹及鱼尾板折断等。

P_2 力是在 P_1 力之后出现，其频率一般较低(30～100 Hz)，称为低频力。P_2 力通过整体轨道的刚度(不仅是接触刚度)与轨道发生相互作用，是整个机车车辆系统与轨道线路系统脉冲而出现的中低频响应力，持续时间长，不仅能够作用于钢轨，还能够自上而下深入轨枕、道床，因而对轨道变形及轨下基础破坏起主要作用。英国是最早通过试验发现轮轨冲击力特性的国家，1993 年，英国标准 GM/TT 0088 规定了对于所有类型的车辆，其 P_2 力不应超过 322 kN。

2. 轮轨横向作用力

轮轨横向力是车轮与钢轨沿轨枕方向的作用力。在车辆直线运行时，由于车轮踏面部分与钢轨顶面接触，轮轨横向力一般较小；但在车辆进入曲线时，由于各种横向力的作用，比如离心力、风力、横向振动惯性力等，使前轮对外侧车轮轮缘贴靠钢轨，从而产生较大的轮轨横向作用力。

轮轨横向作用力对车辆的影响非常广泛，主要表现在车轮及轮对的抗脱轨稳定性、跳轨、蛇行运动失稳临界速度、对线路的损伤（包括道钉拔起、线路严重变形）、轮缘磨耗以及钢轨侧磨等。

轮轨横向动力作用的评价一般采用轮轨横向力、轮轴横向力以及脱轨系数 Q/P 等指标来评价。其中，由于轮轨之间的横向力测量比较困难，我国一般采用轮轴横向力——即轮对与转向架相互作用的构架力来评定，轮轴横向力为左、右两个车轮轮轨横向力的向量和。脱轨系数是作用在车轮轮轨接触点上的横向力 Q 和垂向力 P 的比值，综合反映了轮轨横向力和垂向力的变化程度，是衡量车辆抗脱轨性能的非常重要的安全性指标，GB/T 5599《铁道车辆动力学性能评定和试验鉴定规范》、AAR M-1001 第Ⅺ章《新造货车运用性能的试验和分析》以及 UIC 518《铁道车辆动力学性能—运行品质和轨道疲劳的试验、验收规范》等标准均对脱轨系数有严格的规定。

综上所述，低动力作用技术的基本要求是能够降低轮轨垂向 P_2 力和轮轨（轴）横向力。

三、低动力作用的实现方式

1. 降低 P_2 力的措施

根据 H. H. Jenkins 简化计算模型推导的 P_2 力按照式(4-1)计算，影响 P_2 力的因素有线路因素，如 m_t、2α、k_t、c_t 等；运用条件，如 v；车辆因素，如 P_0、m_u。在这些影响 P_2 力的因素中，车辆设计时一般只能通过降低簧下质量 m_u 来减小 P_2 力。

$$P_2=P_0+2\alpha v\left(\frac{m_u}{m_u+m_t}\right)^{1/2}\left(1-\frac{c_t\pi}{4k_t(m_u+m_t)}\right)\sqrt{k_t m_u} \tag{4-1}$$

式中 P_0——车辆静轮重，kN；

m_u——车辆每个车轮的簧下质量，kg；

m_t——等效的轨道质量，kg；

2α——总的结合角，rad；

v——车辆运行速度，m/s；

k_t——等效轨道刚度，MN/m；

c_t——等效轨道阻尼，kN·s/m。

对于传统三大件式转向架而言，簧下质量主要是指车轮、车轴、轴承、承载鞍、侧架以及基础制动装置等弹簧以下的零部件质量。显然，对这些部件进行轻量化设计是一个有效的降低簧下质量的措施。轮轴设计时，通常要考虑载荷、速度、寿命、配合关系、环境条件、润滑、维护、安装和拆卸等因素，这就对轮轴的材质、强度、尺寸、公差、配合以及轴承额定载荷、润滑、密封、组装游隙等提出了比较苛刻的设计和制造要求，只有实行产品统型化和标准化才能降低制造、维修及管理的成本，故而世界各国一般都有各自统一的轮轴标准，这也就使得轮轴进行进一步轻量化的可能性不大。承载鞍、侧架以及基础制动装置一般通过有限元仿真分析和试验相结合的方式进行轻量化设计，在这方面，目前我国与国际先进水平基本相当，进一步轻量化的效果不大。

传统三大件式转向架侧架属于簧下质量，通过相关研究表明，在承载鞍和侧架之间设置一系悬挂弹性垫，使侧架和基础制动装置变为簧上质量，这一措施也能够有效地降低转向架簧下质量，并减小 P_2 力，如图 4-2 所示。

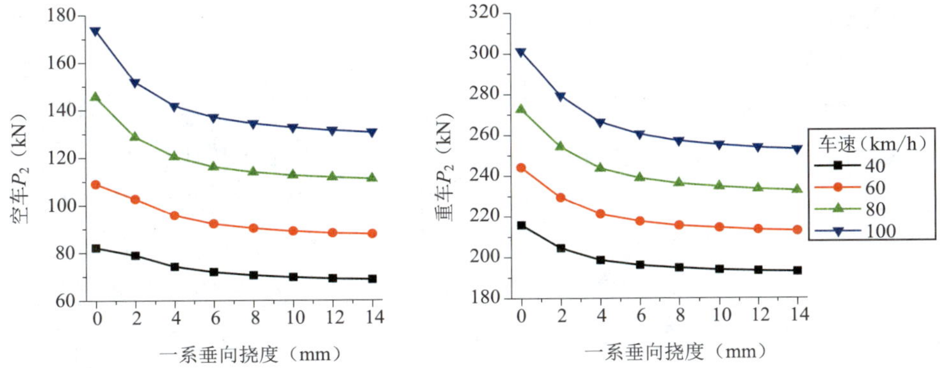

图 4-2 空车、重车 P_2 力随一系垂向挠度的变化

根据计算，P_2 力随一系垂向挠度增加而减小，但随着挠度的增大，减小速度逐渐减慢，在挠度大于 8 mm 之后，挠度对 P_2 力的影响已不敏感。因此一系悬挂弹性垫的垂向挠度设计值应不大于 8 mm，综合考虑设计的其他因素，弹性垫的垂向挠度一般取 4～6 mm为宜。

针对这一措施，我国新研制的三种 27 t 轴重铁路货车（DZ1、DZ2、DZ3 型）转向架均采用了一系悬挂弹性垫结构，并实现了针对 P_2 力的低动力作用，如图 4-3 所示。

2. 降低轮轨横向力的措施

车辆在正常直线运行时，由于车轮踏面与钢轨顶面接触，轮轨横向力一般较小，但是当运行速度接近或超过蛇行运动失稳临界速度时，车辆将发生蛇行运动失稳，此时轮轨横向力将大幅提高并可能导致脱轨。因此，提高车辆的蛇行失稳临界速度是减小直线运行时轮轨横向力的有效措施，上一节讲述的提高转向架抗菱刚度或增加轮对抗剪刚度的技术是能够有效提高车辆蛇行失稳临界速度的主要措施，同时也是三大件式货车转向架降低车辆直线运行时轮轨横向力的主要措施。

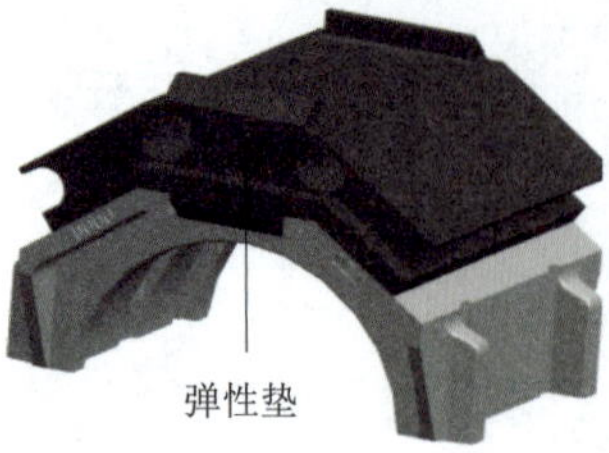

(a) DZ1型转向架

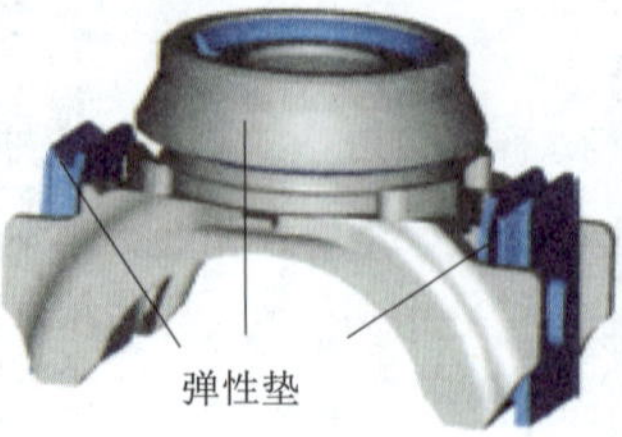

(b) DZ2型转向架

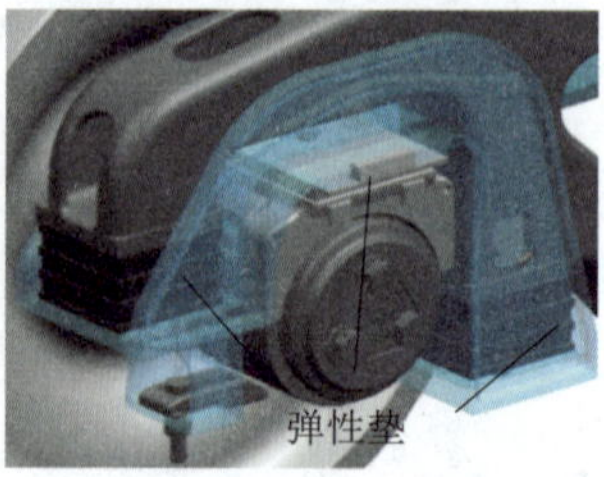

(c) DZ3型转向架

图 4-3　一系悬挂弹性垫

车辆通过曲线时，由于横向蠕滑力、离心力、轮对冲角以及风力等众多因素的影响，车辆的轮轨横向力将大幅提高。研究表明，准径向技术、侧架摆动技术和径向技术可以降低轮轨横向力，我国新研制的三种 27 t 轴重铁路货车(DZ1、DZ2、DZ3 型转向架)分别采用了这三种技术。

(1)准径向技术

交叉支撑转向架应用车辆—轨道耦合作用理论，在轮对与侧架间采用轴箱弹性垫，降低了轮轨间垂向、横向动作用力，实现了转向架准径向功能，如图 4-4 所示。车辆通过曲线时，由于轴箱的弹性定位，在轮轨蠕滑力作用下，使转向架两轮对产生径向位移，减小轮对与钢轨之间的冲角，改善车辆的曲线通过性能，减小轮缘的磨耗，提高车辆曲线运行稳定性及运行安全性。车辆通过曲线后，由于轴箱弹性复原力作用，轮对又恢复至正位状态，同时在交叉支撑弹性连接技术作用下，转向架及车辆具有高速运行稳定性。

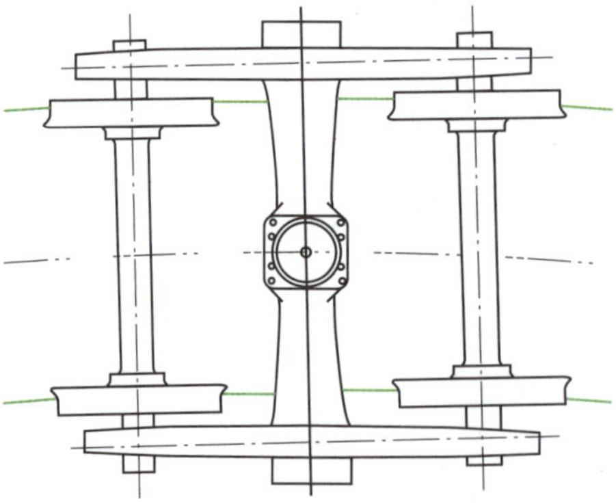

(a) 不加装轴箱弹性垫

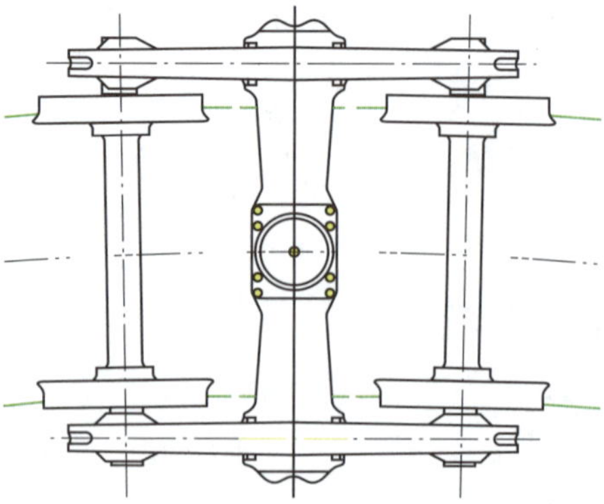

(b)加装轴箱弹性垫

图 4-4　曲线通过示意

以 DZ1 型转向架配通用敞车为例，分析通过 R300 m、R600 m、R800 m、R1 000 m

半径曲线和直线轨道的轮对冲角和车轮磨耗功率等指标，对其径向功能进行验证。计算结果表明，侧架交叉支撑转向架一系采用轴箱弹性定位具有准径向功能，与摩擦定位相比，通过曲线时轮对冲角减小39.6%以上，直线上运行时减少20%以上，如图4-5所示。

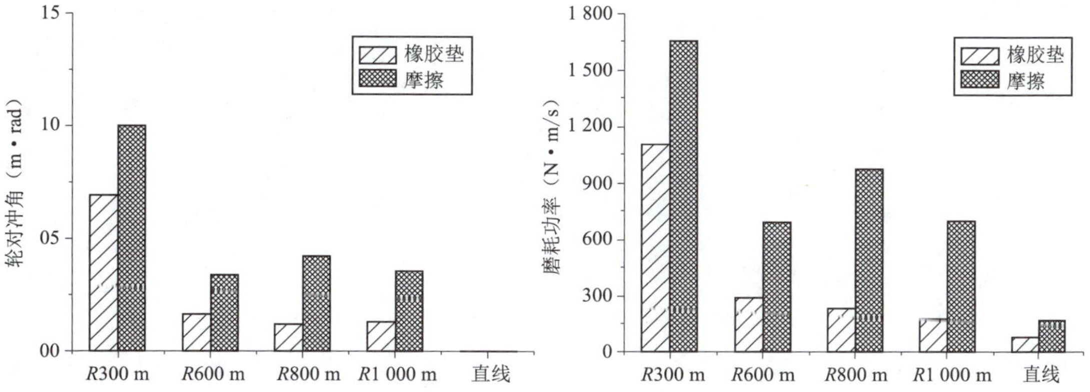

图4-5 轮对冲角和磨耗功率计算结果对比

DZ1型转向架径向功能试验研究表明：转向架通过R150 m曲线时同一轮对两轴端相对位移为3.5～5.6 mm，通过R180 m曲线时同一轮对两轴端相对位移为2.4～4.3 mm，两轮对与曲线间呈径向趋势，具有准径向功能，重车工况转向架径向趋势较空车更为明显，如图4-6所示。

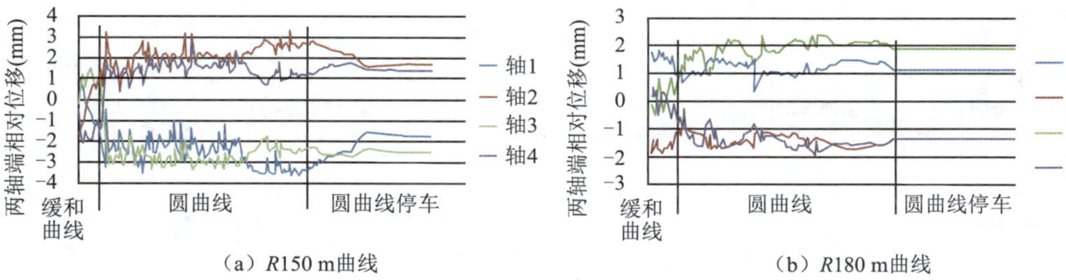

图4-6 转向架曲线通过性能试验结果

(2)侧架摆动技术

侧架摆动式转向架是一种超临界设计的转向架，在传统三大件式转向架基础上增设了类似于客车转向架摇动台的摆式机构，既增加了转向架的抗菱刚度，又具有横向低阻力的特性。该型转向架通过在两侧架中央方框间增加一弹簧托板，把左右弹簧悬挂连接在一起，其下部摇动座坐落在侧架中央承台的支承圆弧上，形成下摆点；同时左右侧架通过其顶部导框摇动座分别支承在前后两承载鞍弧顶面，形成上摆点。两侧架通过上、下摆点连接成为横向可同步摆动的吊杆，并与弹簧托板铰接形成一个矩形的摇动台，在车辆运行时侧架可以作横向最大3°角摆动，从而使得转向架横向柔性大幅增加，横向运行性能得到了改善。摆动式转向架摆动模型如图4-7所示。

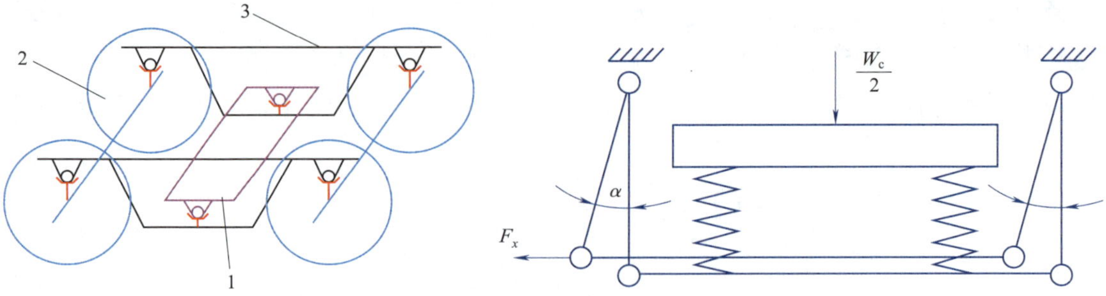

图 4-7　摆动式转向架摆动模型

1—弹簧托板；2—轮对；3—侧架；W_c—车体重量；F_x—横向力；α—侧架摆动角

一般情况下，侧架摆动分为两个阶段：

第一阶段为抗横向激扰的低阻力保护阶段，如图 4-8 中曲线第一段，此阶段转向架的横向刚度是在侧架的容许摆动角之内的刚度，其值为侧架摆动等效刚度与二系悬挂横向刚度的串联刚度。

第二阶段为抗横向冲击的高阻力保护阶段，如图 4-8 中曲线第二段，该阶段为侧架摆动到最大摆动角后，弹簧托板横向位移仍小于摇枕挡间隙时的刚度，即侧架摆动限位台完全压实摇动座，轮轴横向力通过弹簧直接传递给摇枕，其值相当于传统转向架二系悬挂的横向刚度。

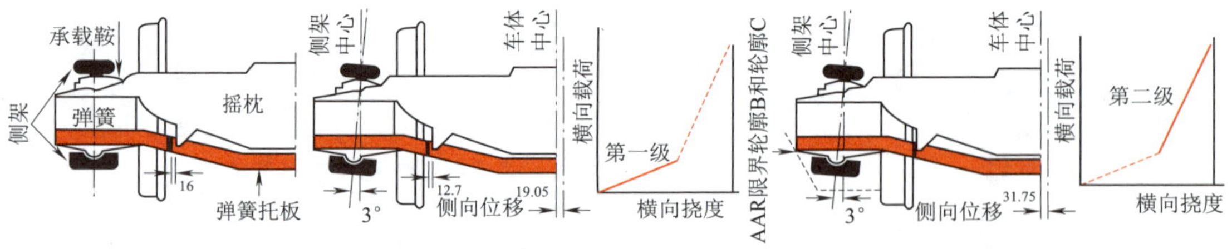

（a）对中位置

（b）第一级横向位移
（对横向激扰的低阻力保护）

（c）第二级最大横向位移
（对完全压实侧向冲击的高阻力保护）

图 4-8　摆动式转向架横向两级刚度设计

因此，摆动式转向架具有明显的二级横向刚度特性，其第一级横向刚度比第二级横向刚度要小许多，有效降低了轮轨动作用力，提高了车辆的运行品质；而二级刚度相当于缩短了倾覆力臂长度，从而有效减小了车轮爬轨和脱轨的可能性。

(3)轮对径向技术

轮对径向技术是径向转向架所特有的一种能够使轮对沿轨道径向形态通过曲线的技术。由于转向架的轮对纵向定位刚度很小，使得轮对的摇头角刚度也很小，这样进入曲线时，导向轮对仅需较小蠕滑力矩就能克服摇头角刚度所产生的复原力矩，使得导向轮对横向移动较小，轮缘与钢轨基本不接触，轮对和钢轨的冲角接近于 0°(一般为非径向转向架的 20%～40%)，如图 4-9 所示。另一方面，导向轮对的蠕滑力矩通过轮对径向装置传递到后轮对，使得前后轮对形成“八”字形径向排列，使转向架更为顺利的通过曲线钢轨。

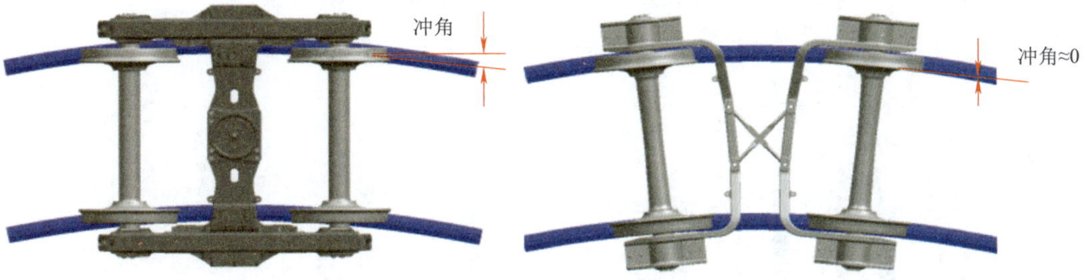

（a）普通三大件式转向架　　（b)副构架式径向转向架

图 4-9　轮对冲角

径向转向架的这一特点可以带来诸多优点，一是使得转向架各轮对轮轨横向力分配更加均匀，并降低轮轨横向力的峰值，实现低动力作用，如图 4-10 所示；二是能够降低车辆通过曲线时的阻力，相关研究表明，径向转向架的曲线阻力仅为传统转向架的 1/2，并能降低能耗；三是能够减小车轮轮缘与钢轨的磨耗，统计数据表明径向转向架轮轨磨耗量仅为传统转向架的 30％～45％，由此能够减少车辆及线路维护费用。

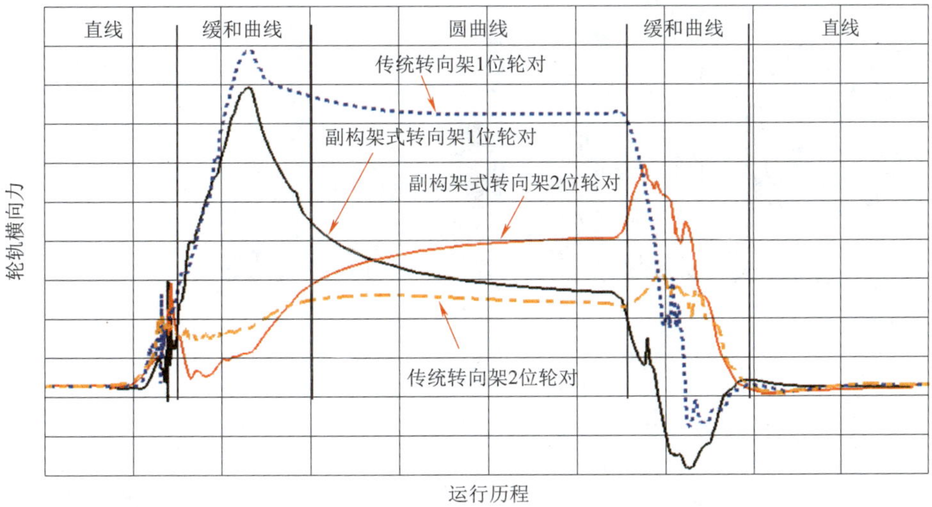

图 4-10　转向架曲线通过时的轮轨横向力

四、低动力作用的相关试验

2012 年 9 月—2013 年 6 月，中国铁道科学研究院对配装新一代低动力作用转向架的 C80E(H、F)型通用敞车进行了线路动力学试验，试验结果表明：在 110 km/h 试验速度范围内，三种低动力作用转向架的各项指标均符合 GB/T 5599《铁道车辆动力学性能评定和试验鉴定规范》的要求。通过对轮轴横向力进行分析总结如下。

1. DZ1 型转向架

(1)车辆以不同速度在直线上运行时，试验测得 C_{80E} 型通用敞车空车轮轴横向力最大值和平均值较比较车 C_{70} 型通用敞车分别降低约 11.57%～45.77%、5.63%～47.05%；重车上述指标分别降低 24.58%～63.37%、48.37%～63.2%，如图 4-11 所示。

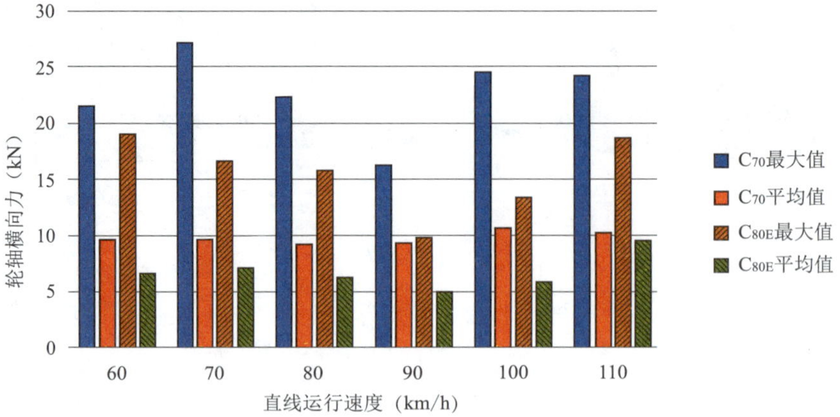

(a) 空车直线

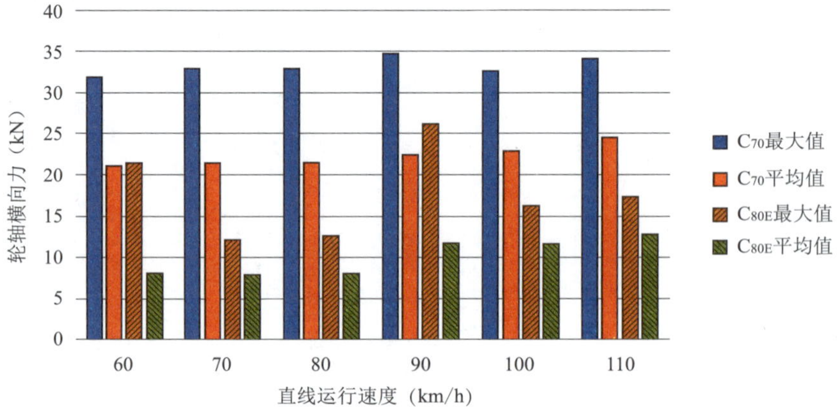

(b) 重车直线

图 4-11　直线工况轮轴横向力(DZ1 型转向架)

(2)车辆以不同速度通过半径 $R350$ m～$R800$ m 曲线和 12 号道岔时，C_{80E} 型通用敞车空车轮轴横向力最大值和平均值较比较车 C_{70} 型通用敞车分别降低约－6.41%～37.89%、－6.32%～21.05%；重车上述指标分别降低－5.18%～38.56%、－4.41%～33.23%，如图 4-12 所示。

2. DZ2 型转向架

(1)车辆以不同速度在直线上运行时，试验测得 C_{80EH} 型通用敞车空车轮轴横向力最大值和平均值较比较车 C_{70} 型通用敞车分别降低约 6.32%～49.15%、47.05%～58.38%；重车上述指标分别降低－18.24%～17.85%、28.46%～43.84%，如图 4-13 所示。

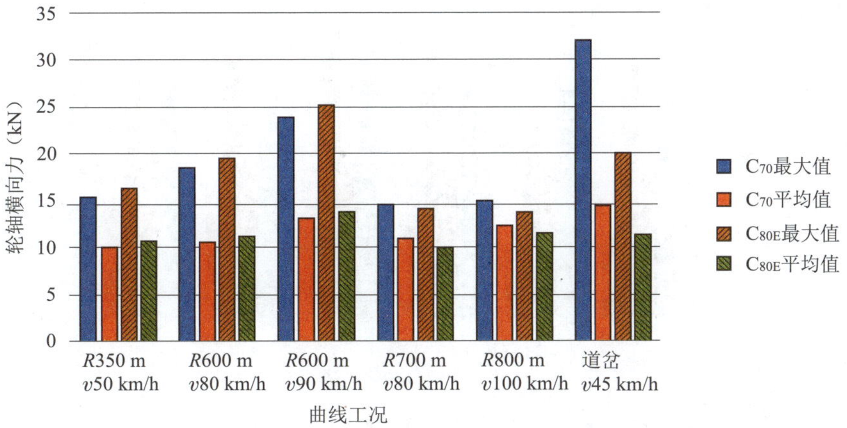

（a）空车曲线

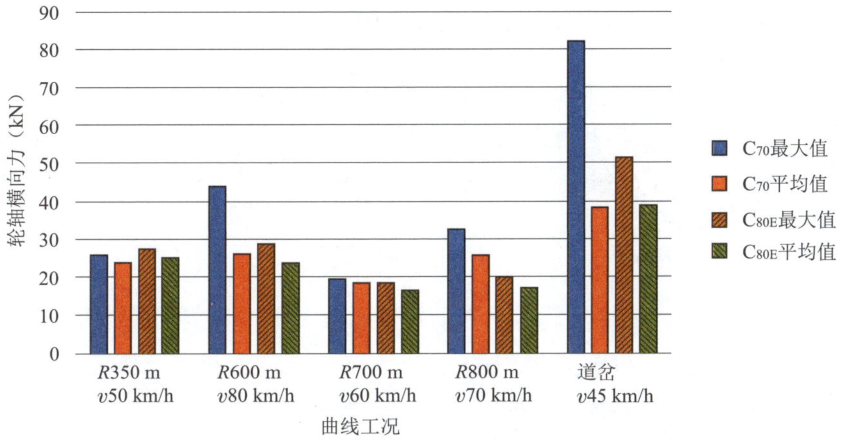

（b）重车曲线

图 4-12　曲线工况轮轴横向力（DZ1 型转向架）

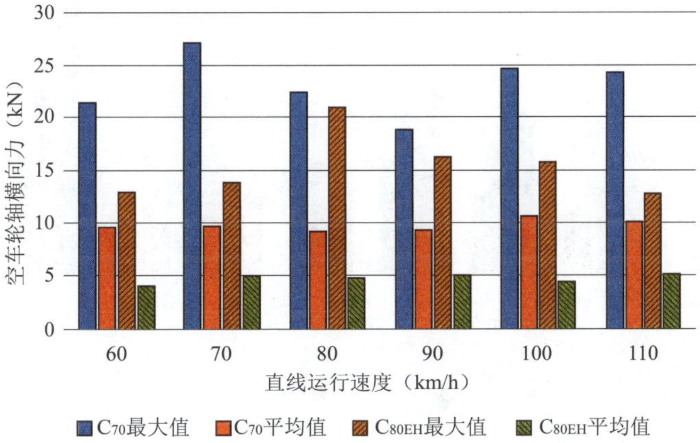

（a）空车直线

图　4-13

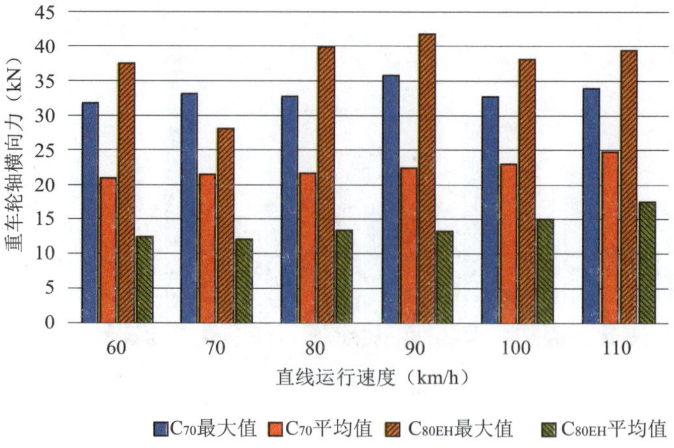

（b）重车直线

图 4-13　直线工况轮轴横向力（DZ2 型转向架）

(2)车辆以不同速度通过半径 R350 m～R800 m 曲线和 12 号道岔时，C_{80E} 型通用敞车空车轮轴横向力最大值和平均值较比较车 C_{70} 型通用敞车分别降低约 29.65%～58.85%、19.69%～65.67%；重车上述指标分别降低 7.49%～28.80%、7.58%～37.04%，如图 4-14 所示。

3. DZ3 型转向架

(1)车辆以不同速度在直线上运行时，试验测得 C_{80EF} 型通用敞车空车轮轴横向力最大值和平均值较比较车 C_{70} 型通用敞车分别降低约 13.97%～51.04%、39.39%～55.10%；重车上述指标分别降低－13.26%～22.42%、22.56%～51.63%，如图 4-15 所示。

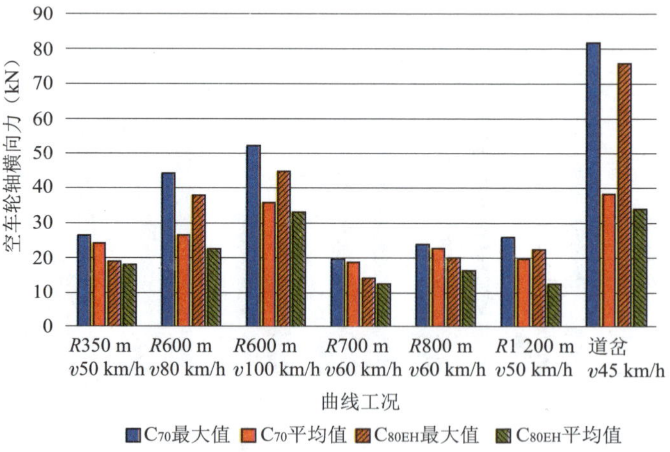

（a）空车曲线

图　4-14

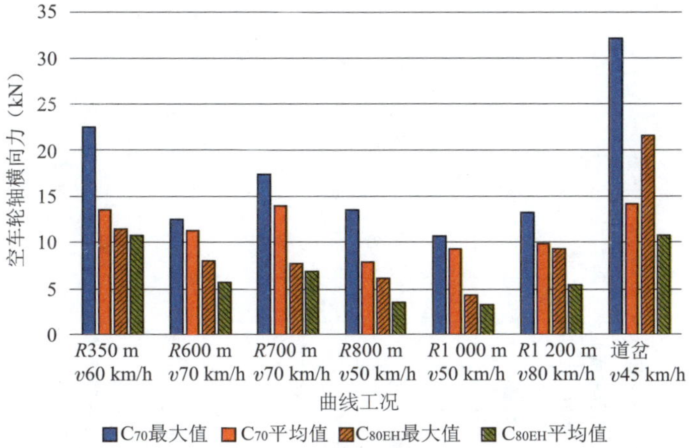

（b）重车曲线

图 4-14　曲线工况轮轴横向力（DZ2 型转向架）

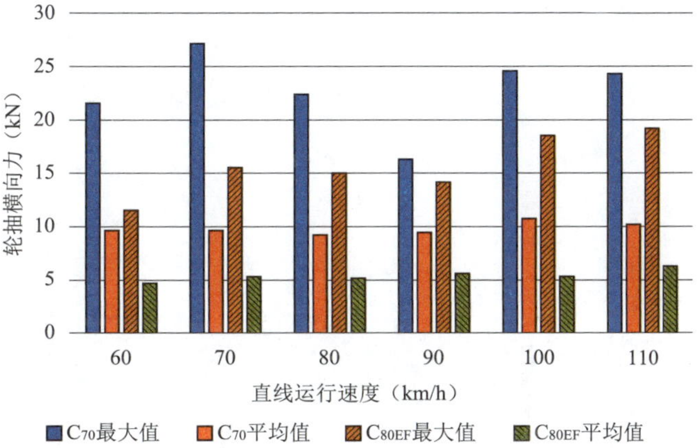

（a）空车直线

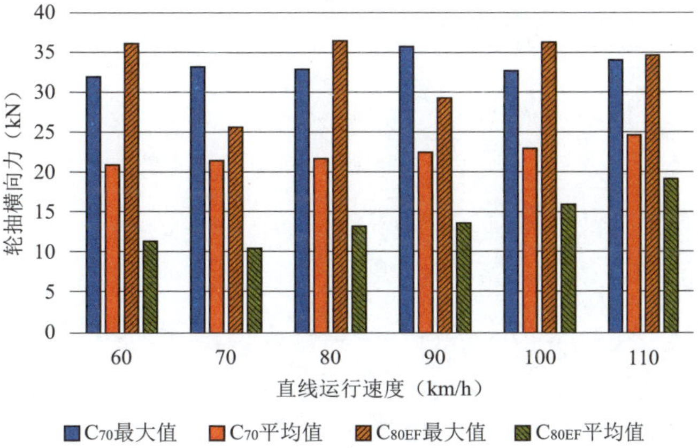

（b）重车直线

图 4-15　直线工况轮轴横向力（DZ3 型转向架）

(2)车辆以不同速度通过半径 $R350$ m～$R1$ 200 m 曲线和 12 号道岔时，C_{80EF} 型通用敞车空车轮轴横向力最大值和平均值较比较车 C_{70} 型通用敞车分别降低约 7.52%～57.48%、−8.22%～54.33%；重车上述指标分别降低−23.74%～41.23%、37.94%～41.97%，如图 4-16 所示。

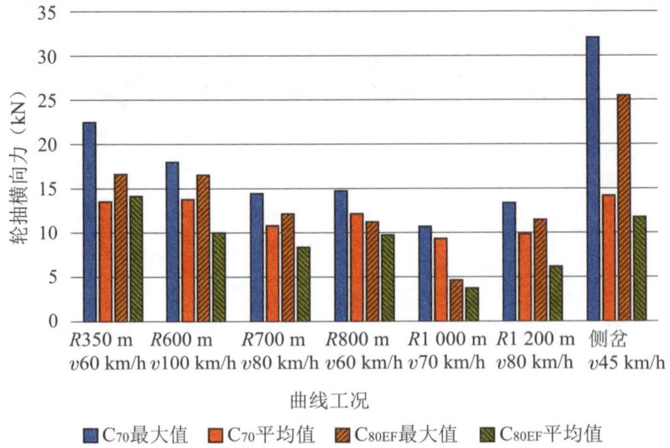

（a）空车曲线

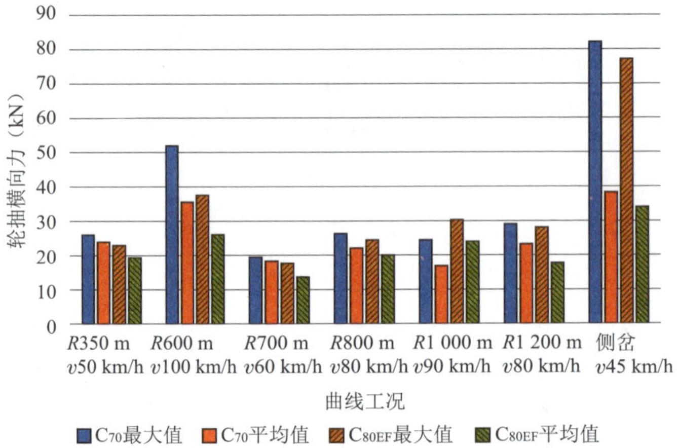

（b）重车曲线

图 4-16　曲线工况轮轴横向力(DZ3 型转向架)

上述统计结果表明：除个别工况外，轴重 27 t 低动力作用转向架的轮轴横向力总体来看甚至比轴重 23 t 的比较车还小，其低动力作用效果十分明显。

在线路动力学试验过程中还对典型桥梁进行了实时监测，监测结果表明：监测的 6 座桥梁的主梁挠跨比、主梁横向振幅及其加速度、主梁垂向振幅及其加速度、桥墩横向振幅、梁墩横向相对位移等指标均满足现行《铁路桥梁检定规范》的要求。当 27 t 轴重铁路货车的试验列车通过时，在路桥过渡段和桥上轨道测得钢轨轨头横移、轨距扩大量与运营列车测试结果相当。试验期间，试验段既有轨道结构（60 kg/m 钢轨、Ⅲ型混凝土枕、Ⅱ型扣件、一级道砟）可满足开行 27 t 吨轴重铁路货车的安全运营要求。在试验列车作用下，跨度 3.4 m、6.7 m、13.06 m 钢筋混凝土梁桥、净孔 2 m 盖板箱涵整体受力状态、跨度 24 m、32 m 预应力混凝土梁桥、桥面板以及跨度 48 m 钢桁梁主桁杆件受力状态基本正常，桥涵结构可满足 27 t 轴重通用货车运行要求。

由此可见，采用低动力作用转向架能够有效降低轮轨动作用力，减轻轮轨磨耗，延长轮轨寿命，减轻车辆运行对线路造成的伤损，具有较高的经济性。

第二节 低磨耗性能

铁路货车作为高速运行的承载结构，在运行中承受着复杂的外界载荷，作用在铁路货车转向架上的载荷主要包括：垂向静载荷、垂向动载荷、纵向力引起的附加载荷、侧向力引起的附加载荷、轮轨间作用力所引起的水平载荷、垂向斜对称载荷、制动载荷等。在运用中多种载荷联合作用下转向架各部件会产生一定范围内的位移、弹性变形和振动摩擦等现象，而振动摩擦必然带来零部件的磨耗，使零部件本体的尺寸、相关的配合尺寸以及接触匹配情况发生变化。

一方面适度的轻微磨耗情况类似于磨合，可以使摩擦面更加平顺，匹配更加良好或贴合更加紧密，表现为转向架在初始运用一段时间后其性能会趋于更加稳定。另一方面，随着运用时间的延续、运行里程的增加，相关配合磨耗部位的磨耗量增大，直观的表现在尺寸变化、摩擦面产生磨痕，参数发生范围内变化等。在磨耗件磨耗超限情况下，就有可能影响到车辆和转向架的正常使用。

通过采用新材料、新工艺等，改进材料降低磨耗；在结构允许的情况下，通过在磨耗配合部位加装金属或非金属磨耗垫实现稳定的磨耗；通过加装弹性约束将磨耗变为微动磨耗；通过采用低动作用力技术降低磨耗等方式方法实现低磨耗和稳定的运用性能。低磨耗结构，既可以提高铁路货车转向架零部件使用寿命，又可以减少运用检修维护工作量，降低运营成本，提高经济效益；又可以提升货车长期运用的安全可靠性和稳定性。

铁路货车转向架磨耗部位主要包括轮轨磨耗、轮瓦磨耗、斜楔主副摩擦面部位磨耗、旁承磨耗等，以上几项对转向架整体性能的影响比较显著；而心盘磨耗、制动梁端头磨耗、轴箱部位磨耗、钢弹簧磨耗等相对较为轻微、对转向架整体性能得影响程度相对较小。

通过计算分析和试验研究工作，可以了解转向架的主要部件磨耗后车辆的动力学性能，通过车辆的蛇行运动失稳临界速度 v_{cr}、直线上运行时的横向及垂向平稳性指标 W_y 和 W_z、横向和垂向振动最大加速度 a_y 和 a_z、通过曲线时的轮轨横向力 Q、轮轴横向力 H、脱轨系数 Q/P、轮重减载率 $\Delta P/P$ 等参数的判断，可以合理制定转向架磨耗件的检修限度，确保铁路货车车辆在使用期内其动力学性能满足运用要求。

一、车轮轮径和踏面低磨耗

车轮是铁路货车转向架不可缺少的重要行走部件，起到承担载荷和在钢轨上行驶的功能。车辆运用中，因为轮轨接触和相对运动，必然产生车轮踏面磨耗和轮缘磨耗。随着车轮的磨耗，车轮的直径减小、轮缘变薄，车辆蛇行运动临界速度降低。车轮踏面的磨耗损伤不仅会给轨道和车辆造成破坏，也会给行车安全带来危害。

国内外的实践证明，增大货车轴重、实现重载运输是提高铁路运输能力的有效途径。而增加转向架轴重，不可避免的要增大轮轨间的相互作用力，结果会加剧轮轨磨耗。

由于轮轨间作用过程是一个复杂的摩擦学过程，轮轨间的磨耗也无一通用的评价标准，目前仅从理论上很难进行评估和预测，需要结合大量的实验研究和跟踪运用，以获得可靠的结果。通过对重载线路运行货车车轮的磨耗数据的统计分析，影响铁路重载货车车轮磨耗的主要因素为:货车轴重、运行速度、货物周转量、车轮硬度、制动力大小、闸瓦质量、同轮对两车轮的轮径差等。通过应用新型材质车轮、控制轮径差、采用新型合成闸瓦等措施可有效降低车轮磨耗并使车轮踏面磨耗均匀。

进一步研究表明，在承载鞍和侧架之间设置一系悬挂弹性垫，使侧架和基础制动装置变为簧上质量，这一措施也能够有效地降低转向架簧下质量，并减小轮轨作用力。该低动力技术可以有效地降低轮轨磨耗，我国研制的三种新一代 27 t 轴重铁路货车(DZ1、DZ2、DZ3 型转向架)均采用了一系悬挂弹性垫结构。车辆通过曲线时，由于横向蠕滑力、离心力、轮对冲角以及风力等因素的影响，轮轨横向力将大幅提高，准径向技术、摆动技术和径向技术等铁路货车转向架所采用的技术可以有效降低轮轨横向力。

根据不完全统计，既有 23 t(25 t)轴重通用铁路货车转向架车轮踏面随运用时间的磨耗情况比较均匀，即单位时间内磨耗的均匀性良好，能够较好的满足运用要求，如图 4-17所示。

根据不完全统计，既有 23 t(25 t)轴重通用铁路货车转向架车轮轮缘厚度随运用时间的磨耗情况比较均匀，即单位时间内轮缘磨耗与运用需要比较适宜，如图 4-18 所示。

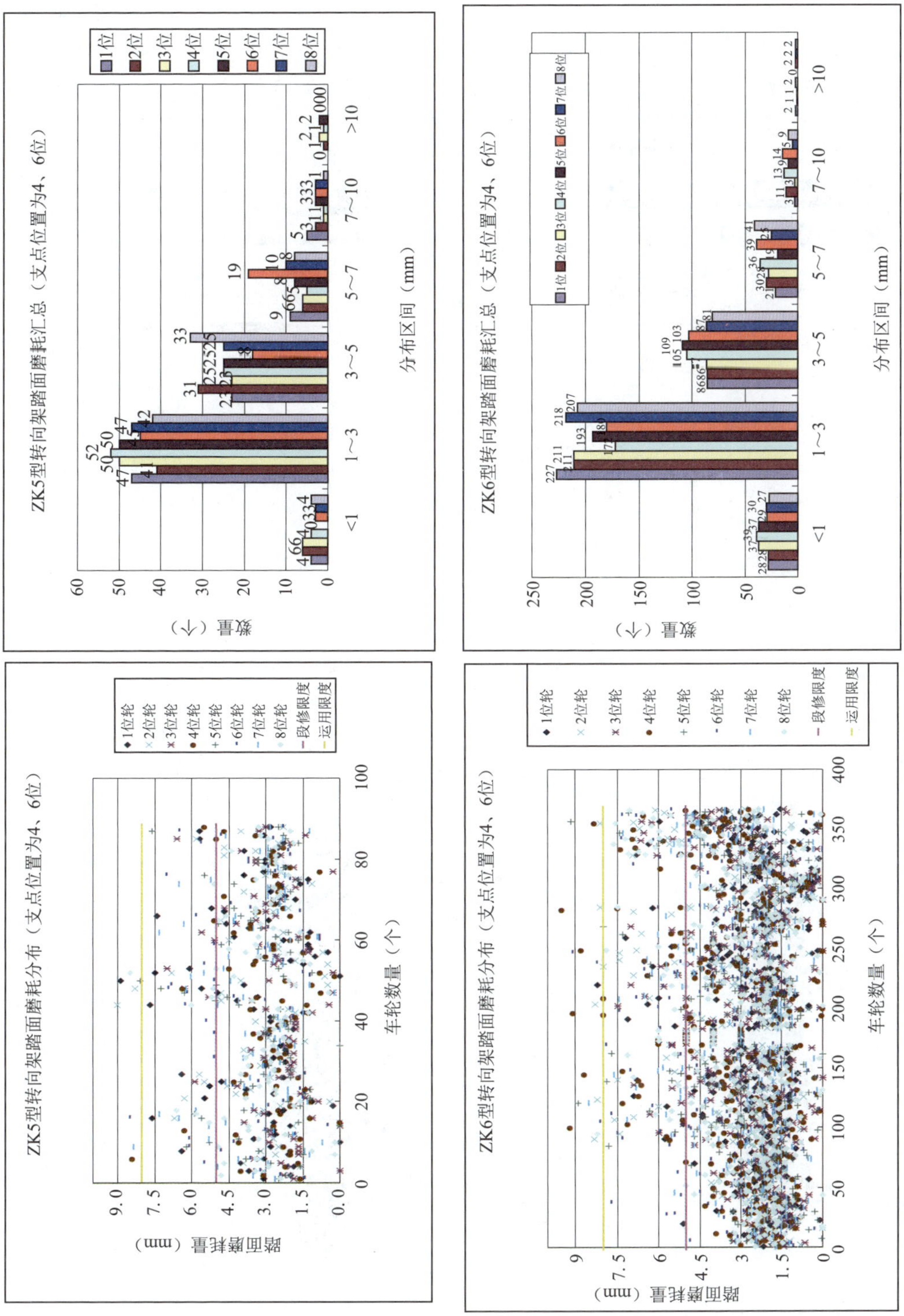

图 4-17　23 t（25 t）轴重通用货车转向架车轮踏面磨耗情况

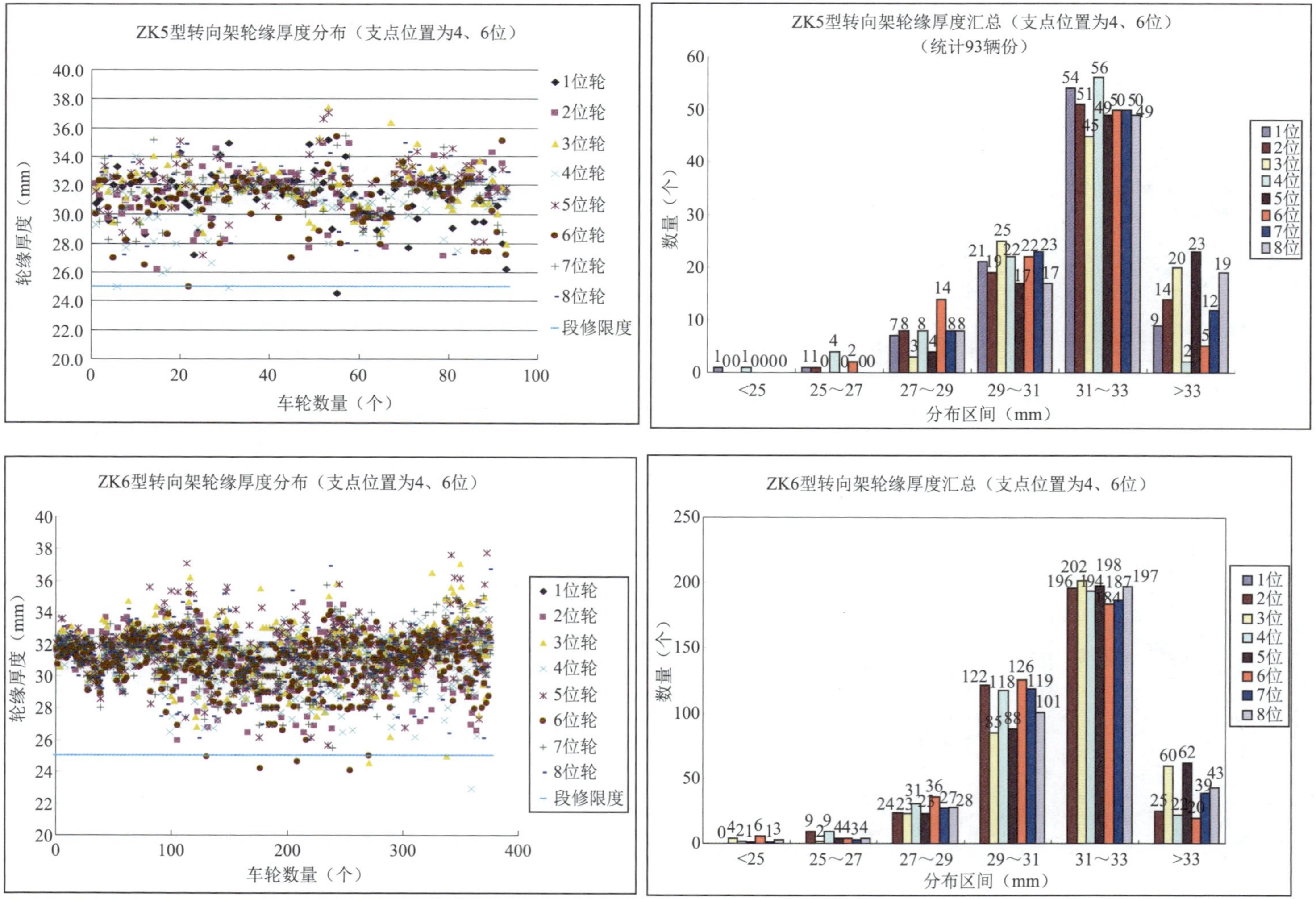

图 4-18　23 t(25 t)轴重通用货车转向架车轮轮缘厚度情况

通过一定数量的既有 23 t(25 t)轴重通用铁路货车转向架轮径差数据统计，轮位的磨耗差异特征基本一致。轮对服役磨耗特征表现较好，如表 4-1、图 4-19 所示。

表 4-1 轮径差数据

转向架类型	<1 mm	≥1～2 mm	≥2～4 mm	≥4～6 mm	≥6～8 mm	≥8 mm
转 K5	94	101	110	37	12	13
	25.61%	27.52%	29.97%	10.08%	3.27%	3.54%
转 K6	406	397	357	187	65	55
	27.68%	27.06%	24.34%	12.75%	4.43%	3.75%

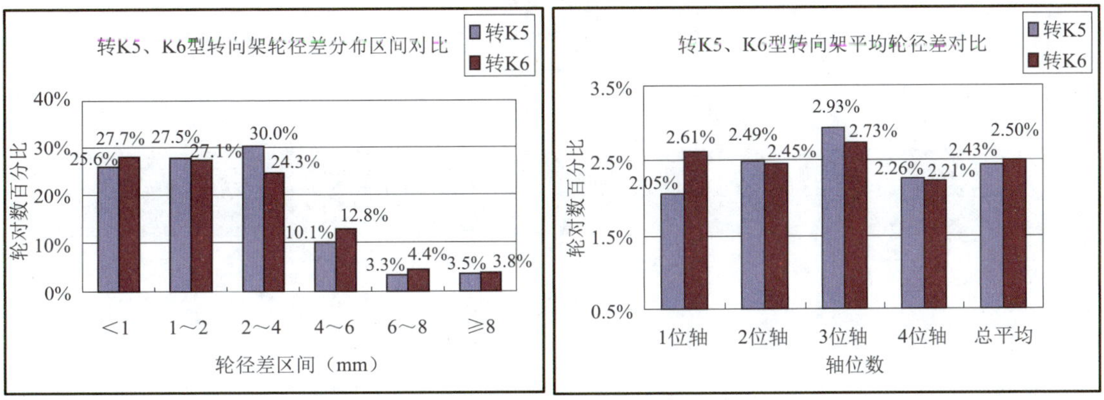

图 4-19 23 t(25 t)轴重通用货车转向架轮位差情况

可知国内现有的 23 t(25 t)轴重通用货车车轮与钢轨的匹配良好，能够保证较低、较好的运用磨耗趋势。

2009 年开始研制，2014 年实现批量装车投入运用的新一代大轴重 $C_{80E(H、F)}$ 通用货车，其所装用的 DZ1、DZ2、DZ3 型转向架均在轴箱部位采用了弹性悬挂的结构型式。通过合理匹配轴箱弹性悬挂参数，一方面实现轮对弹性定位，即为车辆直线高速运行提供足够的定位刚度，保证蛇行运动稳定性，又不影响曲线通过时轮对摇头，改善侧架导框与承载鞍的配合关系；另一方面优化挠度的轴箱弹簧将原来属于簧下结构的侧架移到簧上，减少转向架的簧下质量，降低轮轨垂向动作用力，减小轮轨间的刚性冲击，降低轮轨磨耗。轮轨作用力分析计算结果表明，大轴重通用货车转向架通过小半径曲线和道岔时轮对冲角比既有通用货车转向架减小约 30%，磨耗指数降低约 10%，转向架实现准径向功能，改善曲线通过性能，能有效降低轮轨动作用力和减少轮轨磨耗。

根据不完全统计，比较 27 t 轴重 DZ1、DZ2 和 DZ3 型转向架车轮磨耗情况与 23 t(25 t)轴重转 K6、转 K5 和转 K7 型转向架车轮磨耗情况，详见表 4-2～表 4-4。

表 4-2　DZ1 型转向架与转 K6 转向架车轮磨耗比较情况(第一个段修期)

项目	DZ1 型转向架(C_{80E} 型敞车)		转 K6 型转向架(C_{80} 型敞车)	
	轮缘剩余厚度(mm)	踏面磨耗(mm)	轮缘剩余厚度(mm)	踏面磨耗(mm)
平均值	32.1	1.43	31.1	3.26
最大值	32.4	2.82	32.9	5.52
最小值	31.4	0.56	28.6	2.34

表 4-3　DZ2 型转向架与转 K5 转向架车轮磨耗比较情况(第一个段修期)

项目	DZ2 型转向架		转 K5 型转向架	
	轮缘剩余厚度(mm)	踏面磨耗(mm)	轮缘剩余厚度(mm)	踏面磨耗(mm)
平均值	32.29	1.46	31.43	3.06
最大值	32.9	2.8	33.27	5.35
最小值	31.5	0.7	27.79	2.04

表 4-4　DZ3 型转向架与转 K7 转向架车轮磨耗比较情况(第一个段修期)

项目	DZ3 型转向架		转 K7 型转向架	
	轮缘剩余厚度(mm)	踏面磨耗(mm)	轮缘剩余厚度(mm)	踏面磨耗(mm)
平均值	32.53	1.56	32.35	3.37
最大值	34.3	3.21	34.76	6.13
最小值	31.25	0.40	28.65	1.77

可知,虽然 DZ1、DZ2 和 DZ3 型转向架轴重高于转 K6、转 K5 和转 K7 型转向架,但由于采用了轴箱弹性悬挂的低动力技术,实现了优良的轮轨低动作用力特性,显著降低了轮轨之间的磨耗。

至 2016 年 11 月车辆运用考核里程已达到 40 万 km。经过路局在运用期间的多次车轮磨耗调研抽查数据显示,运用 40 万 km 后 $C_{80E(H、F)}$ 型通用敞车的车轮轮缘、圆周磨耗,闸瓦等磨耗比既有通用车型轻微,轮轨、轮瓦匹配良好,动力学性能优异,可延长旋轮周期,提高车辆的利用率,降低维护成本。

二、减振装置摩擦板低磨耗

相对摩擦系数是指悬挂装置中摩擦阻力与垂向力的比值,用以表示减振器摩擦力的大小。该数值是铁路货车转向架的重要性能参数之一。转向架相对摩擦系数对车辆的蛇行运动稳定性、运行平稳性均有较大影响。为保证转向架装用于货车的运行性能,建议空、重车工况的相对摩擦系数值一般应为 0.07～0.1。

通过在摩擦减振装置的斜楔主摩擦面安装非金属材质摩擦板,配合侧架立柱摩擦面的金属摩擦板,一方面通过相互摩擦将车辆振动动能转化为热能而散逸至大气中,进而减小车辆振动;另一方面非金属与金属材质配合,产生较低的磨耗和相对更加持续稳定的摩擦力。经过长期的运用考验和跟踪检测,根据统计,既有铁路货车转向架结构上的斜楔主摩擦板的磨耗量比较均匀,随运用时间增加的磨耗量增长曲线均比较平缓且数值近似，显著优于老式的金属对金属结构的磨耗状况，如图 4-20 所示。

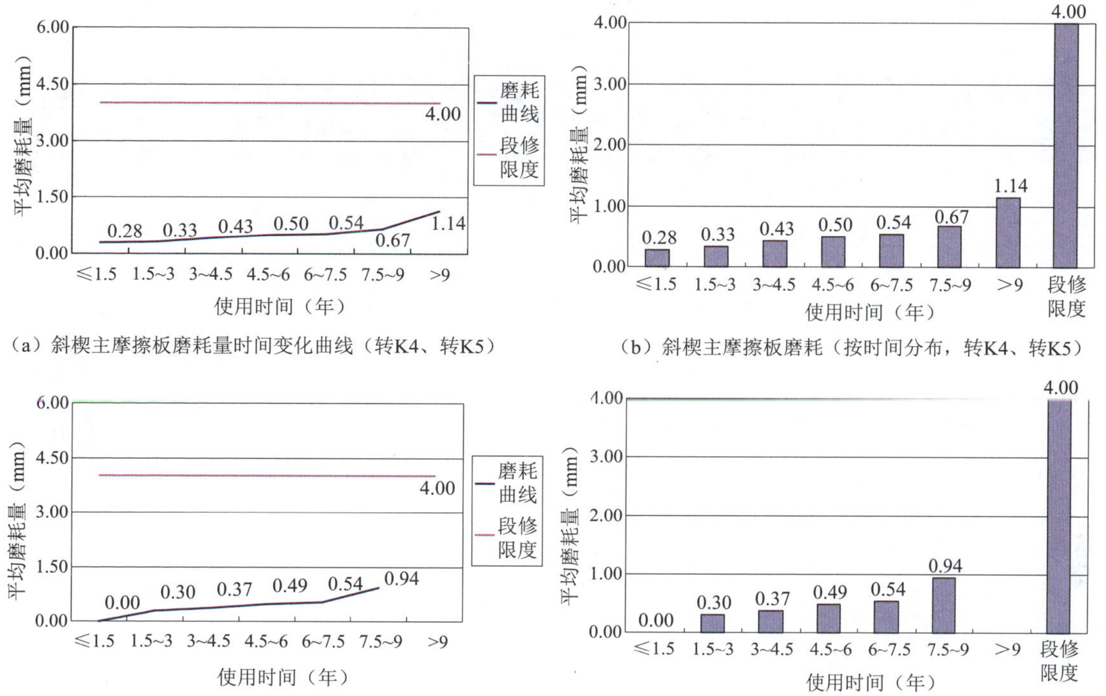

（a）斜楔主摩擦板磨耗量时间变化曲线（转K4、转K5）

（b）斜楔主摩擦板磨耗（按时间分布，转K4、转K5）

（c）斜楔主摩擦板磨耗量时间变化曲线（转K2、转K6）

（d）斜楔主摩擦板磨耗（按时间分布，转K2、转K6）

图 4-20　斜楔主摩擦板的磨耗随运用时间变化情况

三、旁承摩擦板低磨耗

回转阻力矩是铁路货车转向架的重要性能参数之一，直接影响车辆的动力学性能，该值不足可能导致车辆在高速运行时发生小振幅的蛇行运动失稳，轮对产生激烈的摇头和横向运动，影响车辆稳定性和安全性。为在车体与转向架间提供较高的回转阻力矩，铁路货车通常选用常接触弹性旁承，既可对车体始终提供适宜的摩擦阻力矩，控制货车的蛇行运动，又可约束车体的侧滚，提供抗侧滚稳定性。

转向架落装后在车辆运行过程中，由于弹性旁承上表面摩擦板的磨耗，其压缩量会发生逐渐的变化，该变化会对车辆的运行稳定性及曲线通过性能产生一定的影响。经过长期的跟踪检测，据不完全数据统计，既有铁路货车转向架结构上的弹性旁承摩擦板的磨耗量都比较均匀，运用一个段修期后，旁承自由间隙或自由高变化缓慢，寿命期内(6 年)旁承体永久变形趋于稳定，如表 4-5、图 4-21 所示。

当弹性旁承垂向刚度一定时，因磨耗导致的旁承压缩量变化对蛇行临界速度具有影响。旁承压缩量越小，蛇行运动失稳临界速度越低。根据运用过程中对大量既有车辆的数据统计，旁承磨耗板的磨耗限度满足运用检修的要求。为保证车辆蛇行运动稳定性、临界速度不低于规定的数值，进一步提高安全可靠性，新一代大轴重 $C_{80E(H、F)}$通用货车所装用的 DZ1、DZ2、DZ3 型转向架将装用的旁承行程增大到 16 mm，降低了因制造或维护所形成的尺寸误差对整体性能的敏感度。

表 4-5　旁承自由间隙或自由高(mm)

旁承类型	运用 1.5～2 年			运用 3～4 年			运用 5 年以上			设计值
	最大	最小	平均	最大	最小	平均	最大	最小	平均	
BD 型	18.00	14.94	15.39	17.50	13.50	15.30	17.50	12.90	15.36	18±0.5
JC 型	84.1	74.5	81.1	86.5	74.0	79.8	85.6	76.2	81.5	84±0.7

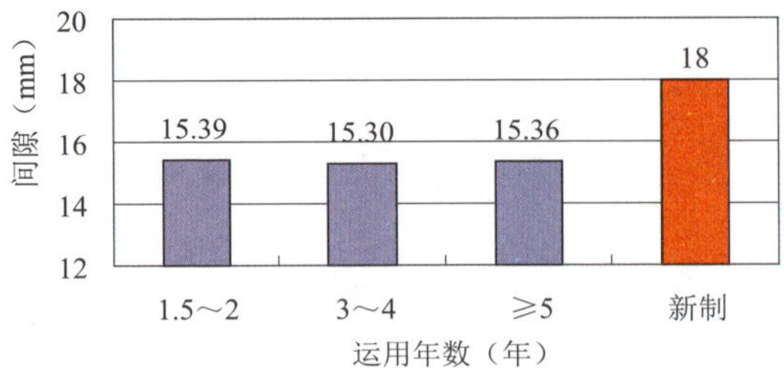

（a）BD型旁承自由间隙—时间变化

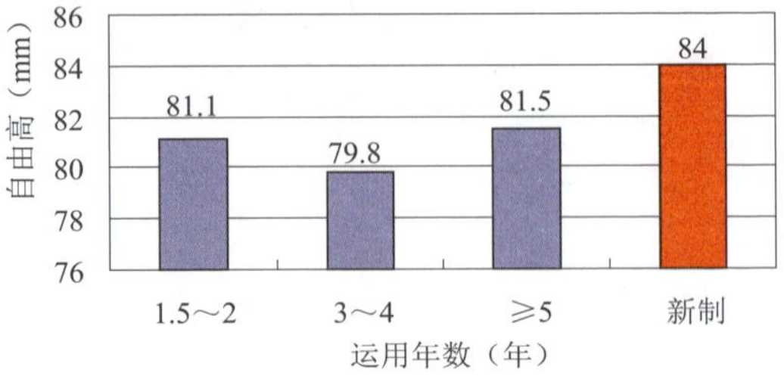

（b）JC型旁承自由高度—时间变化

图 4-21　旁承自由间隙或自由高变化

第三节　转向架抗菱刚度

转向架抗菱刚度是影响转向架性能的重要参数，影响车辆蛇行运动失稳临界速度、轮轨磨耗、车辆运行平稳性与脱轨安全性。对于传统的铸钢三大件式转向架摇枕、侧架间的约束对斜楔状态的依赖性较强，斜楔提供的抗菱刚度起主要作用，转向架抗菱刚度较小，车辆运行速度始终徘徊在 60～80 km/h，因此在转向架设计中通常采用加宽斜楔的方式来提高转向架的抗菱刚度。但是当车辆运用一段时间以后，随着斜楔的磨耗转向架抗菱刚度开始降低，一方面造成车辆蛇行运动失稳临界速度下降，另一方面由于车辆动力学性能不断恶化，加剧了车辆关键零部件的磨损。近年来，为满足我国铁路货车提速重载运输发展需要，应用侧架交叉支撑、侧架摆动式、副构架技术先后研制了系列轴重的提速重载转向架，这些转向架通过采用提高抗菱刚度装置，抗菱刚度比传统三大件式转向架提高 3～6 倍，满足我国铁路货车 100～120 km/h 运用要求。以转 8A 型转向架配装 C_{64} 型敞车为例采用 NUCARS 软件分析抗菱刚度对车辆运行性能的影响，如图 4-22～图 4-25 所示，研究结果表明：

(1)随着抗菱刚度的增大，车辆空、重车的蛇行运动失稳临界速度提高，但当抗菱刚度值增大到一定程度后再继续增大时，蛇行运动失稳临界速度提高幅度变小甚至不发生变化，表明抗菱刚度与蛇行失稳临界速度之间存在一个最佳匹配值。

(2)车辆曲线通过性能稳定性评判指标如轮轴横向力、轮重减载率和脱轨系数等均随着抗菱刚度的增加有所增大，但增加的幅度有限。

(3)三大件式转向架的抗菱刚度对提高车辆蛇行运动失稳临界速度至关重要，对车辆的安全性指标影响较小，提高抗菱刚度是提高车辆蛇行运动失稳临界速度的有效措施。

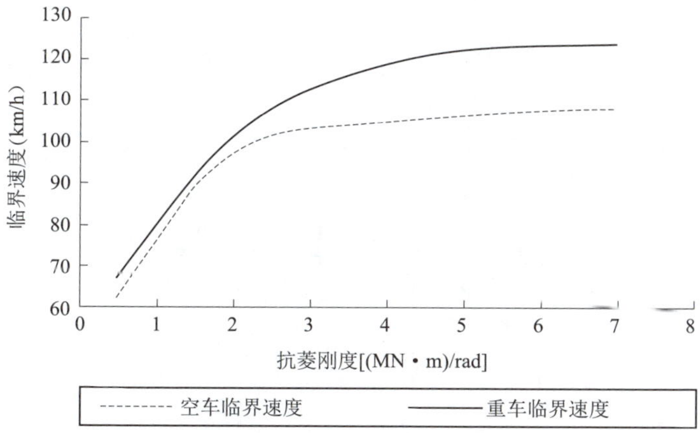

图 4-22　货车蛇行运动失稳临界速度与抗菱刚度关系曲线

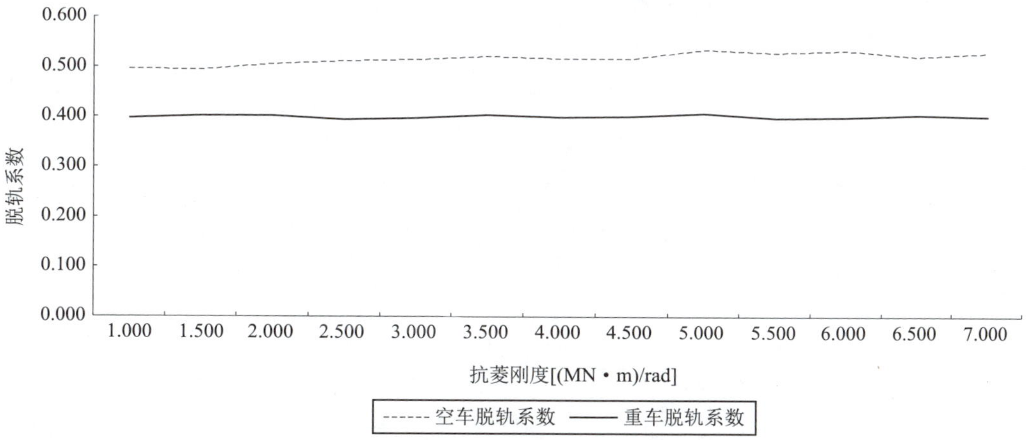

图 4-23　脱轨系数与抗菱刚度关系曲线

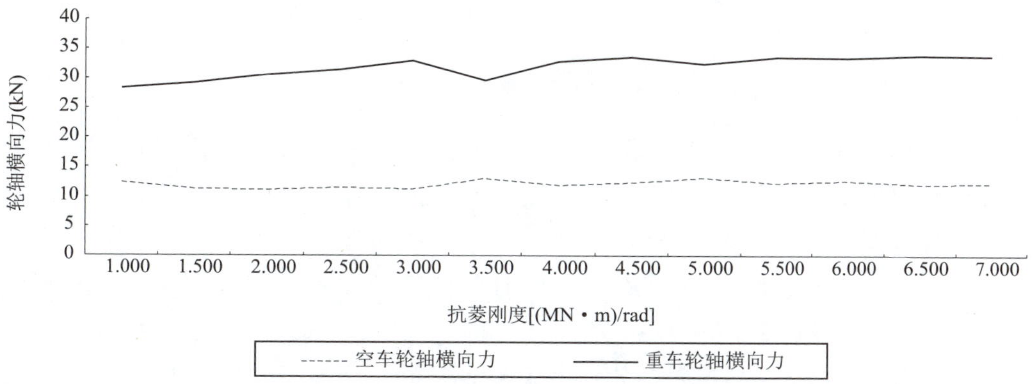

图 4-24　轮轴横向力与抗菱刚度关系曲线

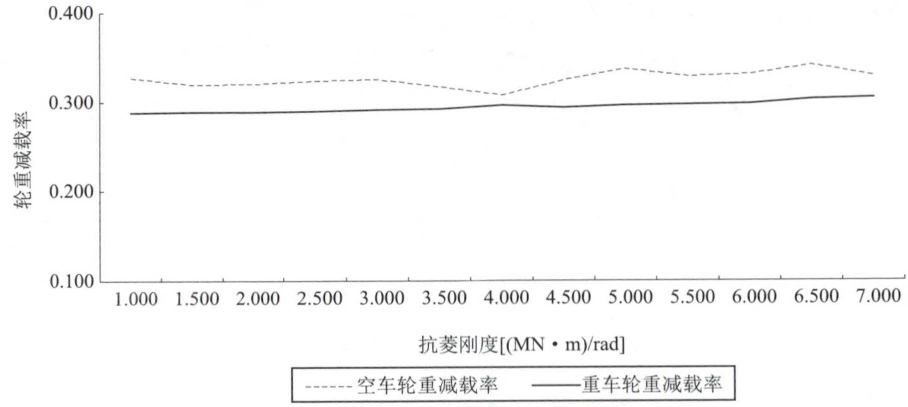

图 4-25　轮重减载率与抗菱刚度关系曲线

一、抗菱刚度定义及分析

转向架抗菱刚度是使两侧架前后错动而引起的剪切力矩与两侧架中心连线相对于原侧架中心线的转角(侧架的菱形变位角)之比，如图 4-26 所示，按图示符号，一侧侧架的抗菱刚度：

$$K_L = M/\theta \tag{4-2}$$

式中　K_L——转向架抗菱刚度，(MN·m)/rad；

M——作用于一侧侧架处的剪切力矩，MN·m；

θ——侧架的菱形变位角，rad。

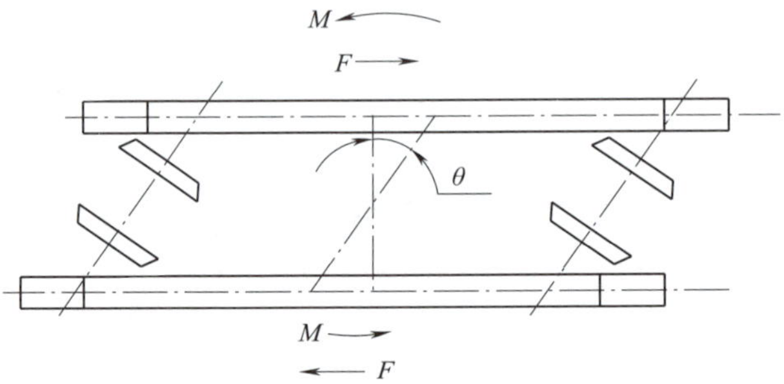

图 4-26　抗菱刚度示意

铸钢三大件式货车转向架抗菱刚度主要由 4 部分提供：摇枕弹簧、斜楔减振系统、轴箱弹性垫以及提高抗菱刚度装置(如侧架交叉支撑装置或横向联系梁等)。

1. 摇枕弹簧提供的抗菱刚度

当转向架两侧架前后错动产生菱形变形时，除侧架中心处的弹簧外其他各组弹簧均产生横向变形，根据力矩平衡原理，弹簧组必然产生扭转力矩限制侧架前后移动(图 4-27)，忽略中央弹簧的扭转力矩，由摇枕弹簧提供的抗菱刚度用数学表达式可以表示为：

$$M=\sum F_i\cdot r_i=\sum K_{hi}\cdot(r_i\cdot\theta)\cdot r_i\qquad i=1,2,\cdots,n \tag{4-3}$$

侧架与摇枕间扭转刚度即抗菱刚度 K_{LS} 为 M 对 θ 的一阶导数，两侧对 θ 求导，得：

$$K_{LS}=\frac{dM}{d\theta}=\sum K_{hi}\cdot r_i^2 \tag{4-4}$$

式中　K_{LS}——侧架与摇枕间扭转刚度，即抗菱刚度，(MN·m)/rad；

K_{hi}——弹簧径向刚度，MN·m；

r_i——弹簧中心线距侧架中心的距离，m；

i——第 i 个弹簧。

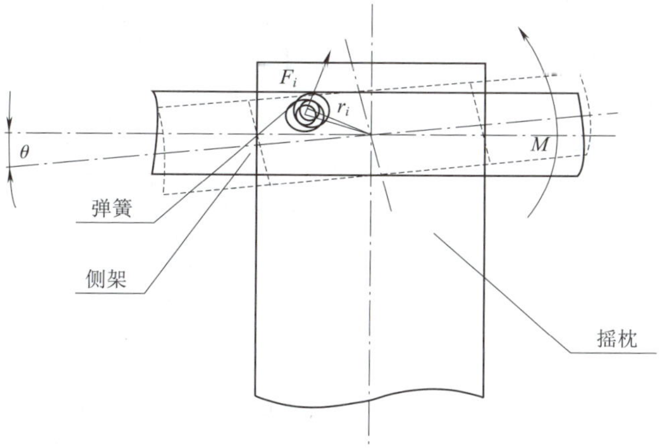

图 4-27　摇枕弹簧提供的扭转力矩示意

由此可以看出由摇枕弹簧提供的抗菱刚度与弹簧的径向刚度成正比，与弹簧中心线距侧架中心距离的平方成正比。

2. 斜楔式摩擦减振装置提供的抗菱刚度

采用楔块式减振器的三大件转向架产生菱形变形时，由于侧架与摇枕间产生相对转动而使侧架与摇枕间由垂直位变为倾斜位，其结果相当于侧架中央方框的有效宽度变窄，两斜楔被压向摇枕中心。斜楔沿摇枕八字面向下运动，压缩减振弹簧，减振弹簧因此产生弹性变形。

推导公式前先对结构进行简化处理，简化内容为：斜楔与侧架立柱间的摩擦副（主摩擦副）倾角取为 0°；假设副摩擦面保持密贴；不考虑斜楔侧面与摇枕斜楔槽侧面间的间隙。当转向架产生菱形变形即侧架受到一外力矩时，侧架相对摇枕产生微小的转动，三者间的接触关系如图 4-28 所示。此时，两斜楔主摩擦面间的距离会发生改变，设侧架的转角为 θ，侧架中央方框宽度为 $2a$，斜楔宽度为 $2b$，设两斜楔主摩擦面间的距离改变量为 $2\Delta L$，因转动前两斜楔主摩擦面间的距离等于侧架中央方框宽度 CE，转动后为 AE，所以有：

$$2\Delta L=CE-AE=CE-(BE-AB)=CE-BE+AB \tag{4-5}$$

由图 4-7 可知 $BE=CE/\cos\theta$，$AB=AD\cdot\tan\theta$，又因 $CE=2a$，$AD=2b$，代入，得：

$$2\Delta L=2a-2a/\cos\theta+2b\cdot\tan\theta \tag{4-6}$$

则单侧斜楔向中间移动距离：

$$\Delta L=a-a/\cos\theta+b\cdot\tan\theta \tag{4-7}$$

当 θ 很小时，$\cos\theta\approx1$，$\tan\theta\approx\theta$，所以上式可近似地表示为：

$$\Delta L=b\cdot\theta \tag{4-8}$$

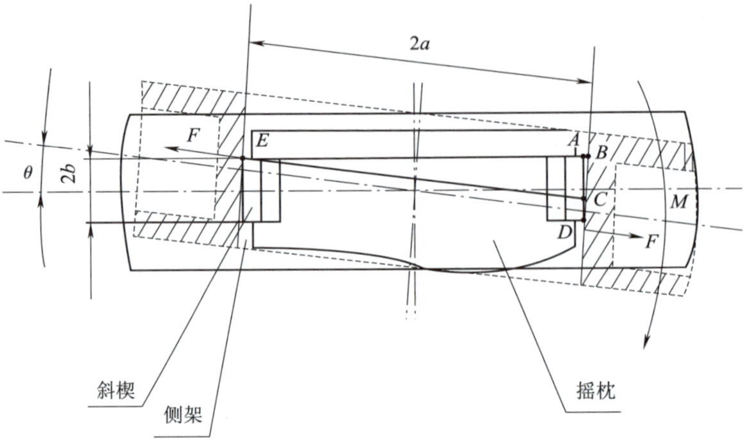

图 4-28　减振器提供抗菱刚度示意

由于两斜楔主摩擦面间的距离改变，在斜楔与摇枕八字面斜面效应的作用下，斜楔沿摇枕八字面向下移动，如图 4-29 所示，其上端由 A 点移动到 A' 点，斜楔副摩擦面与水平面夹角为 α，移动量为 h，即减振簧由于侧架的转动而被额外压缩 h，根据几何关系有：

$$h=\Delta L\cdot\tan\alpha=b\cdot\theta\cdot\tan\alpha \tag{4-9}$$

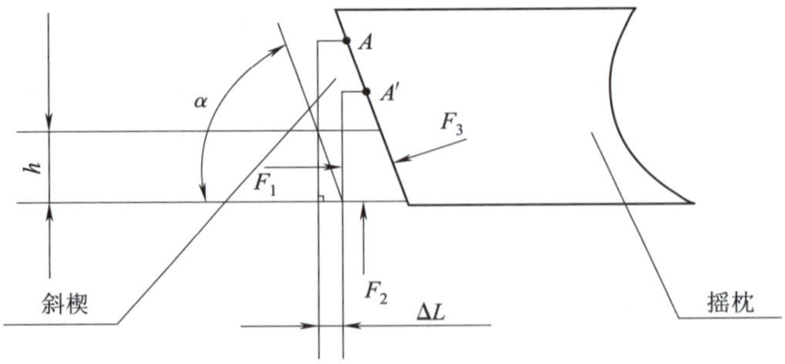

图 4-29　减振器提供抗菱刚度示意

设每个斜楔下面的减振弹簧垂向刚度为 K_d，减振弹簧预压缩量为 f，考虑摇枕每端有 2 个减振器，两端共有 4 个减振器，因此当对侧架施加力矩 M 时，因 $\cos\theta\approx1$，根据力矩平衡列等式：

$$M=F\cdot\tan\theta\cdot AD\approx 2F_1\cdot b \tag{4-10}$$

根据图 4-8 列力平衡方程式，解得：

$$F_1=F_2\cdot\tan\alpha \tag{4-11}$$

又因为 $F_2=K_d\cdot(f+h)=K_d\cdot(f+b\cdot\theta\cdot\tan\alpha)$，代入后整理，得：

$$M=2\cdot b\cdot K_d\cdot(f+b\cdot\theta\cdot\tan\alpha)\cdot\tan\alpha \tag{4-12}$$

因抗菱刚度 K_{LD} 是 M 对 θ 的一阶导数，所以两侧对 θ 求导，得：

$$K_{LD}=\frac{dM}{d\theta}=2\cdot b^2\cdot K_d\cdot\tan^2\alpha \tag{4-13}$$

式中　b——斜楔接触宽度的一半，mm；

K_d——减振弹簧垂向(轴向)刚度，N/mm；

α——斜楔摩擦副摩擦面与水平面的夹角；

F_1——斜楔正压力，N；

F_2——弹簧提供斜楔支反力，N；

F_3——斜楔摩擦面提供压力，N。

由式(4-12)可知，由减振器提供的抗菱刚度的值与斜楔宽度之半的平方、减振簧(组)的垂向刚度、斜楔副摩擦面与水平面间的夹角的正切值的平方成正比。

3. 一系弹性垫提供的抗菱刚度

为降低轮轨间接触应力，以转 K6 型转向架为代表的转向架轴箱一系采用橡胶垫，橡胶垫与承载鞍和侧架间进行了约束，当转向架菱形变形时，橡胶垫沿其中心线发生扭转，由橡胶垫扭转刚度提供扭转力矩限制菱形变形，如图 4-30 所示，由一系橡胶垫提供的抗菱刚度可以表示为：

$$K_{LP}=2K_P \tag{4-14}$$

式中　K_{LP}——一系橡胶垫的抗菱刚度，(MN·m)/rad；

K_P——一系橡胶垫的扭转刚度，(MN·m)/rad。

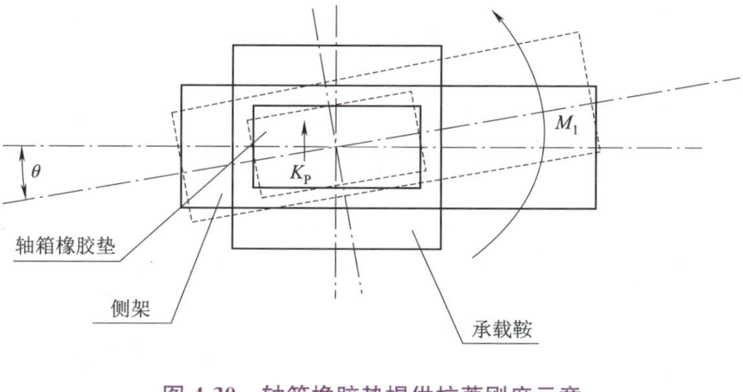

图 4-30　轴箱橡胶垫提供抗菱刚度示意

由此可知，轴箱橡胶垫提供的抗菱刚度与由轴箱橡胶垫绕垂直中心线的扭转刚度成正比。

4. 提高抗菱刚度的装置

因为抗菱刚度对转向架蛇行运动稳定性起到至关重要作用，因此各型转向架根据结构要求采用不同设计理念来提高转向架抗菱刚度。如采用交叉支撑装置或横向联系梁(图 4-31)，将左右两侧架连接在一起，限制两侧架间相对运动，减小菱形变形。带有横向联系梁转向架是指在普通三大件转向架两侧架端部加装横向联系梁，横向联系梁与侧架间连接结点设计为在纵向垂直平面内铰接，在水平和横向垂直平面内刚性连接，横向联系梁提供的全转向架的抗菱刚度可以表示为：

$$K_{LB}=6EI/L \tag{4-15}$$

式中 K_{LB}——横向联系梁提供的全转向架的抗菱刚度，(MN·m)/rad；

E——横向联系梁材质弹性模量，MPa；

I——横向联系梁绕垂直轴的惯性矩，mm^4；

L——横向联系梁长度的一半，mm。

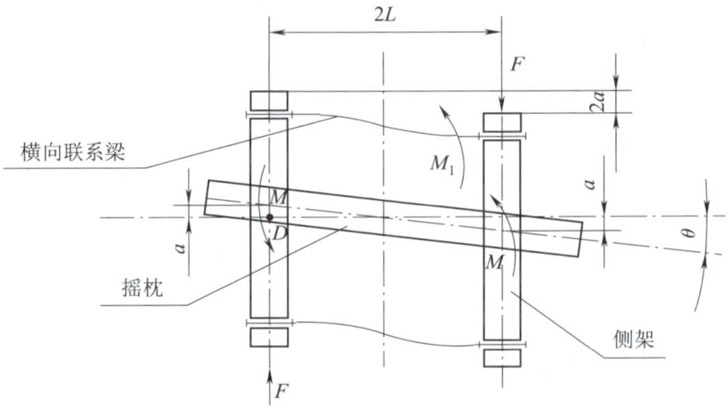

图 4-31 横向联系梁提供抗菱刚度示意

对于普通三大件式货车转向架而言，转向架的抗菱刚度基本由摇枕弹簧、斜楔减振装置提供，其中斜楔提供的抗菱刚度起主要作用，因此在转向架设计中常采用加宽斜楔的方式来提高转向架的抗菱刚度，但是当车辆运用一段时间以后，随着斜楔的磨耗转向架抗菱刚度降低，一方面造成车辆蛇行运动失稳临界速度下降，另一方面由于车辆动力学性能不断恶化，加剧了车辆关键零部件的磨损。因此新型提速重载转向架采用提高抗菱刚度装置如侧架交叉支撑装置，即三大件转向架加装侧架交叉支撑装置后，抗菱刚度得到显著提高，同时降低了抗菱刚度对斜楔状态的依赖。

二、侧架交叉支撑转向架

侧架交叉支撑转向架是在三大件转向架基础上在两侧架之间加装弹性交叉支撑装

置(图 4-32),使转向架两侧架的剪切变形受到弹性约束,菱形变形受到抑制,而且交叉杆本身以及弹性橡胶垫又能产生弹性反力,使转向架具有一定的恢复正位能力。

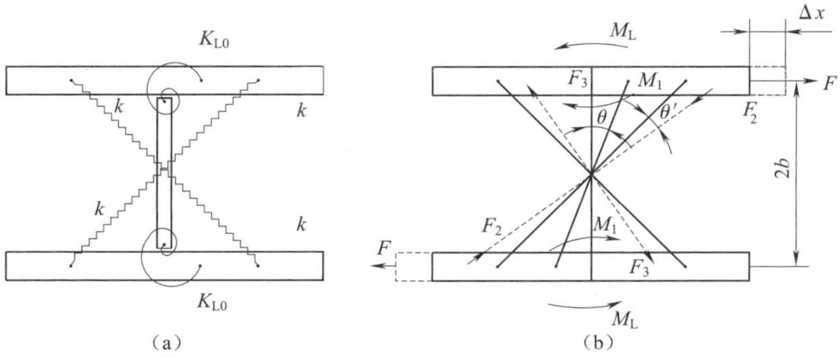

图 4-32　交叉支撑转向架菱形变形原理

原三大件转向架摇枕与侧架之间在水平平面内相互菱形运动的约束刚度用 K_{L0} 表示,即一侧侧架对摇枕的抗菱刚度。每个交叉杆端与侧架在水平面内的连接刚度用 k 表示,而且定义为沿交叉杆轴线的刚度。为分析加装交叉支撑后的转向架抗菱刚度,在左右侧架上加一方向相反的力 F,如图 4-32(b)所示,假设左右侧架在外力矩 $2F \cdot b$ 的作用下分别反向移动了一个很微小的纵向位移 Δx,在侧架与摇枕的连接处则产生平衡反力矩 M_1,在侧架与两交叉杆连接处则产生压缩及拉伸反力 F_3 与 F_2。由于结构、位移和轴向橡胶垫刚度的对称性,可以认为 $F_2 = F_3$。对一个侧架而言,由 F_2 与 F_3 对侧架与摇枕的交接点产生的回转力矩 M_{F2}、M_{F3} 与原三大件抗菱力矩 M_1 将一起平衡 $F \cdot b$。

即:

$$M_{F2} + M_{F3} + M_1 = F \cdot b \tag{4-16}$$

为了进一步说明交叉杆的作用,把侧架小位移引起的相对于摇枕和交叉杆的变位局部放大如图 4-33 所示。图中,θ 为左右侧架纵向位移 Δx 后相对于原中心连线的角位移。θ' 为交叉杆产生的角位移。Δs 为交叉杆端头弹性元件产生的轴向位移。α 为交叉杆与侧架的交角,s 为交叉杆的长度。根据图示的几何关系,可以得到如下的近似关系:

$$\Delta x = b \cdot \theta \approx \Delta s / \cos\alpha \tag{4-17}$$

$$\Delta s = b \cdot \theta \cdot \cos\alpha \tag{4-18}$$

由力矩平衡关系可得:

$$2F \cdot b = 2K_{L0} \cdot \theta + 4k \cdot \Delta s \cdot \sin\alpha \cdot s \cdot \cos\alpha = 2K_{L0} \cdot \theta + 4k \cdot \theta \cdot \cos^2\alpha \cdot b^2$$

$$F \cdot b = \theta \cdot (K_{L0} + 2k \cdot \cos^2\alpha \cdot b^2) \tag{4-19}$$

由一侧侧架抗菱刚度定义可知,此时侧架交叉支撑转向架的抗菱刚度为:

$$K_L = F \cdot b / \theta = K_{L0} + 2k \cdot \cos^2\alpha \cdot b^2 \tag{4-20}$$

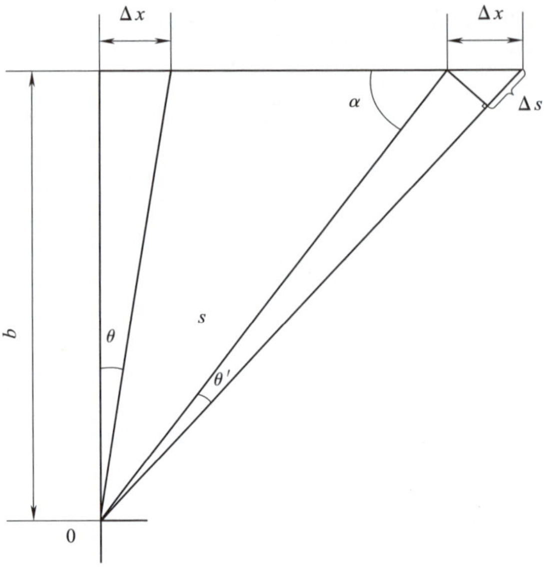

图 4-33　侧架小位移放大示意

由此可见侧架交叉支撑转向架抗菱刚度主要由两部分组成，一是摇枕侧架间原有的抗菱刚度 K_{L0}，二是与两交叉杆端头刚度及交叉杆与侧架夹角有关而形成的交叉支撑装置的抗菱刚度。理论分析及实测结果表明，传统三大件式转向架抗菱刚度值约为 1～2(MN·m/rad)，交叉支撑转向架抗菱刚度值约为 6～8(MN·m/rad)，提高了 3～6 倍。

自 1998 年以来，我国对装用转 K1、转 K2、转 K6 等型交叉支撑转向架的敞车、棚车、平车、罐车、漏斗车等 40 余种通用货车和检衡车、毒品车等 60 余种专用货车进行了正线线路动力学性能试验，最高速度达到 130～138 km/h，试验结果表明：装用交叉支撑转向架的提速、重载货车的各项动力学性能指标符合 GB/T 5599《铁道车辆动力学性能评定和试验鉴定规范》的规定，交叉支撑转向架可以满足车辆 120 km/h 的运用要求，且具有长期运行动力学性能稳定性。图 4-34～图 4-38 为 C_{70E} 型敞车在哈尔滨局管内线路动力学试验结果。

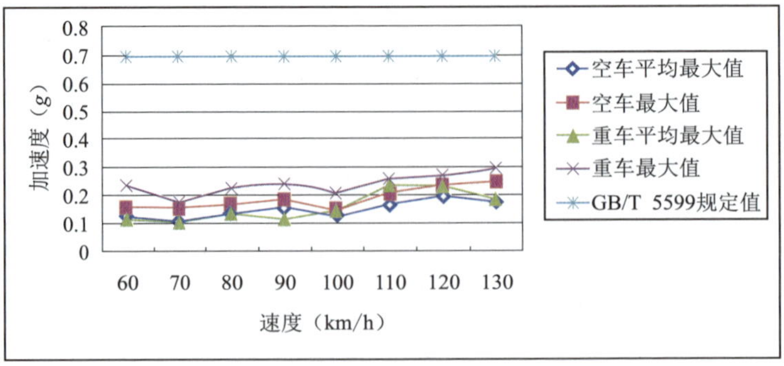

(a) 垂向

图 4-34

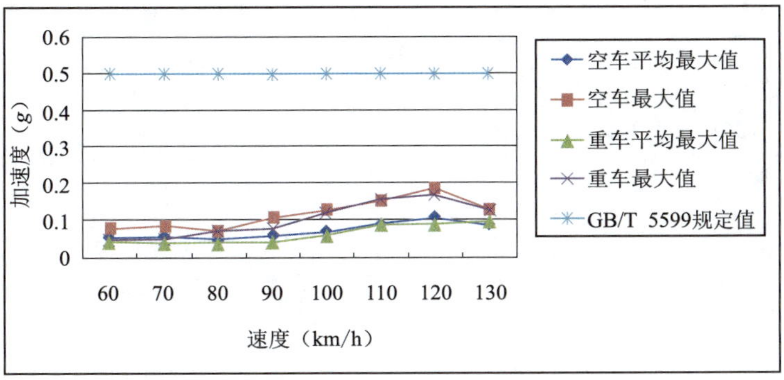

（b）横向

图 4-34 空、重车加速度

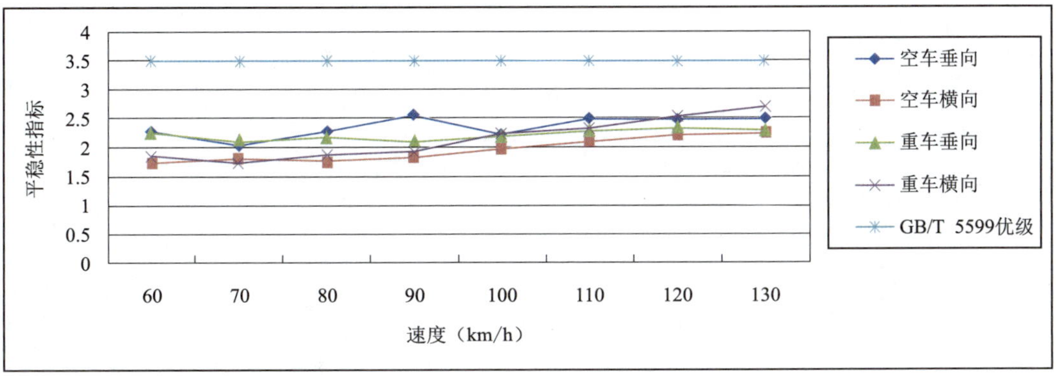

图 4-35 空、重车平稳性指标

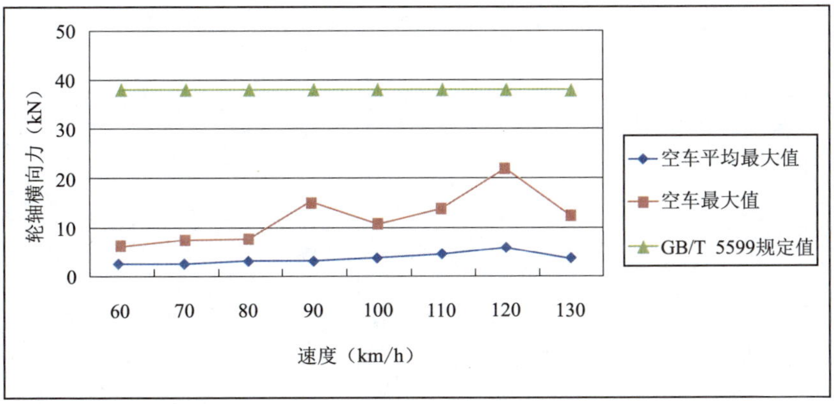

（a）空车

图 4-36

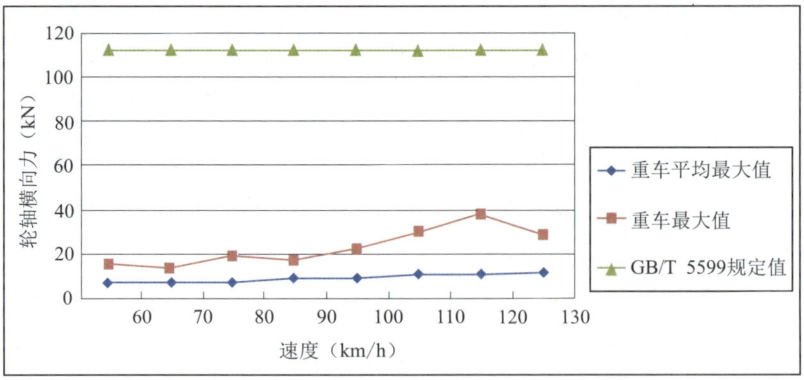

（b）重车

图 4-36　轮轴横向力

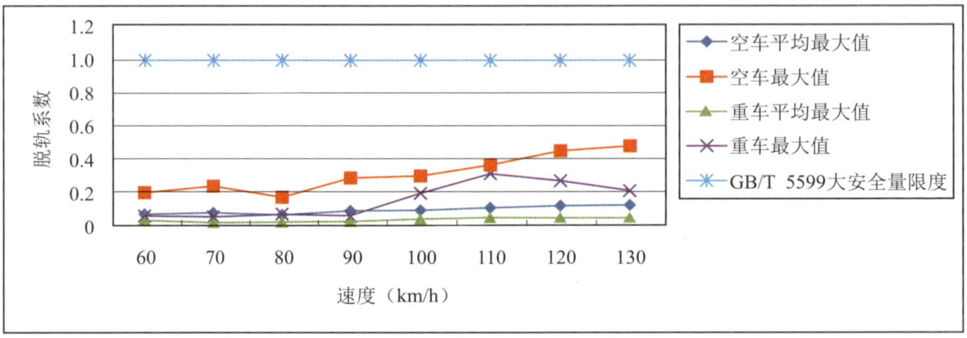

图 4-37　空、重车脱轨系数

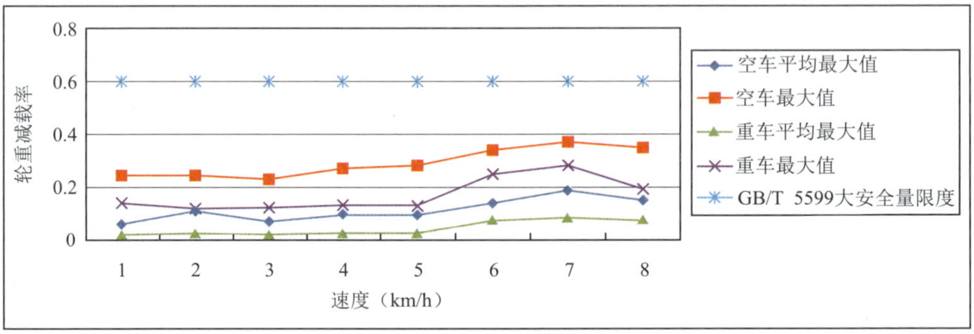

图 4-38　空、重车轮重减载率

三、侧架摆动式转向架

侧架摆动式转向架是在传统三大件式转向架基础上增加一个弹簧托板，把左右承载弹簧连接在一起，并通过摇动座坐落在侧架中央承台的支承座上，形成下摆点；同时左右侧架通过其导框顶部的导框摇动座分别支承在前后两承载鞍上，形成上摆点。两侧架通过上、下摆点连接成为横向可同步摆动的吊杆，并与弹簧托板铰接形成一个矩形的摆动机构(图 4-39),在车辆运行时实现横向摆动。摆动机构既降低了转向架悬挂系统的横向刚度,提高了车辆的横向动力学性能;同时又通过弹簧托板将左、右两侧架连接在一起,增加了转向架的抗菱刚度,提高了车辆蛇行运动失稳的临界速度。

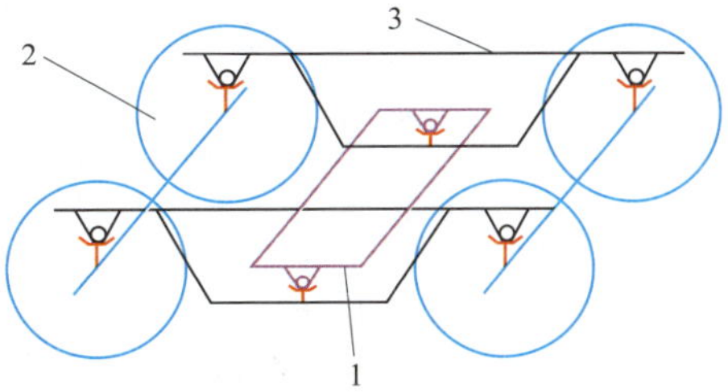

图 4-39　摆动式转向架摆动机构原理

1—弹簧托板;2—轮对;3—侧架

转 K4 型转向架配装敞车、棚车、平车、罐车进行了数次线路动力学试验,转 K5 型转向架配装 C_{80H}、C_{80AH}、C_{80BH} 和 C_{70H} 型敞车也进行了多次线路动力学试验,试验结果表明装用摆动式转向架的货车各项动力学性能指标符合 GB/T 5599《铁道车辆动力学性能评定和试验鉴定规范》的规定。图 4-40～图 4-44 为 C_{70H} 型敞车在济南局管内线路动力学试验结果。

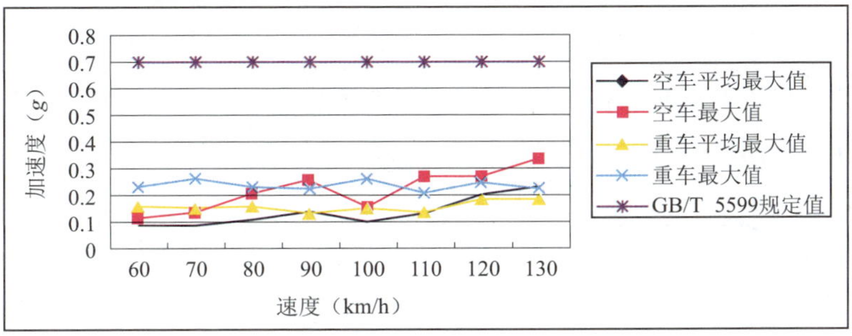

(a) 垂向

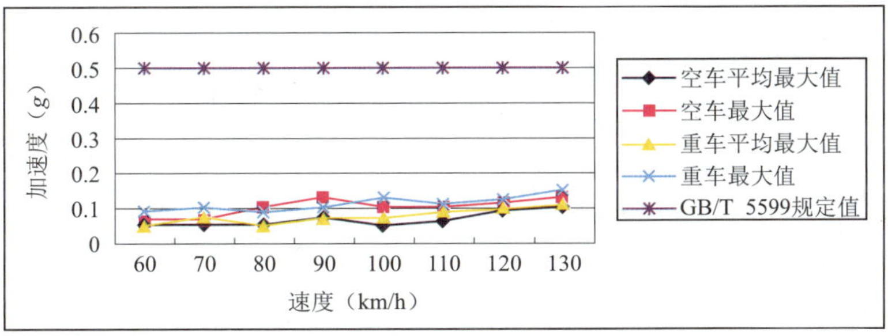

(b) 横向

图 4-40　空、重车加速度

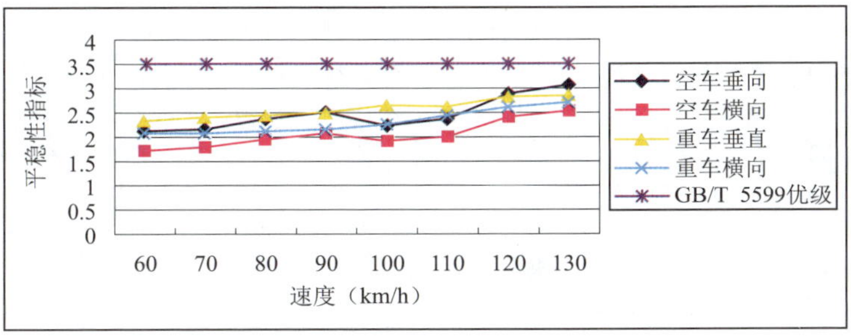

图 4-41　空、重车平稳性指标

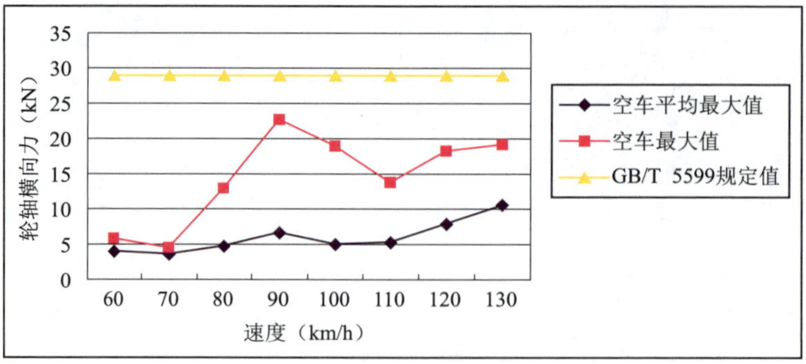

（a）空车

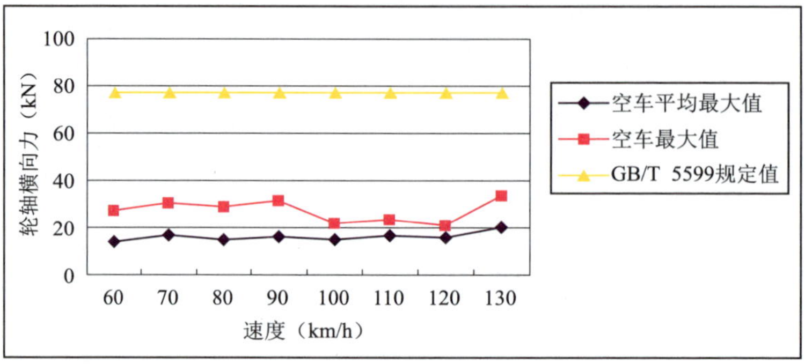

（b）重车

图 4-42　轮轴横向力

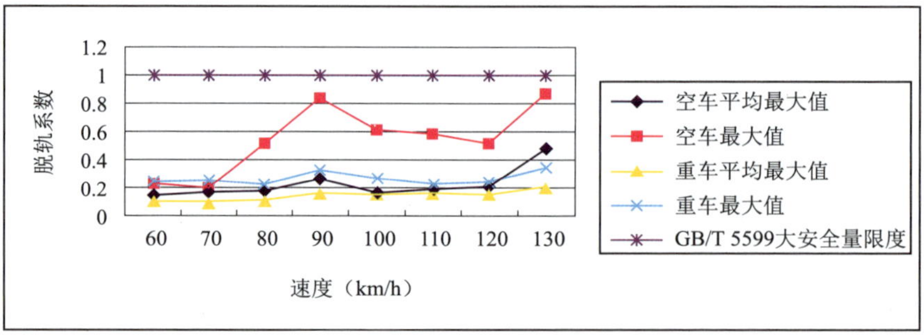

图 4-43　空、重车脱轨系数

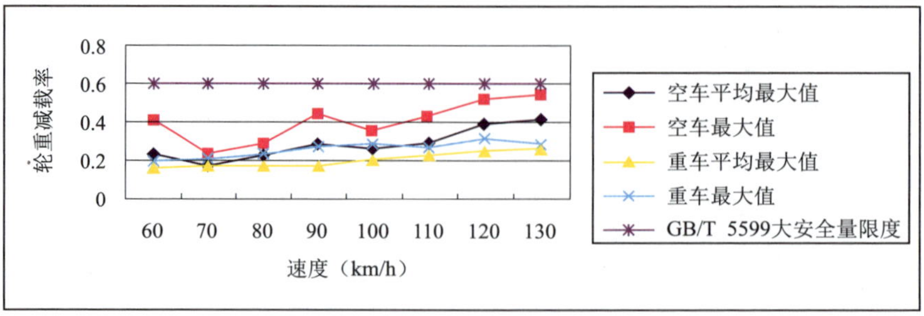

图 4-44　空、重车轮重减载率

四、副构架式径向转向架

副构架式径向转向架是在三大件式转向架的基础上，在前后轮对之间加装了轮对径向装置。轮对径向装置由两个U形副构架和2根连接杆交叉销接组成，如图4-45所示。从结构上看，轮对径向装置能够抑制前后轮对的同向摇头和反向横移，但允许反向摇头。

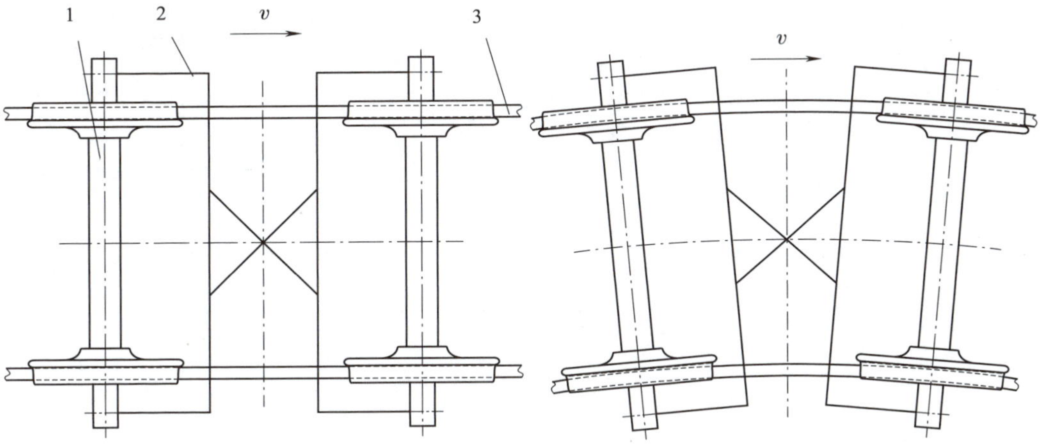

(a) 限制前后轮对的同向摇头和反向横移　　(b) 允许前后轮对反向摇头

图4-45　径向转向架轮对径向装置原理

1—轮对；2—轮对径向装置；3—钢轨

结合A. H. Wickens的研究，对前后轮对同向摇头和反向横移的抑制均表示轮对间具有较大的抗剪刚度，转向架具有较高的蛇行运动失稳临界速度；允许前后轮对反向摇头表示轮对间具有较小的抗弯刚度，转向架轮对能够以径向排列形式通过曲线，减少轮对冲角及车轮轮缘和钢轨侧面的磨耗。

由于轮对径向装置对前后轮对同向摇头和反向横移的有效约束，相当于其为轮对提供了较大的抗剪刚度，因此由轮对传递至转向架侧架和摇枕并使之发生菱形位移的输入载荷大幅减小，使得侧架和摇枕菱形变形量也很小，这也导致了侧架和摇枕之间的抗菱刚度对副构架式径向转向架蛇行运动失稳临界速度的影响非常不敏感。研究表明，当轮对径向装置提供的轮对抗剪刚度较大时，如果副构架式径向转向架的抗菱刚度从2(MN·m)/rad降低至0.2(MN·m)/rad，径向转向架的蛇行临界失稳速度仅降低约2 km/h；反过来当径向转向架的抗菱刚度由2(MN·m)/rad增加至9(MN·m)/rad时，其蛇行临界失稳速度仅增加约4 km/h。因此，副构架式径向转向架较高的蛇行失稳临界速度主要是由轮对径向装置的抗剪刚度来保证。

转K7型转向架是我国研制的一种25 t轴重副构架式径向转向架。该转向架配装于C_{70F}、C_{80BF}、$C_{80C(A)}$等敞车上进行了多次线路动力学试验，试验结果表明配装该转向架的铁路货车动力学性能指标符合 GB/T 5599《铁道车辆动力学性能评定和试验鉴定规范》的规定。图 4-46～图 4-50 为 C_{70F} 型敞车在济南局管内线路动力学试验结果。

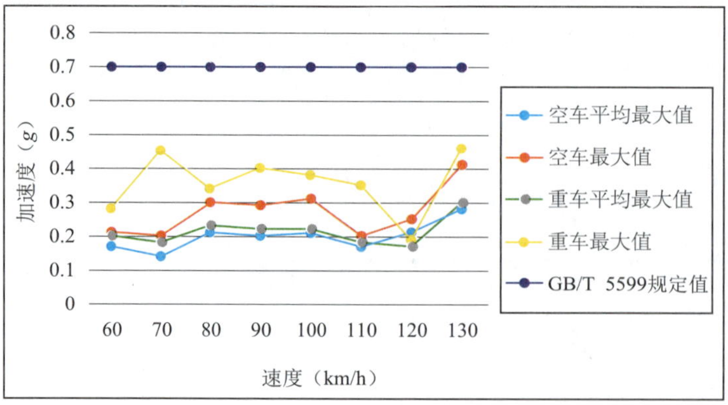

（a）垂向

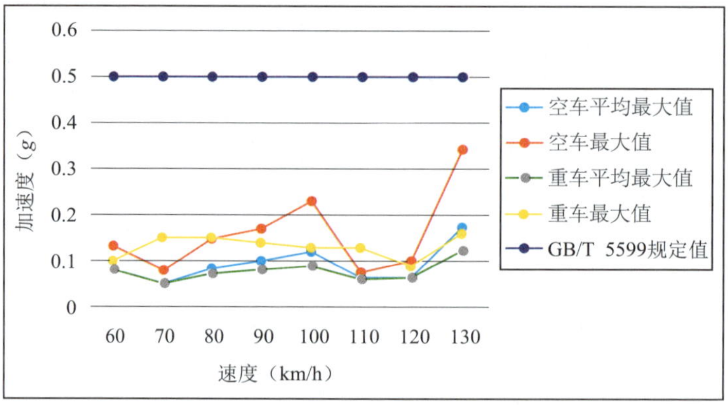

（b）横向

图 4-46　空、重车加速度

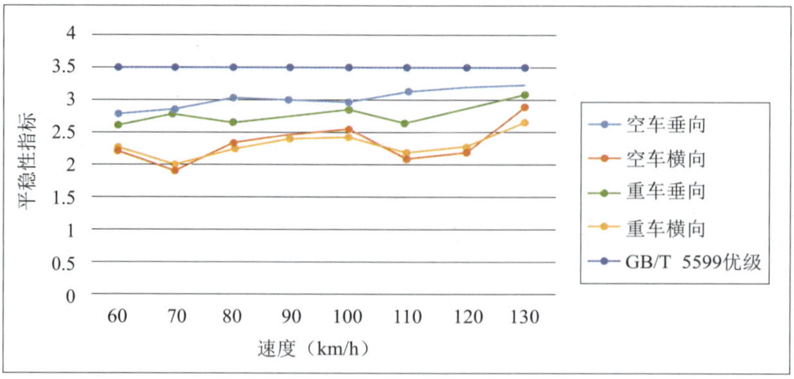

图 4-47　空、重车平稳性指标

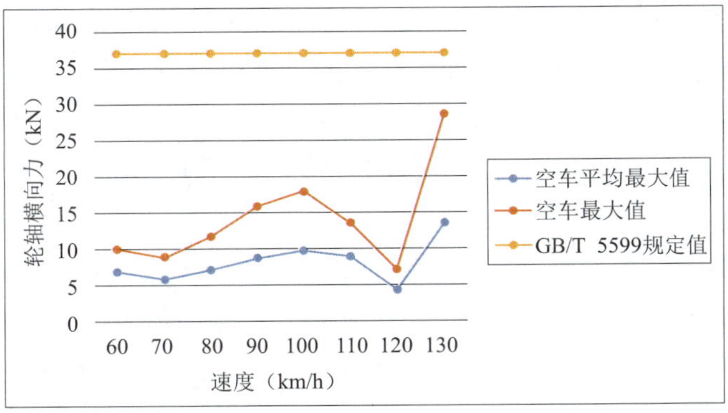

（a）空车

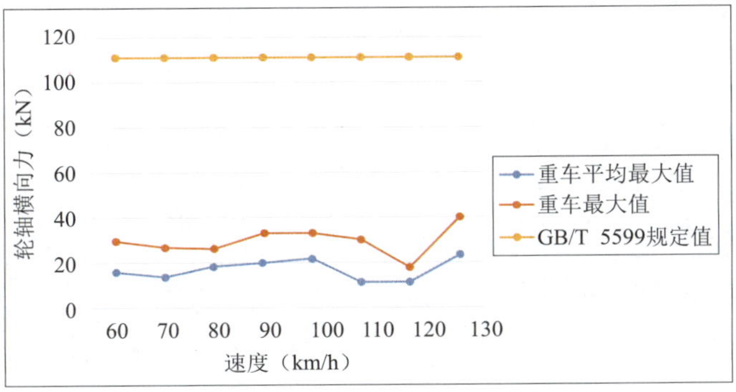

（b）重车

图 4-48 轮轴横向力

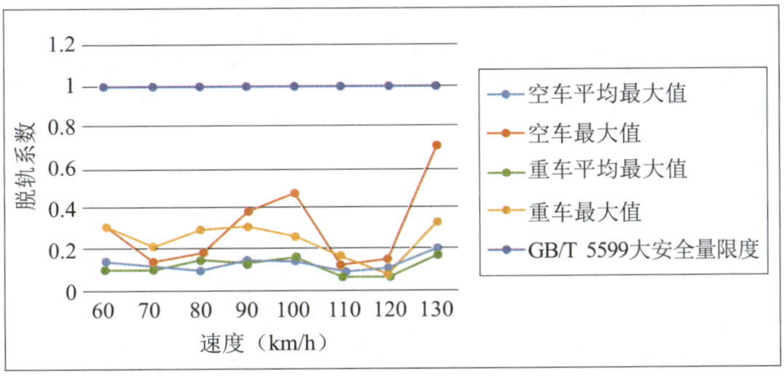

图 4-49 空、重车脱轨系数

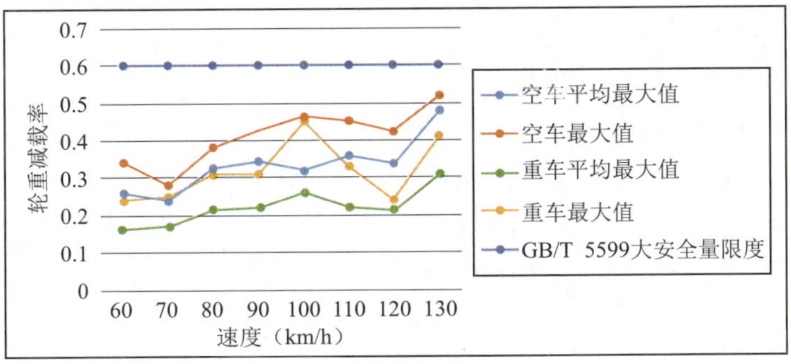

图 4-50 空、重车轮重减载率

此外，对于构架式转向架而言因构架是整体焊接结构，彻底消除了构架的菱形变形，能够满足车辆运行需要，不需增加特殊的提高抗菱刚度的装置。

第四节　转向架与车体连接

转向架是车辆的一个独立部件，在转向架与车体之间尽可能减少连接件，并要求结构简单，拆卸方便，以便于转向架可单独制造和检修。从我国现有的铁路货车车辆来看，车体与转向架间的连接技术主要包括上下心盘、旁承、牵引装置、制动装置、横向止挡和各种减振器等，其主要作用在于从各个方向传递两者之间的所有作用力。

一、作　　用

车体与转向架连接装置的作用是：

（1）传递车体与转向架之间的垂向力、横向力和纵向力（牵引力及制动力）。

（2）均匀分配轴重，保持车体在转向架上的安定。

（3）容许转向架相对车体产生横向运动，并保证转向架相对于车体一定范围内弹性横动。

（4）容许转向架相对车体回转运动，使得在进出曲线时，车体能够在转向架上合理范围内灵活转动。

因此车体与转向架连接装置既是承载装置，又是活动关节。车体与转向架之间的连接装置有很多型式，按照结构分为两大类：有摇枕的和无摇枕的。有摇枕的连接装置设置一个承载的摇枕，车体相对于摇枕中心转动；无摇枕的连接装置中通常设置一个牵引装置，车体绕着牵引装置的中心转动。

二、有摇枕的连接装置

有摇枕的连接装置主要集中在上、下心盘连接和旁承连接。

1. 心盘连接

转向架下心盘和装在车体枕梁下面的上心盘配合，如图 4-51 所示。一方面承受车体上的垂向力和水平力；另一方面，车辆通过曲线时，转向架的下心盘和车体上心盘之间可以自由地相对转动，以减少车辆通过曲线时的阻力。为了避免上下心盘脱开，两心盘之间垂向安插一根锻钢中心销，且在转向架与车体之间设有间隙旁承。

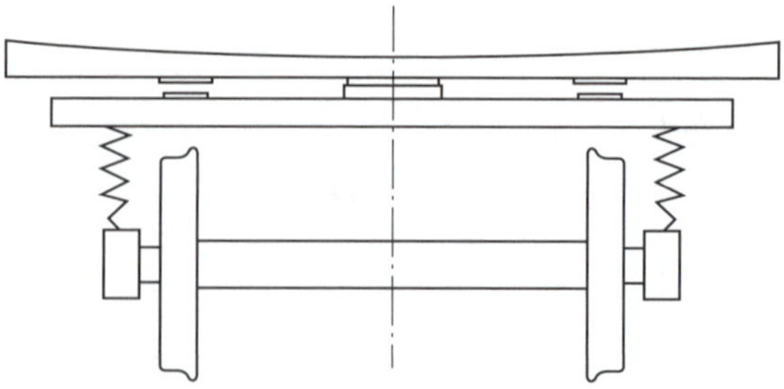

图 4-51　心盘连接

随着转向架技术的发展，为了减小上下心盘之间的磨耗，在上下心盘间增加了磨耗盘，如图 4-52（a）所示。为了防止轴承过电，心盘磨耗盘改进为导电式的心盘磨耗盘，如图 4-52（b）所示。

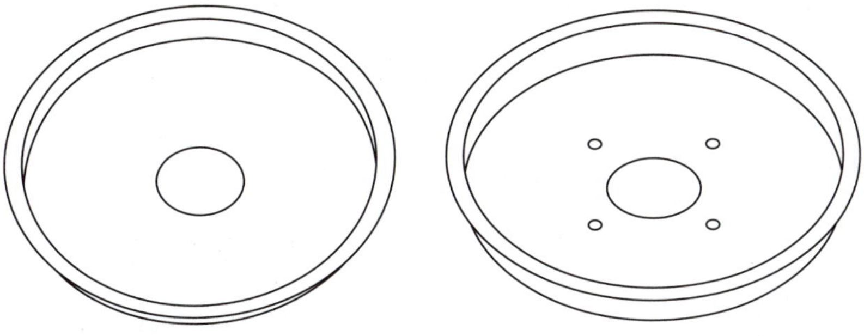

（a）尼龙心盘磨耗盘　　（b）导电尼龙磨耗盘

图 4-52　心盘磨耗盘

2. 心盘和旁承共同连接

这种连接方式是转向架下心盘与车体上心盘、转向架下旁承与车体上旁承共同实现车体与转向架的连接，如图 4-53 所示。当转向架绕心盘或转动中心转动时，上下旁承之间有摩擦力。这种摩擦力形成的摩擦力矩可阻止转向架相对车体转动。适宜的摩擦力矩可有效抑制车辆蛇行运动。若摩擦力矩的取值过大，则不利于车辆的通过曲线。

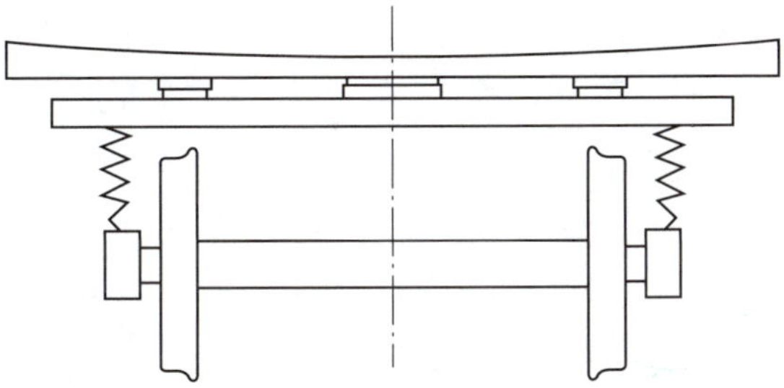

图 4-53　心盘和旁承共同连接

随着车辆对转向架性能的要求以及技术的发展，转向架下旁承型式由原来的刚性旁承逐步发展到常接触弹性旁承和常接触长行程弹性旁承，如图 4-54 所示。

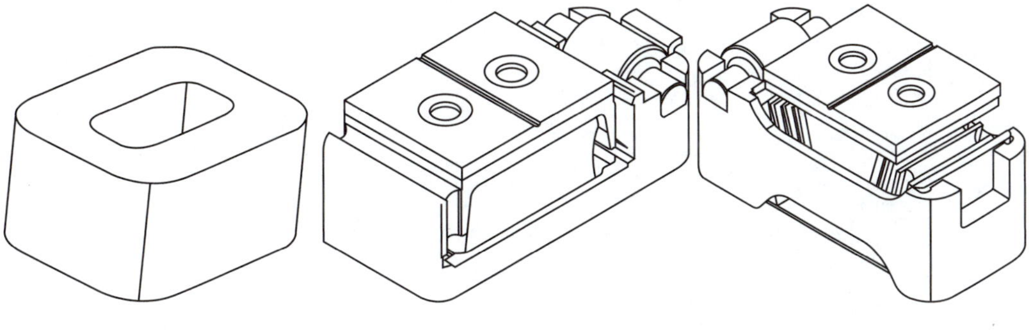

（a）刚性旁承　　（b）常接触弹性旁承　　（c）常接触长行程弹性旁承

图 4-54　旁承组成

心盘和旁承共同连接方式普遍应用于我国现有的转 K2 型、转 K4 型、转 K5 型、转 K6 型、转 K7 型以及大轴重的 DZ1、DZ2、DZ3 型转向架上。

3. 旁承连接

车体与转向架通过上、下旁承连接，如图 4-55 所示。这种连接方式需要在摇枕上设置牵引中心销，作用类似于心盘。摇枕与构架之间需要设置牵引拉杆传递纵向力。

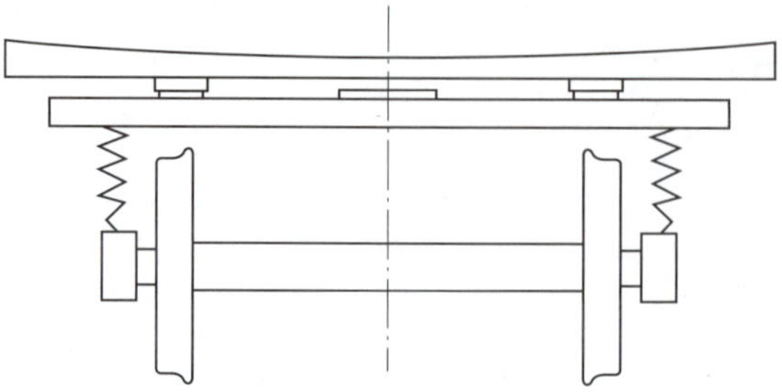

图 4-55　旁承连接

旁承连接一般应用与轴重较轻、速度较快的铁路货车转向架。

三、无摇枕的连接装置

无摇枕的车体与转向架的连接装置中，车体一般直接与中央悬挂弹簧连接(一般为空气弹簧或高圆弹簧)。转向架相对于车体的横向运动和回转运动，都通过弹簧的径向弹性来获得。这时中央悬挂弹簧的横向及回转刚度都设计的很小，有利于降低车辆通过曲线时轮轨作用力，改善车辆的横向性能。当转向架相对于车体转动或横向位移时，高圆簧或空气弹簧产生的复原力矩和复原力会使得转向架与车体复位，有利于车辆通过曲线后复位。采用高圆簧或空气弹簧同时还能获得较大的垂向静挠度，提高车辆的垂向振动性能。这种连接装置结构简单，性能良好，安全可靠。但这种连接装置一般运用于轴重较小、速度较高的铁路车辆上。

第五章　交叉支撑转向架

为适应我国铁路货车提速重载发展要求，我国采用侧架交叉支撑、一系弹性定位、两级刚度弹簧、耐磨心盘磨耗盘、双作用弹性旁承、组合式制动梁、耐磨衬套等新技术研制了转 8G、转 8AG、转 8B、转 8AB、转 K1、转 K2、转 K6、转 E21、转 E22、DZ1 和 DZ4 型转向架，形成 21 t、23 t(25 t)、27 t 和 30 t 轴重系列交叉支撑转向架，运营速度从原来的 70 km/h 提高到提速货车 120 km/h、重载货车 100 km/h。

侧架交叉支撑技术是提高二大件式转向架抗菱刚度的措施之一，能够有效抑制车辆蛇行失稳，提高空车脱轨安全性，较大程度上改善了传统三大件转向架的动力学性能。多年的运用实践表明，交叉支撑转向架具有优良的动力学性能，车轮、斜楔、承载鞍、立柱磨耗板等磨耗件磨耗大幅降低，运用安全性有较大提高。交叉支撑转向架在我国铁路货车上广泛应用，至今装车约 70 余万辆，约占货车保有量的 93%，转向架运行性能稳定，运用可靠性高，很好的适应了我国铁路“客货混跑、高效周转、安全第一”的使用要求，保证了铁路货物运输安全，满足了我国国民经济又好又快发展需要。

交叉支撑转向架按技术原理和结构不同分为两种形式，一种为下交叉支撑转向架，交叉杆与侧架的连接点位于侧架下部，转 8G、转 8AG、转 8B、转 8AB、转 K2、转 K6、DZ1、DZ4 型转向架均属于下交叉支撑转向架。另一种为中交叉支撑转向架，采用两根交叉杆通过摇枕侧壁开孔把左右侧架连接起来，交叉杆与侧架的连接点位于侧架三角孔部位，从位置的高度来说接近于侧架的中部，转 K1、转 E21 和转 E22 型转向架均属于中交叉支撑转向架。两种形式交叉支撑转向架如图 5-1 所示。

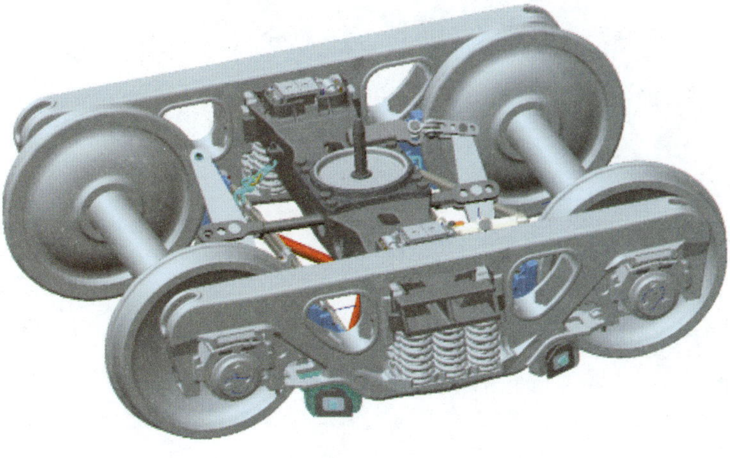

(a) 下交叉支撑转向架

图　5-1

（b）中交叉支撑转向架

图 5-1　交叉支撑转向架

第一节　交叉支撑转向架概述

20 世纪 90 年代以前，我国铁路货车装用的转向架主要为转 8A 型转向架，如图 5-2 所示。转 8A 型转向架具有结构简单、检修方便、均载性好等优点。但是抗菱刚度低，特别是在摩擦减振器磨损后，抗菱刚度值降低幅度更大，运行中易导致车辆发生蛇行运动失稳，试验研究结果表明在接近 65～75 km/h 速度时，转向架出现剧烈蛇行运动，车辆各项动力学性能指标超标，危及行车安全。究其原因主要是转向架抗菱刚度过低，因此这种传统铸钢三大件式转向架已不能适应货车提速发展的需要。

图 5-2　转 8A 型转向架

为了适应国民经济迅速发展的需要，我国铁路自 1997 年起开始进行客运列车的大提速。由于我国铁路网基本上是客、货共线运输，随着客运速度的提高，要求货运速度相应提高，只有客、货车运行速度合理匹配，才能提高铁路运输的整体经济效益，更好地发挥铁路运输在我国国民经济发展中的作用。在此背景下采用交叉支撑技术研制了适合我国提速重载发展要求的不同轴重系列交叉支撑转向架。

一、转 K1 型中交叉支撑转向架

为了解决转 8A 型转向架抗菱刚度不足等缺点，我国早在 1990 年开始探索研究采用交叉支撑技术对转 8A 型转向架的运行性能进行改进的可行性。我国应用交叉支撑装置、八字形轴箱橡胶垫、常接触弹性旁承、斜楔式减振及中央悬挂系统等技术研制了新型 2D 轴货车转向架，完成样机试制和试验，进行了车辆线路动力学性能试验。1994 年，转向架配装于 C_{64} 型敞车交哈尔滨铁路局海拉尔铁路分局进行运用考验。1998 年 12 月，转向架配装 P_{65} 型行包快运棚车与下交叉支撑转向架一起进行了最高运行速度达 138 km/h 的动力学性能试验。试验及运用考验表明，新型转向架的强度、刚度和各项动力学性能指标符合标准规定，可以满足最高运行速度 120 km/h 的运用要求，运用安全可靠，轮缘磨耗少，深受运用、检修部门好评。后来，该型中交叉支撑转向架被定型为转 K1 型转向架，如图 5-3 所示。但由于下交叉支撑技术在国内的推广应用，中交叉支撑技术主要应用于出口铁路货车。

图 5-3　转 K1 型转向架

二、转 8 系列下交叉支撑转向架

1998 年，我国研究应用侧架下交叉支撑技术对转 8A 型转向架进行改造，改造后的转向架命名为转 8AG 型转向架，如图 5-4 所示。针对转 8A 型转向架侧架局部强度储备不足的问题，重新设计了能与原侧架互换的新型侧架，并将转 8AG 型转向架中的几项改进措施，直接移植到新造转向架上，新造转向架被定型为转 8G 型转向架，如图 5-5 所示。

转 8AG 和转 8G 型转向架通过采用交叉支撑装置，使车辆运行速度提高到 120 km/h，但是转向架综合技术水平和性能稳定性还不能很好满足速度 120 km/h 长期运用的要求，因此 2007 年进行了完善设计，通过采用 JC-1 型弹性旁承、组合式斜楔和 45 钢立柱

磨耗板、组合式制动梁和高摩合成闸瓦、C 形交叉杆等技术提高转向架的运用可靠性，改造后的转向架命名为转 8B 和转 8AB 型转向架。

图 5-4 转 8AG 型转向架

图 5-5 转 8G 型转向架

三、转 K2 型转向架

1998 年，我国在应用下交叉支撑技术对既有转 8A 型转向架改造基础上，将该项技术用于新型货车转向架的设计，1999 年通过技术审查，被定型为转 K2 型转向架(图 5-6)，当年即生产了 2 000 辆 P_{65} 型行包快运棚车投入专列运输。在批量生产转 K2 型转向架的过程中，设计制造了多种适于生产交叉支撑转向架的设备和装备，并实现了全部零部件的国产化。用于既有货车 120 km/h 提速改造的轻 K2 型转向架，2003 年开始批量生产，2006 年停止新造，截止到目前转 K2 型转向架共计装车近 40 万辆，是我国 60 t 级通用货车主型转向架。

四、转 K6 型转向架

我国既有货车经过 120 km/h 提速改造后，转向架整体技术水平提升很大，较好地满足了我国既有 21 t 轴重货车提速的需要。但铁路运输能力紧张局面仍然存在，为缓解铁路运输紧张局面，在我国铁路主要干线的运输密度已基本达到饱和的前提下，综合考虑我国既有铁路线路、桥梁承载标准，研制具有我国特色，提速、重载、高可靠性的新型重载货车转向架尤为重要。为满足我国通用货车轴重 23 t、大秦等重载运输专线轴重 25 t 的需要，采用理论分析与试验研究、技术攻关与产品研发相结合的方式，开展重载货车转向架核心技术研究，研发具有自主知识产权的 25 t 轴重转 K6 型转向架（图 5-7），能够满足我国商业运营速度 120 km/h 的使用要求，使我国重载货车转向架技术达到国际先进水平。转 K6 型转向架主要结构和技术原理与转 K2 转向架相同，主要特点是一系悬挂采用轴箱橡胶垫，实现轮对的弹性约束和轮轨之间的低动力作用，有效地减少了重载列车轮轨之间的磨耗。转 K6 型转向架于 2003 年批准定型，广泛装用于敞车、棚车、平车、罐车、漏斗车等车型，累计装车近 30 万辆，是我国 23 t(25 t)轴重铁路货车主型转向架。

图 5-6　转 K2 型转向架

图 5-7　转 K6 型转向架

五、DZ1 型转向架

为满足我国既有线开行 27 t 轴重铁路货车发展的需要，我国于 2009 年—2014 年研制了 27 t 轴重 DZ1 型交叉支撑转向架（图 5-8）。线路动力学试验、综合性试验和运用考验研究结果表明，DZ1 型转向架满足轴重 27 t、最高运行速度 100 km/h 运用要求，具有低动力、准径向、无焊接、轻磨耗的技术特点。

DZ1 型转向架技术原理、基本结构与转 K6 型转向架相似，其主要变化在于：一系采用八字形轴箱橡胶垫，准径向和低动力作用更加明显，试验实测结果表明对线桥作用力与 25 t 轴重转 K6 型转向架基本相当，个别指标略优；采用直径 915 mm 的车轮，提高车轮硬度，进一步降低轮轨间接触应力和磨耗；侧架无铲豆、固定轴距统一，支撑座、横跨梁托座等与侧架铸造一体，支点座与摇枕拉铆连接，实现转向架无焊接制造组装，造修方便；采用工作行程达 16 mm 的 CJC 系列长行程弹性旁承，降低旁承体蠕变对刚度影响的敏感性，提高弹性旁承运用可靠性。

2014 年，3 700 辆配装 DZ1 型转向架的 C_{80E} 型敞车在大秦线完成运用考验，截至 2018 年 7 月，车辆运用已达两个段修期，转向架技术状态良好，磨耗轻微，低动力、准径向作用明显，深受好评。同时 DZ1 型转向架配装 100 辆 P_{80} 型棚车正在运用考验。DZ1 型转向架的研制成功，使铁路货车转向架设计及制造工艺技术水平得到整体提升，更好地满足国民经济和社会发展的需要。该转向架具有优良的技术性能和良好的经济效益，已具备批量生产及应用条件。

图 5-8　DZ1 型转向架

六、DZ4 型转向架

为满足我国 30 t 轴重铁路货车的发展需要，2008 年—2014 年研制了 30 t 轴重 DZ4 型交叉支撑转向架，如图 5-9 所示。线路动力学试验、综合性试验和运用考验研究结果表明，DZ4 型转向架满足轴重 30 t、最高运行速度 100 km/h 运用要求，具有低动力、准径向、无焊接、轻磨耗的技术特点。

DZ4 型转向架基本结构与 DZ1 型转向架相似，除摇枕、侧架、弹簧减振装置外其余零部件均能与转 K6、DZ1 型转向架通用，通用化和模块化程度高。DZ4 型转向架其主要变化在于转向架基础制动不同，由于车辆设计结构和车辆自重的要求采用了 BAB-1 型集成制动装置。2017 年 9 月 DZ4 型转向架配装 240 辆 KM_{98} 型煤炭漏斗车在专用线完成运用考验，转向架技术状态良好，磨耗轻微，低动力、准径向作用明显，自 2014 年

6 月 DZ4 型转向架配装 70 辆 C_{96} 型运煤专用敞车在晋中南运煤通道运用考验。DZ4 型转向架的研制成功，使我国铁路货车真正迈入 30 t 轴重发展平台，铁路货车转向架设计及制造工艺技术水平得到整体提升，使我国铁路货车重载运输技术发展达到国际领先水平。

图 5-9　DZ4 型转向架

第二节　交叉支撑转向架技术特征

我国交叉支撑转向架经过近 20 年的发展，从最初的技术引进、技术完善到现在的技术创新，走出了一条真正的自主发展之路。交叉支撑转向架创新应用弹性交叉连接、轴箱弹性定位、两级刚度弹簧、耐磨减振系统、回转阻尼控制、整体铸造和锻造、轻量化、非金属材料等 8 大关键技术，转向架性能得到大幅提升，安全可靠、造修方便，有力支撑了我国铁路货车提速重载技术的发展，取得了良好的经济效益和社会效益。

一、技术特点

1. 技术原理

传统三大件式货车转向架的抗菱刚度一般较小，难于约束轮对的蛇行运动，导致其发生蛇行运动失稳的临界速度较低。因此如何提高三大件式转向架的抗菱刚度是十分重要的问题。交叉支撑转向架的原理(图 5-10)就是在三大件式转向架的基础上，采用交叉支撑装置将转向架的左右侧架连接起来，通过选取适宜的交叉杆端部弹性连接刚度就可获得理想并且稳定的抗菱刚度。根据理论分析和实测结果，加装交叉杆后的抗菱刚度比原三大件式转向架提高 3～6 倍，其值可达 6～8 MN · m/rad。转向架抗菱刚度的提高可大幅提高车辆蛇行运动失稳临界速度，有效改善斜楔的受力状态，减少斜楔磨耗板磨耗，延长减振系统使用寿命，提高减振系统的稳定性，保证车辆运行性能稳定和运行安全可靠。同时可有效保持转向架的正位状态，减少车辆在曲线运行时车轮与钢轨的冲角。

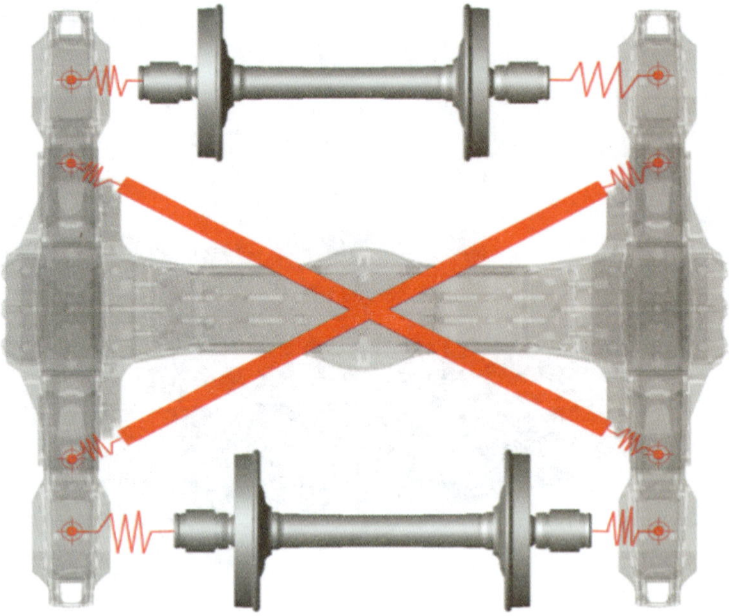

图 5-10　交叉支撑转向架原理

交叉支撑技术的理论研究、原理验证取得突破后，两交叉支撑杆件中部连接结构、杆件两端与侧架连接结构、交叉支撑连杆结构可靠性是交叉支撑技术从理论到实用化需研究解决的三个技术关键，其中两交叉杆件间中部节点弹性连接和杆件端部与侧架节点弹性连接技术尤为重要。

(1)交叉杆中部弹性连接技术

理论计算、试验及批量运用考验结果表明，如果两交叉杆件中部节点无连接，车辆运行时振动使上、下杆件垂向接触磨损，影响交叉支撑杆件自身结构强度；同时，在纵向力作用下，两交叉连杆将产生微动变形。因此交叉支撑技术的两交叉连杆中部节点需可靠连接。两交叉杆件中部节点刚性连接(如焊接)，则交叉连杆中部焊接部位疲劳寿命低，不能满足我国铁路货车检修周期和使用寿命要求。

采用了与交叉连杆中部结构匹配的 U 形、X 形热塑性弹性体弹性元件，使两交叉连杆中部节点实现弹性连接，如图 5-11 所示。解决了交叉节点的可靠连接问题，同时避免两杆件垂向振动接触磨损和杆件与连接扣板间纵向微动接触磨损问题。交叉支撑装置疲劳寿命满足 500 万 km 以上运用要求，达到了交叉支撑连杆与转向架等寿命的目标，满足了提速货车使用要求。因此，两交叉连杆中部实现弹性连接是交叉支撑技术原理在我国铁路货车上应用的一个技术关键。

(2)交叉杆端部弹性连接技术

两交叉连杆端部与侧架间连接方式有三种。一是刚性焊接，此时节点连接技术可靠，转向架抗菱刚度大，但转向架菱变时交叉连杆端部结构弯曲变形应力剧增，交叉连杆强度难以满足使用要求；二是松散铰接，此时转向架菱变时，交叉连杆弯曲应力很小，交叉连杆强度可满足使用要求，但转向架抗菱刚度不足，临界速度提高有限；三是弹性连接，如图 5-12 所示，既能提高转向架抗菱刚度，又可改善交叉杆受力状态，使其强度满足要求。因此对端部节点选取合适的刚度参数实现弹性连接，是交叉支撑技术原理在我国铁路货车上应用的又一个技术关键。

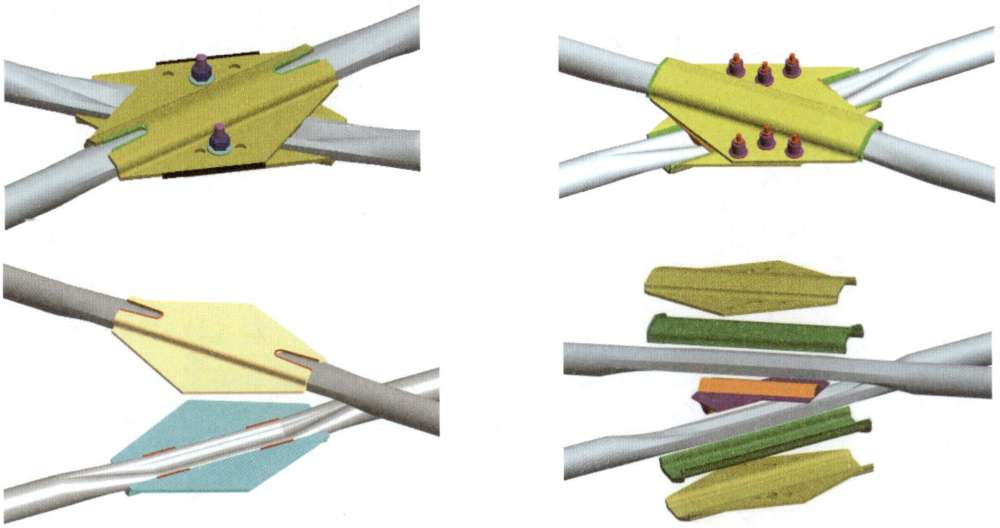

（a）中部焊接结构　　（b）中部无焊接弹性连接结构

图 5-11　交叉杆中部连接结构

（a）下交叉　　（b）中交叉

图 5-12　交叉杆端部连接结构(弹性连接)

2. 结构特点

交叉支撑转向架采用了新技术、新材料和新工艺，其技术水平和结构性能都有较大提升，既提高了交叉支撑转向架的动力学性能，又增加了易磨易损件的耐磨性，延长了转向架的检修周期和使用寿命。交叉支撑转向架有以下主要结构特点：

(1)交叉支撑装置

交叉杆与侧架的连接点位于侧架下部或中部，将左右两侧架弹性连接，提高转向架的抗菱刚度，从而提高转向架的蛇行失稳临界速度，提高货车直线运行的稳定性。同时，交叉支撑装置可有效保持转向架的正位状态，从而减小了车辆在直线和曲线运行时轮对与钢轨的冲角，改善转向架的曲线通过性能，显著减少轮轨磨耗。

下交叉支撑装置端部与侧架连接部位采用轴向橡胶垫实现弹性连接，中交叉支撑装置端部与侧架连接部位采用橡胶锥套实现弹性连接。这种连接结构既可以保证车辆具有直线高速运行时所需的抗菱刚度和正位能力，还由于端部的弹性约束提高车辆曲线通过能力，减小轮对冲角和轮缘磨耗，同时可有效减轻端部连接节点磨耗提高运用可靠性。

(2)一系轴箱弹性定位

交叉支撑转向架在侧架与承载鞍间加装平板形、八字形橡胶垫或弹性垫，实现一系弹性定位连接。橡胶垫或弹性垫提供适宜的纵横向定位刚度实现轮对弹性约束，垂向将承载鞍、侧架、基础制动装置等由簧下件变为簧上件，降低轮轨间接触应力，减小对线路、桥梁及地面基础设施的动力冲击作用，同时与交叉支撑装置共同作用实现转向架准径向功能。

(3)两级刚度弹簧

采用内、外枕簧不同高度的两级刚度弹簧，保证空、重车均具有适宜的刚度和挠度。空车时仅外簧承载，弹簧静挠度提高到 10～15 mm；重车时由内、外圈弹簧共同承载，保证承载能力，提高弹簧总挠度。通过采用两级刚度弹簧可以进一步提高货车转向架的运行平稳性，提高转向架对扭曲线路的适应性和脱轨安全性。

(4)双作用常接触弹性旁承

采用 JC 系列、CJC 系列等常接触弹性旁承，增大转向架与车体之间的回转阻尼，有效抑制转向架与车体的摇头蛇行运动，提高货车在较高速度运行时的平稳性和稳定性。同时为防止车辆曲线运行时车体发生过大倾角，采用刚性滚子或支承板来限制弹性旁承的压缩量，约束车体侧滚振动，不仅车体侧倾角受到限制，而且不会造成回转阻力矩的增大，影响曲线通过性能。

(5)心盘磨耗盘

交叉支撑转向架采用导电型心盘磨耗盘，上、下心盘被尼龙心盘磨耗盘隔离，避免上、下钢质心盘间的直接磨损，改善了上、下心盘面的承载匀衡性。多年实际运用表明，尼龙心盘磨耗盘可以有效提高上、下心盘的使用寿命。同时采用导电结构可以将车体静电导入地面，满足车辆运用要求。

(6)组合式制动梁和耐磨销套

采用 L-B 等型式的组合式制动梁，整体无焊接结构，结构简单合理，强度高性能可靠，制造检修方便。采用耐磨销套(即采用奥贝体衬套和高硬度圆销、拉铆销)，提高圆销表面硬度，同时减小销套间的间隙，提高销套装配精度，以改善销套的受力状态，减轻磨耗。

3. 性能特点

我国交叉支撑转向架满足既有货车全面提速 120 km/h 运行需要，经过十余年运用转向架性能稳定、技术成熟可靠、检修维护成本低，有力保障了我国铁路货车提速重载发展，具有以下技术性能特点。

(1) 良好的长期运行性能稳定性

我国对装用交叉支撑转向架的敞车、棚车、平车、罐车、漏斗车等 40 余种通用货车和检衡车、毒品车等 60 余种专用货车进行了正线线路动力学性能试验，最高速度达到 130～138 km/h，试验结果表明：装用上述交叉支撑转向架的提速、重载货车的各项动力学性能指标符合 GB/T 5599《铁道车辆动力学性能评定和试验鉴定规范》的规定。

交叉支撑转向架通过大量的动力学性能鉴定性试验研究、运用考验及运用后性能复核试验、铁科院环行线可靠性试验、四次大规模提速线路综合型试验、运用货车 120 km/h 达速达标等试验研究，装用交叉支撑转向架的车辆技术状态良好，性能稳定，具有优良的动力学性能"长跑"稳定性，满足我国铁路货车 120 km/h 运用要求，为交叉支撑转向架的应用推广奠定了技术基础，提供了科学依据。表 5-1～表 5-4 为环行线第二阶段 C_{70} 型敞车空、重车初始和运行 16.95 万 km 后动力学试验结果。

表 5-1 C_{70} 1551383 动力学性能测试数据汇总(空车)初始试验(2006.1.23)

项目			速度(km/h)								
			45	60	70	80	90	100	110	120	130
1轴	脱轨系数	最大	1.07	0.45	0.44	0.59	0.80	0.78	0.96	1.06	1.12
		平均	0.30	0.16	0.20	0.21	0.27	0.32	0.35	0.42	0.55
	轮重减载率	最大	0.46	0.53	0.49	0.58	0.59	0.61	0.64	0.65	0.69
		平均	0.29	0.28	0.31	0.34	0.37	0.40	0.44	0.47	0.52
	轮轴横向力(kN)	最大	20.37	10.14	11.54	13.04	20.48	20.71	18.99	22.94	27.82
		平均	8.17	6.58	6.95	7.26	8.08	9.05	10.60	12.68	15.87
车体横向	加速度(m/s^2)	最大	2.45	1.67	3.53	4.51	4.61	4.61	4.61	4.12	4.22
		平均	1.77	1.28	1.77	2.84	2.65	3.04	2.75	2.65	2.75
	平稳性 W	最大	2.67	2.53	2.84	3.63	3.23	3.17	3.18	3.58	3.17
		平均	2.67	2.36	2.59	3.19	2.96	3.03	2.99	3.12	3.00
车体垂向	加速度(m/s^2)	最大	4.51	4.61	4.61	5.20	5.30	4.81	5.20	5.20	4.91
		平均	1.86	1.57	2.16	2.26	2.16	2.26	2.45	2.55	2.65
	平稳性 W	最大	2.85	2.78	2.81	2.85	2.92	3.02	3.16	3.25	3.35
		平均	2.36	2.30	2.49	2.57	2.70	2.79	2.91	2.99	3.07

表 5-2　C70 1551383 动力学性能测试数据汇总(空车)正线末期试验(2007.10.23)

项目			速度(km/h)											
			20	30	40	50	60	70	80	90	100	110	120	130
1 轴	脱轨系数	最大	1.27	0.86	1.20	1.42	1.27	1.29	0.73	1.16	0.49	0.27	0.74	0.98
		平均	0.38	0.17	0.32	0.51	0.44	0.36	0.23	0.29	0.15	0.13	0.18	0.23
	轮重减载率	最大	0.47	0.44	0.40	0.55	0.57	0.56	0.55	0.61	0.55	0.60	0.64	0.65
		平均	0.22	0.18	0.23	0.31	0.33	0.35	0.33	0.39	0.40	0.37	0.43	0.45
	横向力(kN)	最大	17.50	17.61	19.35	29.82	36.45	28.50	30.37	30.75	14.73	14.49	23.28	31.20
		平均	6.85	6.55	7.79	12.52	12.40	12.17	8.41	11.39	7.43	7.46	8.57	10.93
车体横向	加速度(m/s^2)	最大	2.35	2.55	3.34	3.53	4.41	3.24	3.63	3.73	2.26	2.35	2.45	3.53
		平均	0.88	0.78	1.08	1.57	1.67	1.37	1.18	1.57	1.18	1.08	1.28	1.57
	平稳性 W	最大	2.38	2.76	2.79	3.05	3.11	3.06	3.04	3.33	2.97	2.92	3.05	3.59
		平均	1.94	2.09	2.18	2.56	2.61	2.61	2.49	2.84	2.69	2.65	2.74	3.07
车体垂向	加速度(m/s^2)	最大	4.71	4.91	4.91	5.40	5.49	5.59	5.20	5.98	3.43	4.12	3.92	5.10
		平均	1.77	1.77	2.06	2.94	3.24	3.04	2.45	2.75	2.55	2.45	2.65	2.84
	平稳性 W	最大	2.65	2.83	2.92	3.21	3.41	3.39	3.35	3.33	3.03	2.96	3.13	3.23
		平均	2.16	2.26	2.41	2.75	2.89	2.94	2.68	2.90	2.79	2.75	2.79	2.99

表 5-3　C70 1551384 动力学性能测试数据汇总(重车)初始试验(2006.1.23)

项目			速度(km/h)								
			45	60	70	80	90	100	110	120	130
1 轴	脱轨系数	最大	0.65	0.30	0.33	0.40	0.50	0.51	0.47	0.51	0.55
		平均	0.21	0.09	0.13	0.14	0.17	0.21	0.25	0.27	0.30
	轮重减载率	最大	0.41	0.39	0.38	0.39	0.34	0.39	0.48	0.45	0.49
		平均	0.29	0.29	0.28	0.25	0.24	0.24	0.25	0.28	0.31
	轮轴横向力(kN)	最大	57.46	34.00	39.93	43.60	43.18	48.44	48.45	52.60	59.93
		平均	27.73	23.00	24.32	24.03	24.62	26.71	29.80	34.03	38.22
车体横向	加速度(m/s^2)	最大	3.34	3.53	3.24	4.02	4.12	4.12	4.02	4.22	3.92
		平均	1.47	1.08	1.57	1.96	1.77	2.06	1.86	2.06	2.26
	平稳性 W	最大	2.74	2.60	2.72	2.89	3.00	2.90	2.97	2.96	3.07
		平均	2.43	2.21	2.39	2.50	2.50	2.61	2.74	2.83	2.87
车体垂向	加速度(m/s^2)	最大	2.75	3.14	2.94	3.83	4.32	4.02	4.41	5.20	5.30
		平均	1.47	1.18	1.57	1.77	1.77	1.96	2.35	2.55	2.75
	平稳性 W	最大	2.80	3.12	2.90	3.07	3.26	3.34	3.40	3.53	3.61
		平均	2.52	2.68	2.59	2.76	2.97	3.07	3.15	3.19	3.20

表 5-4　C_{70} 1551384 动力学性能测试数据汇总（重车）正线末期试验（2007.10.23）

项目			速度（km/h）											
			20	30	40	50	60	70	80	90	100	110	120	130
1 轴	脱轨系数	最大	0.83	0.77	0.83	0.82	0.81	0.77	0.40	0.50	0.39	0.12	0.11	0.30
		平均	0.26	0.09	0.21	0.35	0.32	0.19	0.10	0.15	0.06	0.04	0.05	0.07
	轮重减载率	最大	0.36	0.36	0.35	0.46	0.43	0.48	0.34	0.44	0.45	0.32	0.46	0.44
		平均	0.18	0.13	0.19	0.26	0.26	0.24	0.23	0.25	0.23	0.19	0.24	0.25
	横向力（kN）	最大	68.86	65.28	79.19	74.65	83.77	87.46	52.29	52.66	57.23	28.52	39.62	41.26
		平均	20.84	15.94	22.25	34.08	35.69	29.39	23.36	28.58	20.28	18.46	21.06	21.84
车体横向	加速度（m/s^2）	最大	1.37	1.47	1.77	1.67	1.86	1.86	1.86	1.96	1.86	1.57	1.77	2.75
		平均	0.49	0.39	0.59	0.88	0.88	0.88	0.88	1.08	0.98	0.98	1.18	1.37
	平稳性 W	最大	2.36	2.48	2.67	2.83	2.95	3.02	2.91	3.01	3.09	2.93	3.14	3.39
		平均	1.78	1.83	2.01	2.46	2.54	2.58	2.61	2.74	2.70	2.76	2.99	3.00
车体垂向	加速度（m/s^2）	最大	2.94	3.43	3.53	3.73	3.73	4.12	3.53	3.53	3.34	2.65	3.24	3.34
		平均	1.08	1.08	1.37	1.96	2.06	1.77	1.47	1.67	1.47	1.47	1.57	1.77
	平稳性 W	最大	2.53	2.86	3.02	3.18	3.04	2.93	3.17	3.35	3.07	3.06	3.14	3.17
		平均	2.11	2.38	2.54	2.75	2.74	2.70	2.54	2.90	2.76	2.85	2.91	2.98

（2）良好的曲线通过性能

交叉支撑转向架通过采用轮对弹性定位与交叉支撑技术相结合的方式实现准径向功能。车辆曲线通过时由于轴箱的弹性定位，在轮轨蠕滑力作用下，使转向架两轮对产生径向位移，减小轮对与钢轨之间的冲角，减小轮缘的磨耗，提高车辆曲线运行稳定性及运行安全性，通过曲线后在弹性复原力作用下具有自动恢复到轨道中心位置的功能，轮对始终处于左右侧架导框中心位置，因而车辆直线运行的稳定性提高。仿真分析和实测结果表明，交叉支撑转向架的直线运行和曲线通过时冲角明显减小。交叉支撑转向架轮对曲线通过示意如图 5-13 所示。

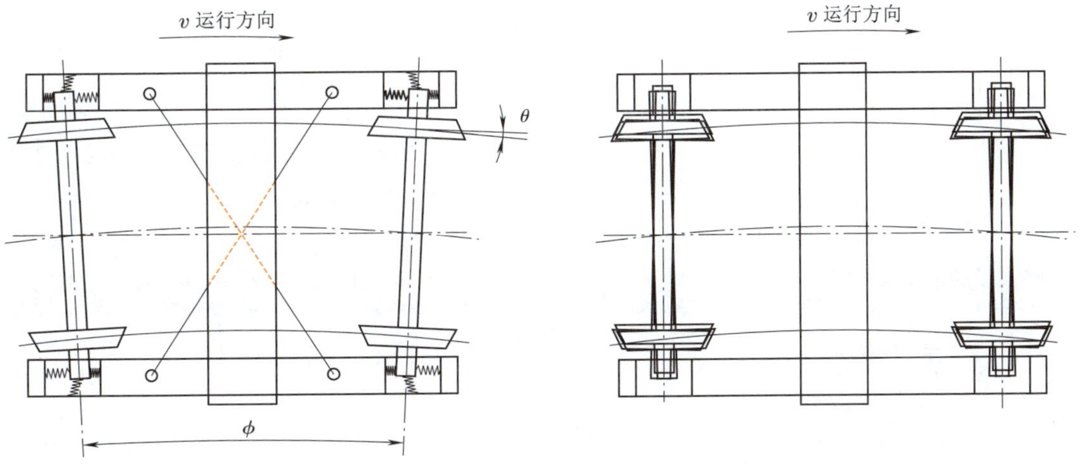

（a）交叉支撑转向架准径向作用　　（b）普通转向架轮对处于随机位置

图 5-13　转向架轮对曲线通过示意

①仿真分析计算结果

分析计算结果表明,直线工况下在所计算的 40～100 km/h 范围内交叉支撑转向架导向轮对冲角平均值为 2.03 m·rad,传统三大件转向架轮对冲角平均值为 3.3 m·rad,约降低 38.5%。详细仿真分析结果见表 5-5、如图 5-14 所示。

表 5-5　交叉支撑转向架与传统三大件转向架轮对冲角对比

速　度(km/h)	导向轮对冲角(m·rad)		减小幅度
	交叉支撑转向架	传统三大件转向架	
40	1.914	2.658	27.99%
50	1.937	2.971	34.80%
60	1.956	3.125	37.41%
70	1.962	3.376	41.88%
80	2.095	3.408	38.53%
90	2.138	3.683	41.95%
100	2.208	3.901	43.40%

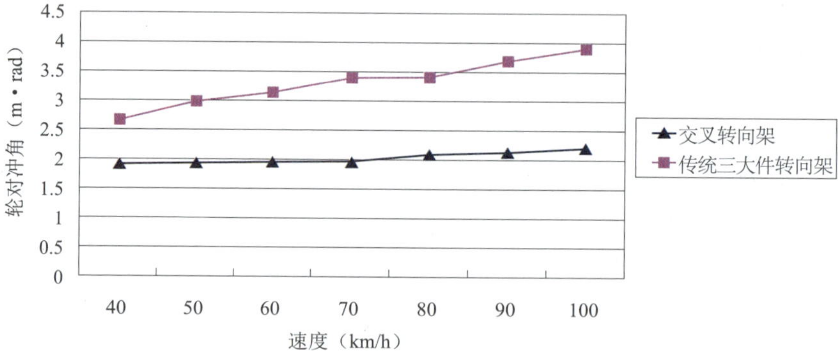

图 5-14　导向轮对冲角对比

对交叉支撑转向架一系轴箱弹性定位与摩擦定位转向架,配敞车进行了轮对冲角和横移的对比分析,以不同速度通过 300 m、600 m、800 m、1 000 m 半径曲线和直线的轮轨冲角情况,结果表明:曲线工况下弹性定位转向架轮对冲角平均值为 2.49 m·rad,摩擦定位转向架平均值为 3.33 m·rad,降低约 25.2%,具体见表 5-6。

表 5-6　交叉支撑转向架与传统三大件转向架轮对冲角对比

工况	速度(km/h)	弹性定位的轮对冲角(m· rad)	摩擦定位的轮对冲角(m· rad)
*R*300	60	2.47	4.32
*R*600	70	2.64	2.83
*R*800	90	2.32	2.98
*R*1 000	100	2.52	3.18

②轮对冲角实测结果

采用冲角测试仪对交叉支撑转向架与传统三大件转向架进行冲角测试，图 5-15 为传统三大件转向架运行 62 km/h 时测得的轮对冲角和横移量，图 5-16 为交叉支撑转向架运行 108 km/h 时测得的轮对冲角和横移量。测试结果显示：传统三大件转向架在 62 km/h 运行速度下轮对的冲角为－2.4～＋6.8 m·rad，轮对中心线偏差为－5～＋18 mm；交叉支撑转向架在 108 km/h 运行速度下轮对的冲角为－2～＋3.0 m·rad，轮对中心线偏差为 0～9.6 mm。轮对冲角测试结果表明，交叉支撑转向架具有良好的曲线通过性能，与传统三大件转向架相比轮对冲角明显降低。

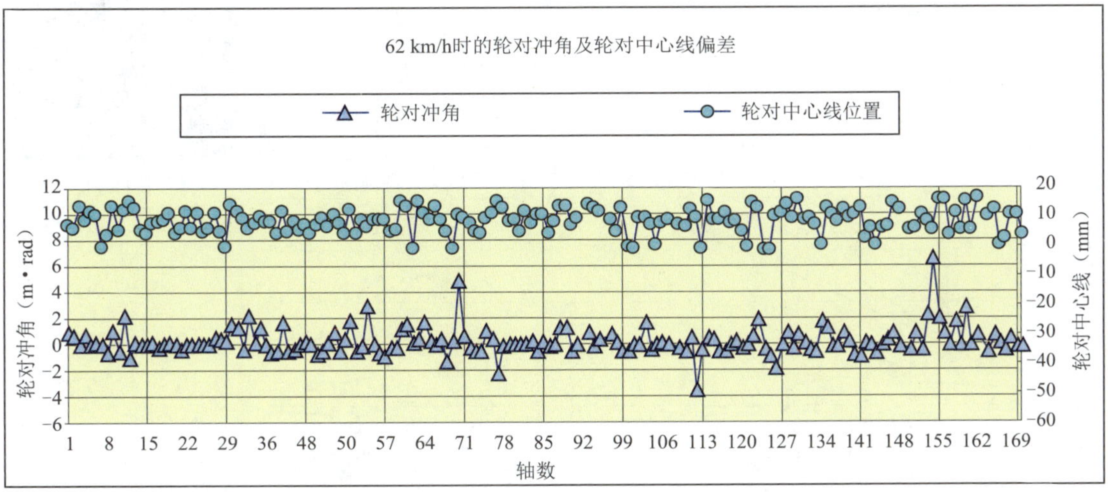

图 5-15 传统三大件转向架的轮对冲角和轮对中心线偏差（速度 62 km/h）

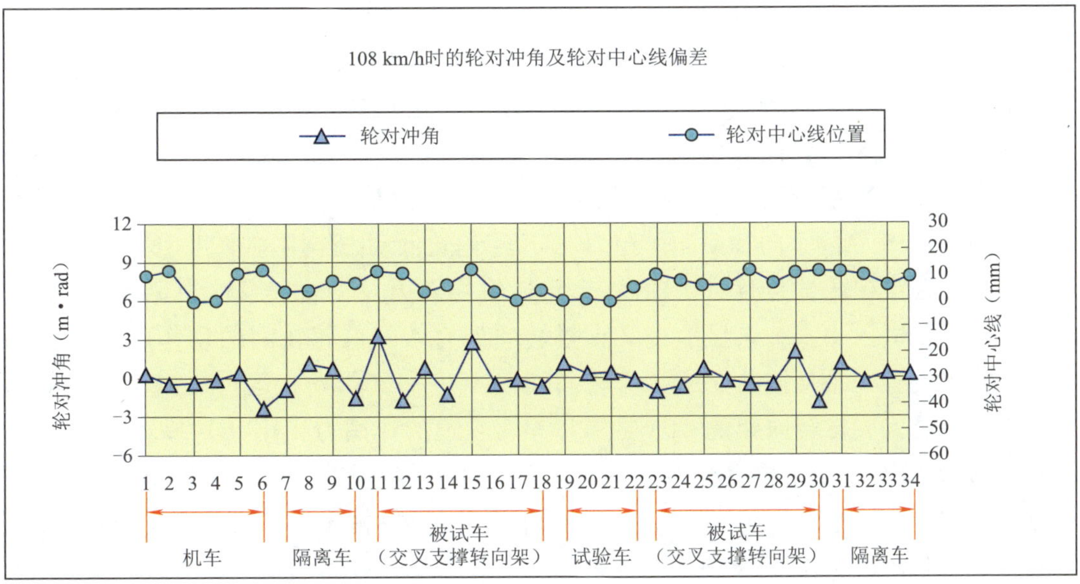

图 5-16 交叉支撑转向架轮对冲角和轮对中心线偏差（速度 108 km/h）

③TTCI 比选试验实测结果

32.5 t 轴重 ZK1-K 型转向架在北美 TTCI 转向架比选试验中，在保证空重车 120 km/h速度下高速运行稳定同时表现出了良好的曲线通过性能，在各曲线工况下低轨黏着摩擦力与轮载荷之比均小于 AAR M-976 标准的规定，明显优于普通三大件转向架，与试验初期设置的目标基本相当，如图 5-17 所示。ZK1-K 型转向架兼顾了空重车直线蛇行运动稳定性和曲线通过性能，综合技术性能良好。

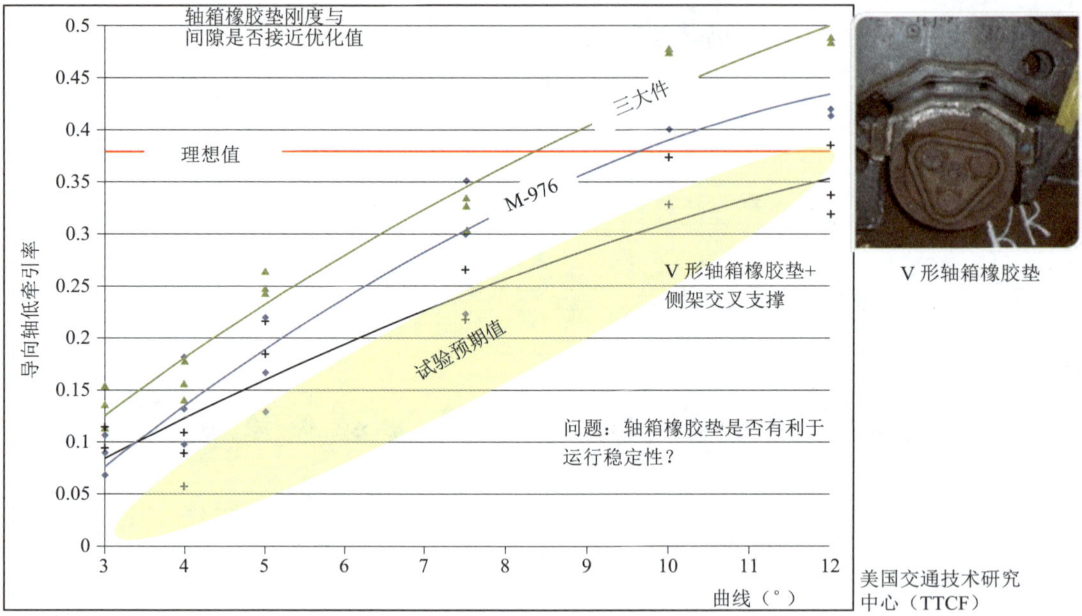

图 5-17　交叉支撑转向架重车曲线通过性能

(3)轮轨低动力作用

轮轨间动力作用除了轮轨垂向作用力外，还包括轮轨横向作用力以及由这两个力导出的线路横向稳定性系数，以及轮轨磨耗、线路结构应力、轨道结构动态变形和轨道结构振动等。交叉支撑转向架在侧架与承载鞍间通过采用橡胶垫实现弹性定位、降低簧下质量，进一步降低轮轨间垂向和横向作用力，实现了轮轨低动力作用，如图 5-18 所示。

我国陇海线综合试验时对轮轴横向力、轮轨横向力及钢轨、轨枕、道床垂向振动加速度进行了测试。测试结果显示交叉支撑转向架有效降低轮轨间的动作用力：23 t 轴重货车装用带有一系悬挂的交叉支撑转向架以 100～120 km/h 运行，与 55～65 km/h 运行装用传统三大件转向架的 21 t 轴重货车对轨道的作用力相比：R1 000 m 圆曲线和 32 m 混凝土梁跨中 23 t 轴重交叉支撑转向架轮轴横向力平均值为 16.38 kN，21 t 轴重传统三大件转向架平均值为 37.93 kN，约降低 56.82%；轮轨水平力交叉支撑转向架平均值为 15.62 kN，传统三大件转向架平均值为 36.25 kN，约降低 56.91%。测试数据统计结果见表 5-7。

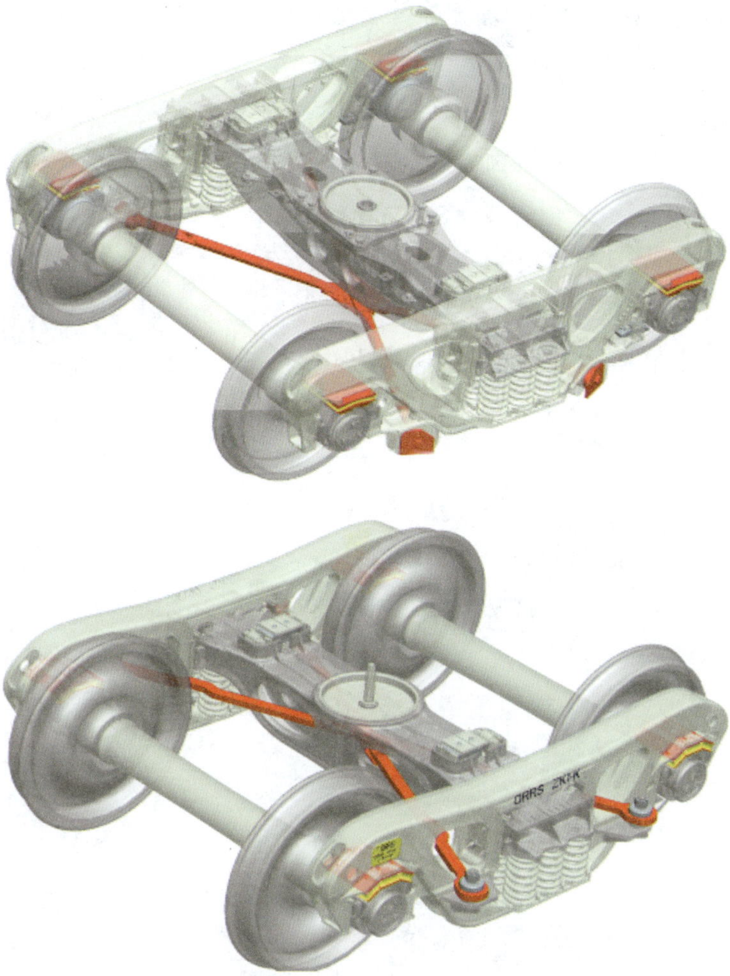

图 5-18　交叉支撑转向架

表 5-7　23 t 轴重试验货车与过路 21 t 轴重货车轮轨作用力比较

车　型	速度(km/h)	测试项目	*R*1 000 m 圆曲线	32 m 混凝土梁跨中
C_{70}(23 t)	100	轮轴横向力(kN)	13.00	13.59
	110		21.77	9.74
	120		27.48	12.68
过路货车(21 t)	55～65		42.88	32.98
C_{70}(23 t)	100	轮轨水平力(kN)	18.77	15.87
	110		18.18	16.48
	120		11.39	13.01
过路货车(21 t)	55～65		48.54	23.96

23 t 轴重货车装用带有一系悬挂的交叉支撑转向架在速度 70 km/h 与 21 t 轴重铁路货车装用传统三大件转向架在速度 55～65 km/h 相比，*R*1 000 m 圆曲线、32 m 混凝

土梁和路桥过渡段处测得钢轨振动加速度平均值交叉支撑转向架为 398g，传统三大件转向架为 440.7g，约降低 9.69%；轨枕加速度平均值交叉支撑转向架为 67.2g，传统三大件转向架为 108.3g，约降低 37.95%；道床加速度平均值交叉支撑转向架为 1.71g，传统三大件转向架为 2.37g，约降低 27.85%。测试数据统计结果见表 5-8。

表 5-8　钢轨、轨枕及道床垂向振动加速度实测最大值

车　型	速度(km/h)	钢轨加速度			轨枕加速度			道床加速度		
		R1 000 m 曲线	32 m 混凝土梁	路桥过渡段	R1 000 m 曲线	32 m 混凝土梁	路桥过渡段	R1 000 m 曲线	32 m 混凝土梁	路桥过渡段
C_{70}(23 t)	70	380g	417g	397g	87.9g	74.3g	39.5g	1.20g	2.60g	1.32g
过路货车(21 t)	55～65	442g	470g	410g	174.7g	69.6g	80.7g	2.03g	2.62g	2.46g

为进一步研究交叉支撑转向架低动力作用效果，27 t 轴重通用货车在动力学试验和线路适应性综合试验期间对车辆动力学性能及对线路、桥梁的影响进行了监测，结果表明：27 t 轴重 DZ1 型交叉支撑转向架采用低动力技术后，实测对桥涵结构的动力作用明显优于 21 t 轴重货车，与 23 t 轴重货车基本相当；在 110 km/h 试验速度范围内，轮轴横向力、运行平稳性(横向加速度、横向平稳性、垂向加速度、垂向平稳性)、脱轨系数等指标与既有 23 t 轴重货车基本相当，轮重减载率明显小于 23 t 轴重货车。桥上轨道轨枕位移最大值统计结果表明，装用 DZ1 型交叉支撑转向架的 27 t 轴重通用敞车和平车指标略优于 25 t 轴重货车，其余车型与 25 t 轴重货车基本相当。具体结果见表 5-9、如图 5-19 所示。

表 5-9　桥梁振幅及振动加速度实测值

列车类型	速度(km/h)	横向振幅(mm)	横向振动加速度(m/s^2)	垂向振幅(mm)	垂向振动加速度(m/s^2)
27 t 轴重货车	60	0.15	0.08	2.04	1.34
	80	0.17	0.13	1.18	1.44
	90	0.15	0.10	1.36	1.71
	100	0.18	0.11	1.54	1.62
	110	0.18	0.09	2.23	1.94
	120	0.17	0.13	1.99	1.91
过路货车(轴重 21 t、23 t)	58	0.36	0.10	3.58	0.90
	48	0.47	0.16	3.82	1.79
	54	0.30	0.12	4.06	1.28
	62	0.38	0.17	4.16	1.93
	45	0.32	0.11	3.91	1.15
	48	0.07	0.10	0.59	1.01
过路客车	118	0.21	0.07	2.23	1.32
	99	0.28	0.05	2.23	1.29
备注：测试桥梁 T 形桥台、T 形桥墩，1～12 m 预应力钢筋混凝土 T 形，支座为弧形。					

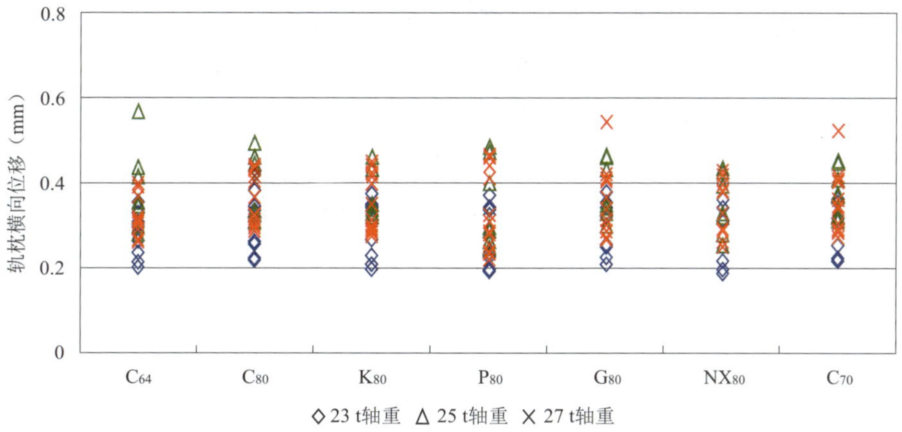

图 5-19　交叉支撑转向架桥上轨道轨枕横向位移最大值统计

(4)车轮磨耗轻

交叉支撑转向架在我国广泛应用在 21 t、23 t、25 t 轴重铁路货车上，列车编组 5 000～20 000 t，最高运行速度 120 km/h。累计最长运用里程接近 300 万 km，运用结果表明交叉支撑转向架车轮轮缘、踏面磨耗小。

①23 t、25 t 轴重交叉支撑转向架的车轮磨耗情况

对大秦线 2 435 辆 23 t 和 25 t 轴重货车车轮轮缘和踏面现场检测结果表明：23 t 轴重货车车轮踏面每 10 万 km 平均磨耗量为 0.603 mm，25 t 轴重货车车轮踏面每10 万 km平均磨耗量为 0.79 mm。车轮踏面垂直磨耗统计见表 5-10。运用近两年的车轮轮缘厚度 23 t 轴重货车车轮轮缘厚度均大于 26 mm，25 t 轴重货车仅有 1.37%车轮轮缘厚度小于 26 mm 大于 23 mm(轮缘厚度原形 32 mm)，车轮轮缘磨耗轻微。车轮轮缘磨耗统计见表 5-11。

表 5-10　车轮踏面垂直磨耗统计

车　型	轴重(t)	每 10 万 km 磨耗量(mm)	每 20 万 km 磨耗量(mm)	每 40 万 km 磨耗量(mm)
C_{70}	23	0.603	1.45	3.014
C_{80}/C_{80B}	25	0.79	1.63	3.25

表 5-11　车轮轮缘磨耗统计

车　型	轴重(t)	占车轮总数的百分比				运用时间(月)	运用里程(万 km)
		30 mm≤X	28 mm≤X<30 mm	26 mm≤X<28 mm	23 mm≤X<26 mm		
C_{70}	23	98.38%	1.08%	0.54%	0	18～22	36～44
C_{80}/C_{80B}	25	88.58%	7.07%	2.98%	1.37%	19～24	40～50

注：X 为车轮轮缘厚度。

②与其他重载运输车辆车轮磨耗对比

联合加拿大国家研究院地面运输技术中心(NRC・CSTT)对大秦线 C_{80} 系列敞车

装用的交叉支撑转向架车轮磨耗进行了系统研究，对车轮的轮缘和踏面进行了详细统计和分析，并与世界其他一些重载运输国家车轮磨耗有关的数据进行了对比，结果表明：交叉支撑转向架车轮踏面和轮缘磨耗均处于正常磨耗水平，车轮磨耗速率小于其他国家车轮磨耗速率。交叉支撑转向架车轮踏面平均磨耗速率为 0.055 $mm/10^4$ km，轮缘平均磨耗速率为 0.047 $mm/10^4$ km，二者近似相等，不同于其他国家铁路货车轮缘明显大于踏面的磨耗规律。车轮磨耗对比分析如图 5-20 所示。

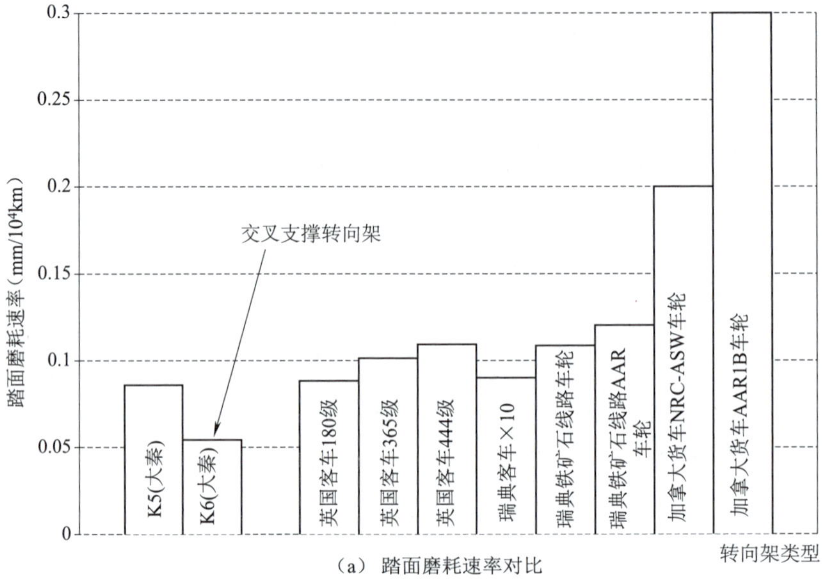

（a） 踏面磨耗速率对比

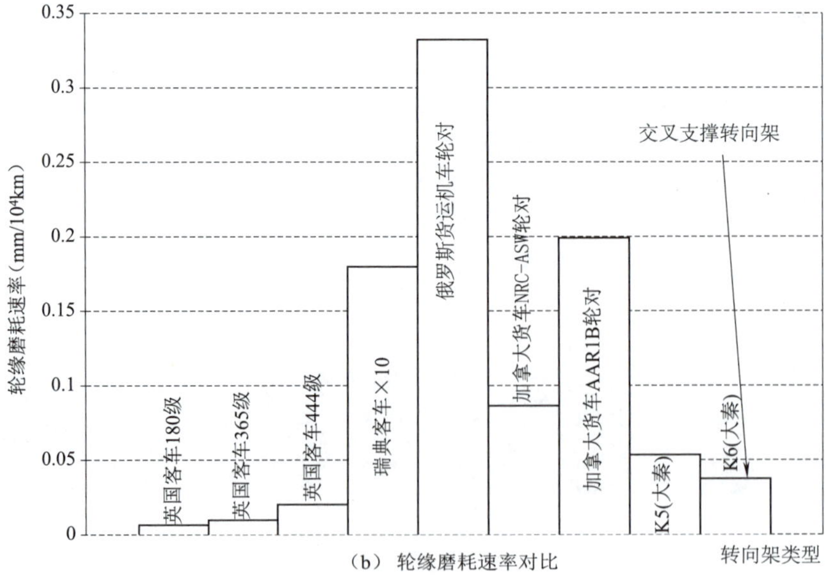

（b） 轮缘磨耗速率对比

图 5-20 车轮磨耗对比分析

③DZ1 型交叉支撑转向架车轮磨耗情况

27 t 轴重 DZ1 型交叉支撑转向架采用直径 915 mm 的 CL70 钢或 ZL-C 级钢车轮

车轮，配装 C_{80E} 型通用敞车 3 700 辆自 2014 年起在大秦线运用。运用期间先后 6 次对车轮磨耗情况进行实地检测，共检测 390 辆车、3 120 片车轮，车轮磨耗情况见表 5-12。

表 5-12　25 t、27 t 轴重货车车轮踏面垂直磨耗

车　型	轴重	车轮磨耗	每 10 万 km 平均磨耗量(mm)	每 20 万 km 平均磨耗量(mm)
C_{80}/C_{80B}	25 t	踏面磨耗	0.79	1.63
C_{80E}	27 t		0.33	0.71
C_{80}/C_{80B}	25 t	轮缘磨耗	0.20	0.44
C_{80E}	27 t		0.15	0.29

(5)摩擦副低磨耗

交叉支撑转向架解决了抗菱刚度对斜楔的依赖，斜楔的受力状态得到明显改善。研究采用组合式斜楔技术，有效减少斜楔与立柱磨耗板磨耗，解决了原整体斜楔钢对钢斜楔磨耗严重的惯性质量问题。组合式斜楔可提供的垂向和横向减振阻尼适宜，有效保持摩擦性能稳定并充分发挥减振作用，解决因传统金属摩擦副阻尼离散度大而造成的车辆垂向性能不稳定问题，提高了车辆的运行稳定性和使用可靠性。

转向架抗菱刚度的提高和一系采用轴箱弹性定位技术，转向架正位能力得到大幅提升，解决了侧架导框与承载鞍磨耗严重的惯性质量问题。车辆实际运用表明，交叉支撑转向架侧架导框与承载鞍间、侧架及摇枕纵向止挡处基本无磨耗，侧架立柱磨耗板、斜面磨耗板、制动系统圆销、支点、支点座、制动杠杆、中拉杆、制动梁支柱的接触部位磨耗轻微，如图 5-21 所示。

图 5-21　交叉支撑转向架侧架导框、斜楔等运用情况

二、基本组成

1. 中交叉支撑转向架

(1)转 K1 型转向架

转 K1 型转向架为铸钢三大件式货车转向架，在两侧架间安装弹性中交叉支撑装置，交叉杆从摇枕腹部穿过，四个端点用橡胶锥套与侧架上的支撑座连接。主要由轮对组成、侧架组成、八字形橡胶垫、摇枕组成、交叉支撑装置、基础制动装置、滚动轴承装置、双作用弹性旁承、斜楔等组成。采用带变摩擦减振装置的中央枕簧悬挂系统，摇枕

弹簧为二级刚度，斜楔体为贝氏体球墨铸铁，下心盘内设有尼龙心盘磨耗盘（导电式），基础制动装置为下拉杆式单侧闸瓦制动装置，采用组合式制动梁，高摩合成闸瓦。转K1型转向架主要结构如图5-22～图5-24所示。

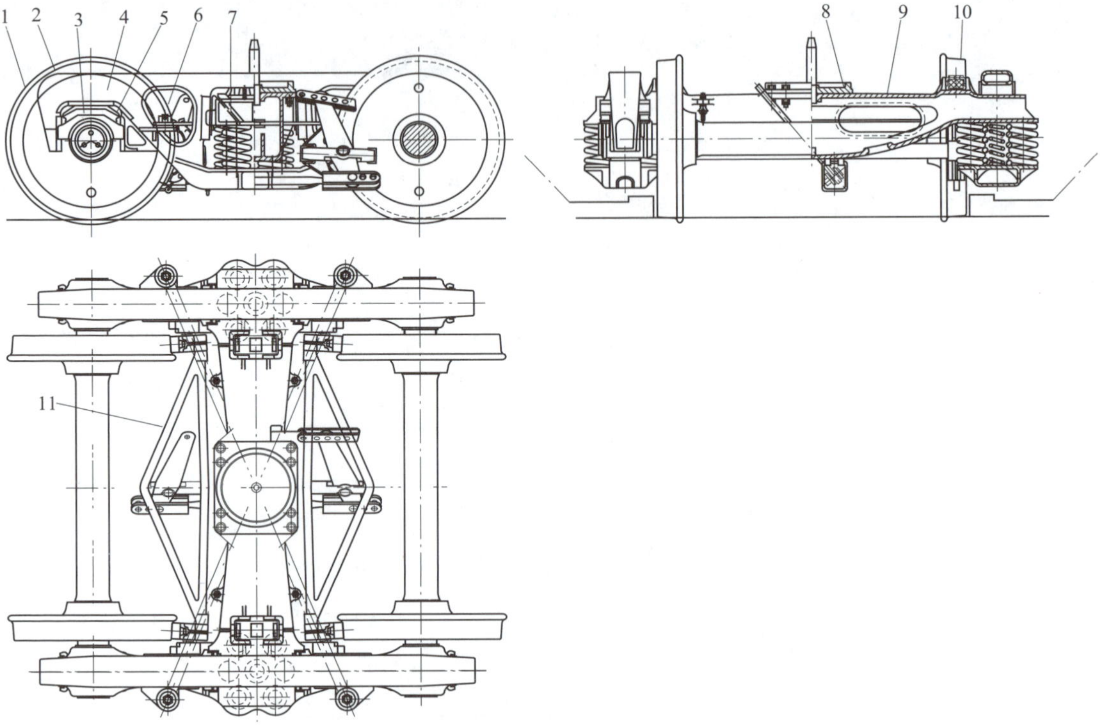

图5-22　转K1型转向架二维图

1—轮对组成；2—侧架组成；3—滚动轴承装置；4—轴箱橡胶垫；5—承载鞍；6—交叉支撑装置；7—弹簧减振装置；8—心盘磨耗盘；9—摇枕组成；10—弹性旁承；11—基础制动装置

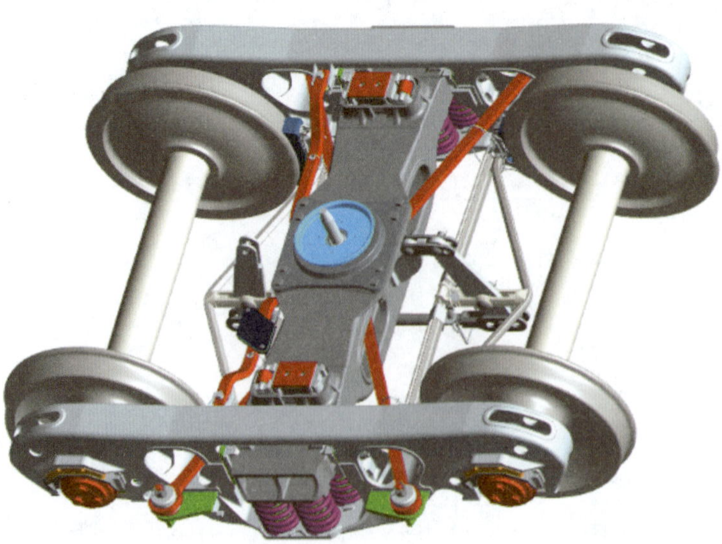

图5-23　转K1型转向架三维图

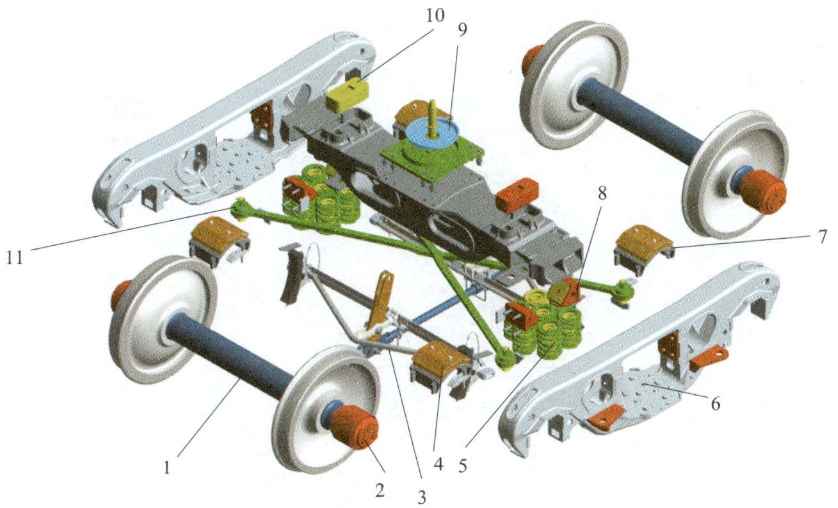

图 5-24　转 K1 型转向架三维爆炸图

1—轮对组成；2—滚动轴承装置；3—基础制动装置；4—橡胶垫；5—弹簧减振装置；6—侧架组成；7—承载鞍；8—组合式斜楔；9—心盘磨耗盘；10—下旁承体；11—交叉支撑装置

①轮对及滚动轴承装置

轮对组成由车轮、车轴压装而成，车轮采用直径为 840 mm 的 HDSA 型辗钢或 HDZD 型铸钢车轮，材质为 CL60 钢或 ZL-B 钢，踏面为 LM 型踏面；车轴为采用 LZW 钢制造的 RD_2 型车轴；滚动轴承装置采用 SKF-197726 或 352226X2RZ 型圆锥滚子轴承。轮轴组成如图 5-25 所示。

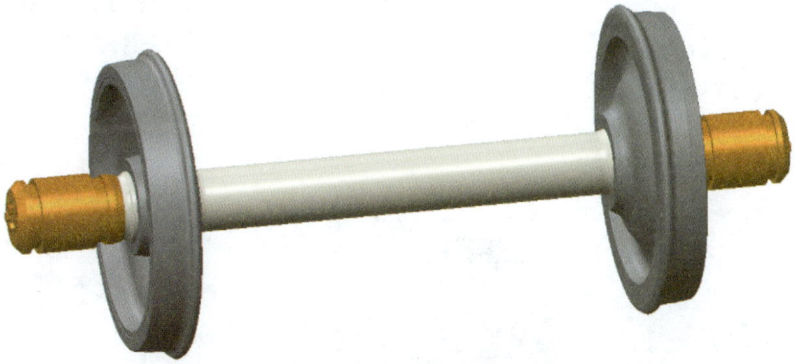

图 5-25　轮轴组成

②侧架组成

侧架组成由侧架、立柱磨耗板、滑槽磨耗板、锥柱及配套座板和筋板等零部件组成，如图 5-26 所示。

③轴箱橡胶垫

轴箱橡胶垫由上衬板、下衬板、橡胶层、上定位销、下定位销和内置导电铜铰线等组成，如图 5-27 所示。

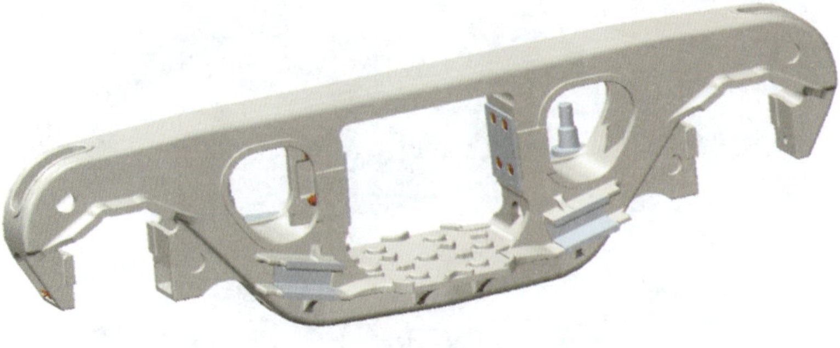

图 5-26　侧架组成

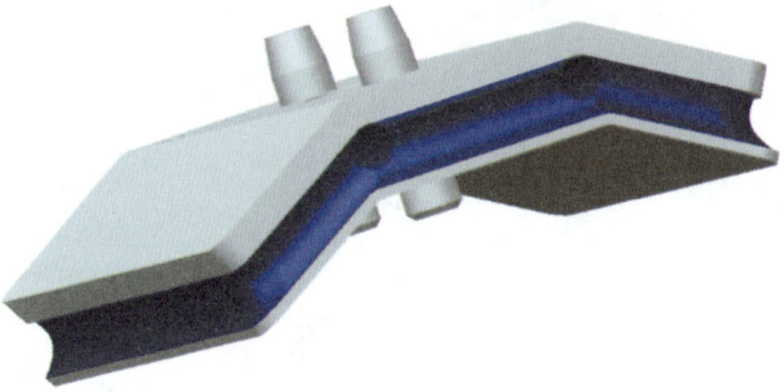

图 5-27　轴箱橡胶垫

④摇枕组成

摇枕组成由摇枕、下心盘、斜面磨耗板和固定杠杆支点座等零部件组成，如图 5-28 所示，下心盘与摇枕采用高强度螺栓连接，下心盘直径为 355 mm，斜面磨耗板与摇枕采用焊接方式连接，斜面磨耗板材质采用 0Cr18Ni9。

图 5-28　摇枕组成

⑤交叉支撑装置

交叉支撑装置由连杆、橡胶锥套、压盖、螺母、弹性圆柱销等零件组成，其结构如图 5-29所示，连杆端部与侧架连接节点处详细结构如图 5-30 所示。

图 5-29　交叉支撑装置

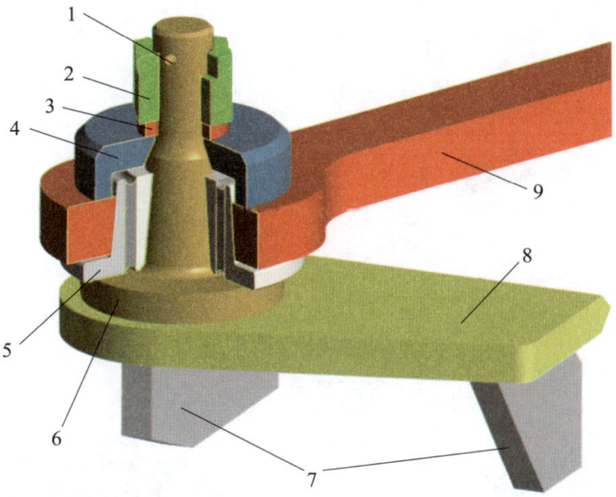

图 5-30　端部连接节点

1—弹性圆柱销；2—螺母；3—弹簧垫圈；4—压盖；5—橡胶锥套；
6—锥柱；7—筋板；8—座板；9—连杆

⑥基础制动装置

基础制动装置根据作用原理和结构形式不同分为杠杆制动和集成制动。其中杠杆制动装置因其结构简单、组装方便等特点在我国铁路货车转向架上广泛应用，集成制动装置是近年来我国新研制的一种转向架制动装置，具有结构简单、重量轻、传动效率高、缓解性好等优点，特别适合在浴盆敞车、漏斗车、小汽车运输车等下部限界空间紧张的车辆上，我国在 SQ_6 型小汽车运输车、$C_{80(H)}$型铝合金运煤敞车、$C_{96(H)}$型运煤敞车和 $KM_{98(AH)}$型煤炭漏斗车等车型上开始应用转向架集成制动装置。

杠杆制动装置按闸瓦的配置分为“单侧闸瓦制动”和“双侧闸瓦制动”，我国铁路货车基本采用单侧闸瓦制动。按拉杆相对摇枕位置的不同，又分为中拉杆和下拉杆两种形式。我国铁路货车转向架中，转 8A 系列（转 8A、转 8AG、转 8G、转 8B、转 8AB 型）、转 K1、转 K4、转 K7、DZ3 型转向架采用下拉杆形式，转 K2、转 K5、转 K6、DZ1、DZ2 型转向架采用中拉杆形式，如图 5-31 所示。

转 K1 型转向架采用下拉杆式基础制动，主要由制动梁、制动杠杆、中（下）拉杆、闸瓦、支点及配套连接扁孔圆销、拉铆销等组成。为降低磨耗，各连接部位采用耐磨销套，同时减小销套配合间隙，提高装配精度，以改善销套的受力状态。

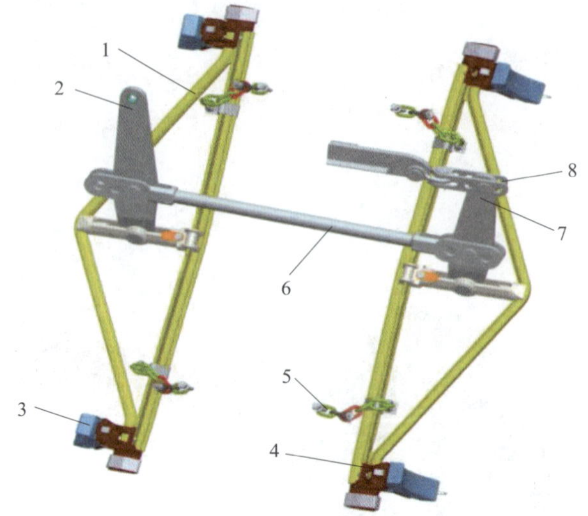

图 5-31　中拉杆式转向架基础制动

1—组合式制动梁组成；2—游动杠杆组成；3—闸瓦；4—闸瓦插销；5—制动梁安全链；
6—中拉杆；7—固定杠杆组成；8—链式连接支点

⑦弹性旁承组成

转 K1 型转向架采用 JC 型双作用常接触弹性旁承，主要由弹性旁承体组成、旁承磨耗板、旁承座、滚子、滚子轴、调整垫板、垫片等零部件组成，如图 5-32 所示。

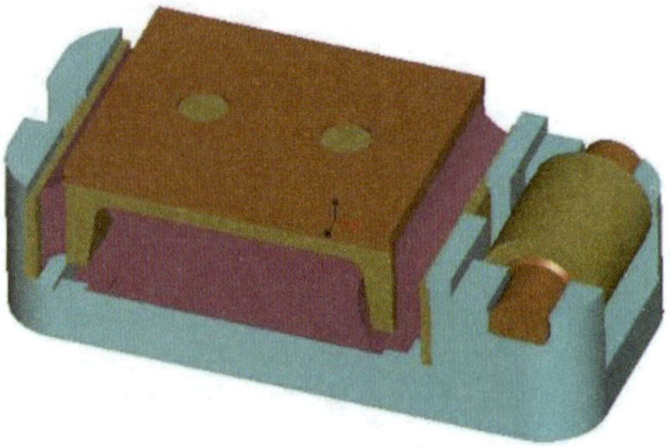

图 5-32　弹性旁承组成

(2)转 E21 型转向架

转 E21 型转向架为铸钢三大件式货车转向架。主要由轮对组成、侧架组成、摇枕组成、滚动轴承装置、中央悬挂装置、轴箱悬挂系统、弹性交叉支撑杆组成(在侧架三角孔内侧)、弹性旁承及基础制动装置等组成。具体结构如图 5-33～图 5-35 所示。

(3)转 E22 型转向架

转 E22 型转向架为铸钢三大件式货车转向架，其基本结构与转 K1 型转向架相同。主要由轮对组成、侧架组成、交叉杆支撑装置、八字形橡胶垫、摇枕组成、基础制动装置、滚动轴承装置、JC 型双作用弹性旁承、组合式斜楔等部件组成。采用带变摩擦减振装置的中央枕簧悬挂系统，摇枕弹簧为二级刚度，采用组合式斜楔，斜楔体为贝氏体球墨铸铁，主摩擦板为高分子合成材料；采用直径为 375 mm 的平面下心盘，下心盘与摇枕采用 10.9 级高强度螺栓连接，下心盘内设有导电式尼龙心盘磨耗盘；装用 25 t 轴重 353130B 紧凑型双列圆锥滚子轴承、采用 RE_{2B} 型 50 钢车轴及 HESA 辗钢车轮或 HEZD 铸钢车轮；采用 JC 型双作用弹性旁承；基础制动装置为下拉杆式单侧闸瓦制动装置，采用 L-B 型组合式制动梁，高摩合成闸瓦。转 E22 型转向架结构如图 5-36 所示。

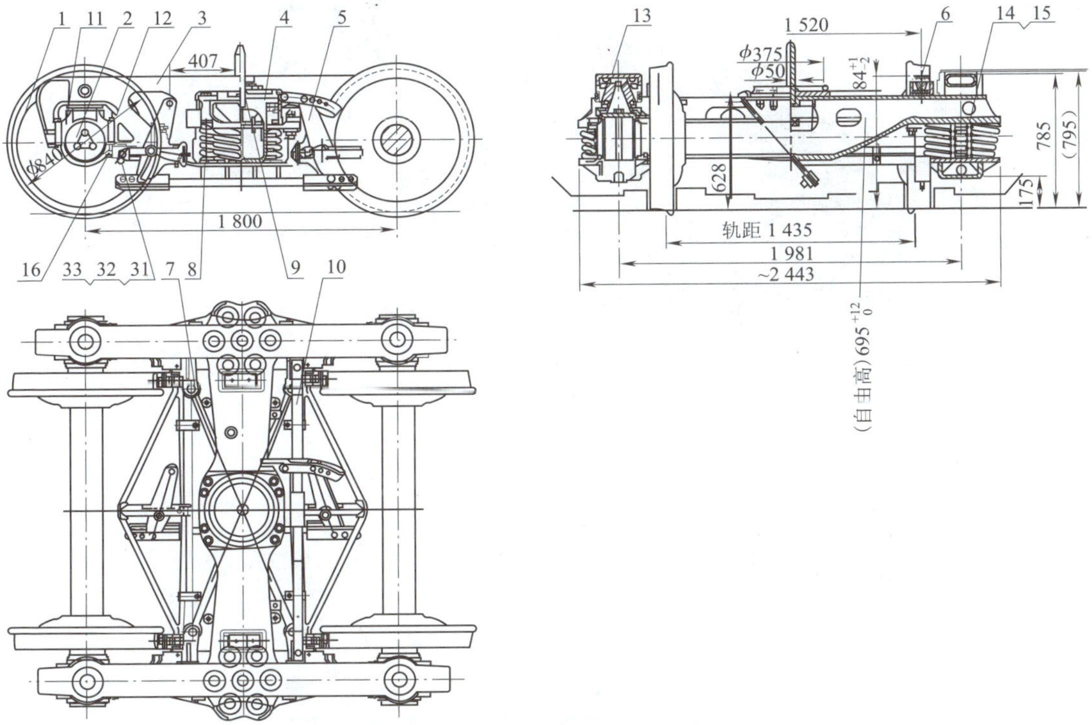

图 5-33　转 E21 型转向架二维图

1—轮对；2—轴承；3—侧架组成；4—摇枕组成；5—基础制动装置；6—弹性旁承；7—弹性交叉杆组成；8—斜楔组成；9—中心销组成；10—横跨梁组成；11—承载鞍；12—承载鞍剪切弹簧；13—轴箱弹簧；14—中央内圆弹簧；15—中央外圆弹簧；16—止挡铁；31—螺栓；32—螺母；33—销

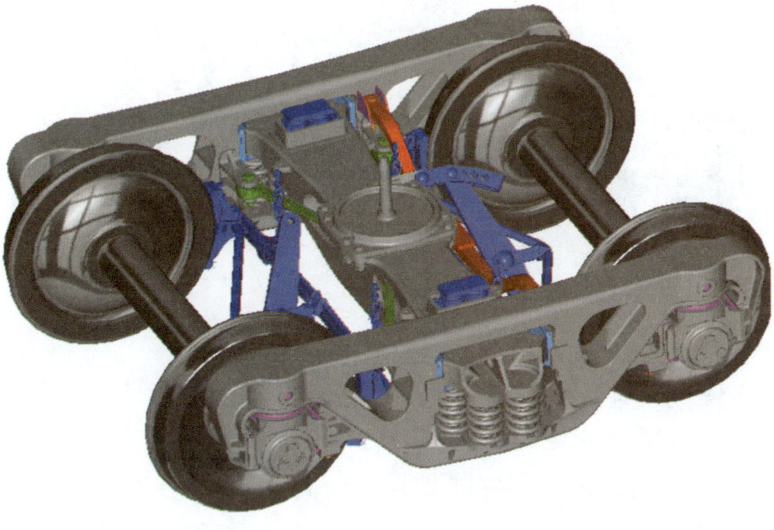

图 5-34　转 E21 型转向架三维图

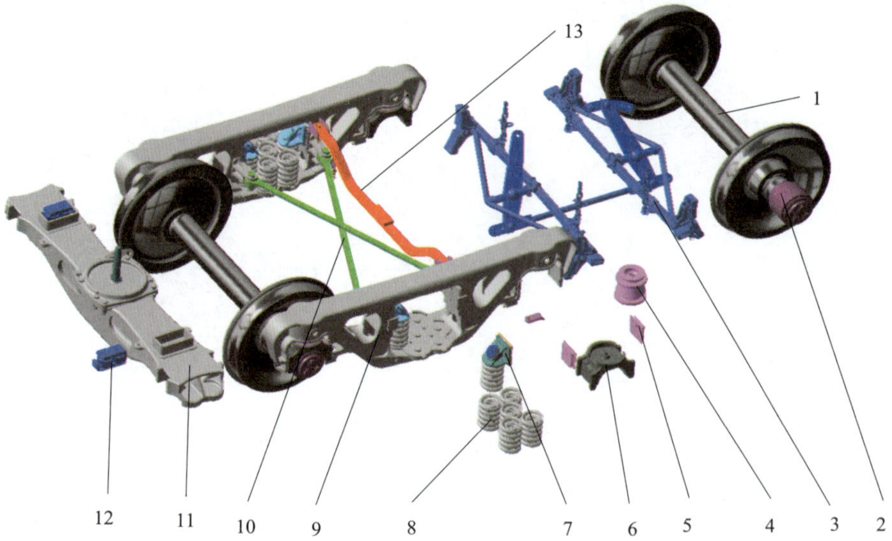

图 5-35　转 E21 型转向架三维爆炸图

1—轮对组成；2—滚动轴承装置；3—基础制动装置；4—轴箱弹簧；5—轴箱纵向弹性垫；6—承载鞍；7—斜楔组成；8—中央悬挂装置；9—侧架组成；10—弹性交叉杆组成；11—摇枕组成；12—弹性旁承；13—横跨梁

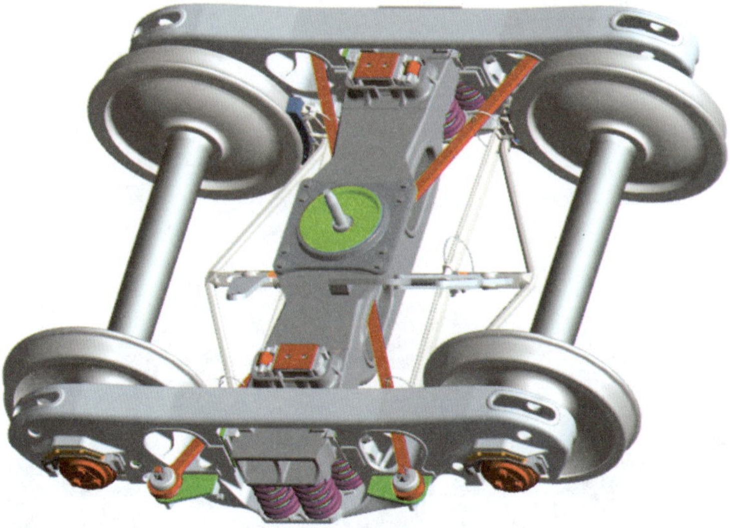

图 5-36　转 E22 型转向架三维图

2. 下交叉支撑转向架

(1)转 8AG(AB)型转向架

转 8AG 型转向架为铸钢三大件式货车转向架，是在转 8A 型转向架基础上，加装交叉支撑装置、心盘磨耗盘、双作用常接触弹性旁承、两级刚度弹簧、奥—贝球铁耐磨衬套。为适应安装两级刚度弹簧，加高了摇枕弹簧定位圆脐。为适应加装交叉支撑装置，采用了新结构下拉杆。其他主要零部件(侧架、摇枕、制动梁、轮对等)与转 8A 型转向架相同。转 8AG(AB)型转向架具体结构如图 5-37、图 5-38 所示。

转 8AB 型转向架是在转 8AG 转向架基础上,为满足车辆 120 km/h 运行可靠需要,综合提高转向架技术水平和性能稳定性进行的完善设计,采用 JC-1 型弹性旁承、组合式斜楔和 45 钢立柱磨耗板、组合式制动梁和高摩合成闸瓦、C 形交叉杆等。

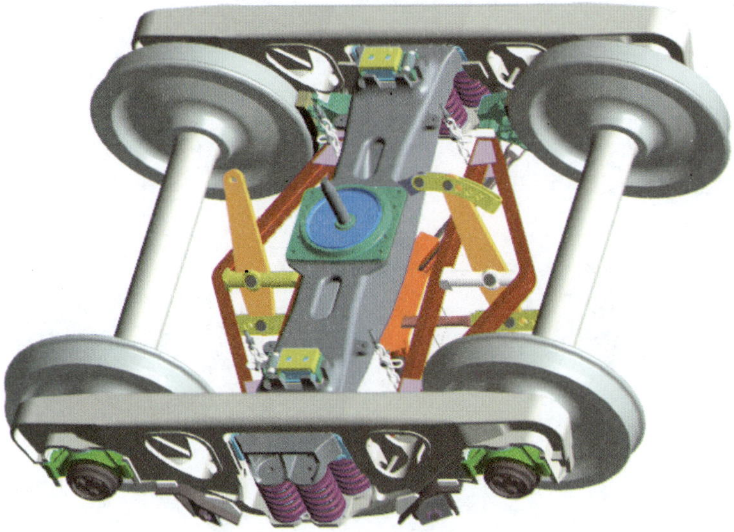

图 5-37　转 8AG(AB)型转向架三维图

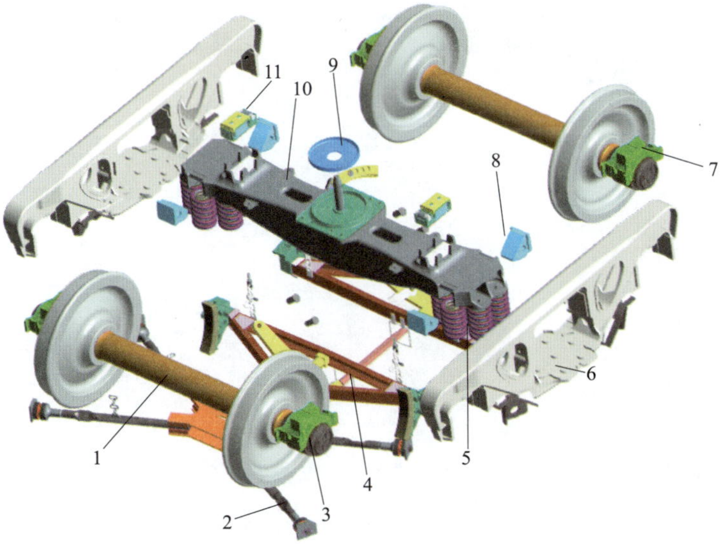

图 5-38　转 8AG(AB)型转向架三维爆炸图

1—轮对组成;2—交叉支撑装置;3—滚动轴承装置;4—基础制动装置;5—弹簧减振装置;6—侧架组成;7—承载鞍;8—斜楔;9—心盘磨耗盘;10—摇枕组成;11—下旁承

(2)转 8G(B)型转向架

转 8G 型转向架为铸钢三大件式货车转向架，是在转 8A 型转向架基础上，采用 B 级钢材质的新结构侧架、支撑座及 47Si2Mn2TiB 材质的立柱磨耗板和嵌入式滑槽磨耗板，加装交叉支撑装置、含油尼龙的心盘磨耗盘、双作用常接触弹性旁承、两级刚度弹簧、奥—贝球铁耐磨衬套，采用了弧形筋的新结构闸瓦托和中部压扁的下拉杆，加高了摇枕弹簧定位圆脐。其余主要零部件与现转 8A 型转向架相同。转 8G(B)型转向架具体结构如图 5-39 所示。

转 8B 型转向架是在转 8G 转向架基础上，为满足车辆 120 km/h 运行可靠需要，综合提高转向架技术水平和性能稳定性进行的完善设计，采用 JC-1 型弹性旁承、组合式斜楔和 45 钢立柱磨耗板、组合式制动梁和高摩合成闸瓦、C 形交叉杆等。

图 5-39　转 8G(B)型转向架三维图

(3)转 K2 型转向架

转 K2 型转向架为铸钢三大件式货车转向架，在两侧架之间安装了弹性下交叉支撑机构，交叉杆从摇枕下面穿过，四个端点用轴向橡胶垫与焊在侧架上的支撑座连接。主要由轮对组成、侧架组成、八字形橡胶垫、摇枕组成、基础制动装置、交叉支撑装置、滚动轴承装置、双作用弹性旁承、斜楔等组成。采用伸缩式挡键。

转 K2 型转向架采用变摩擦减振装置的中央枕簧悬挂系统，摇枕弹簧为二级刚度，采用组合式斜楔，斜楔体为贝氏体球墨铸铁，主摩擦板为高分子合成材料；采用直径为 355 mm 的平面下心盘，下心盘与摇枕采用 10.9 级高强度螺栓连接，下心盘内设有导电式尼龙心盘磨耗盘；采用 JC 型双作用弹性旁承；基础制动装置为中拉杆式单侧闸瓦制动装置，采用 L-B 型组合式制动梁，高摩合成闸瓦。转 K2 型转向架结构如图 5-40、图 5-41、图 5-42 所示。

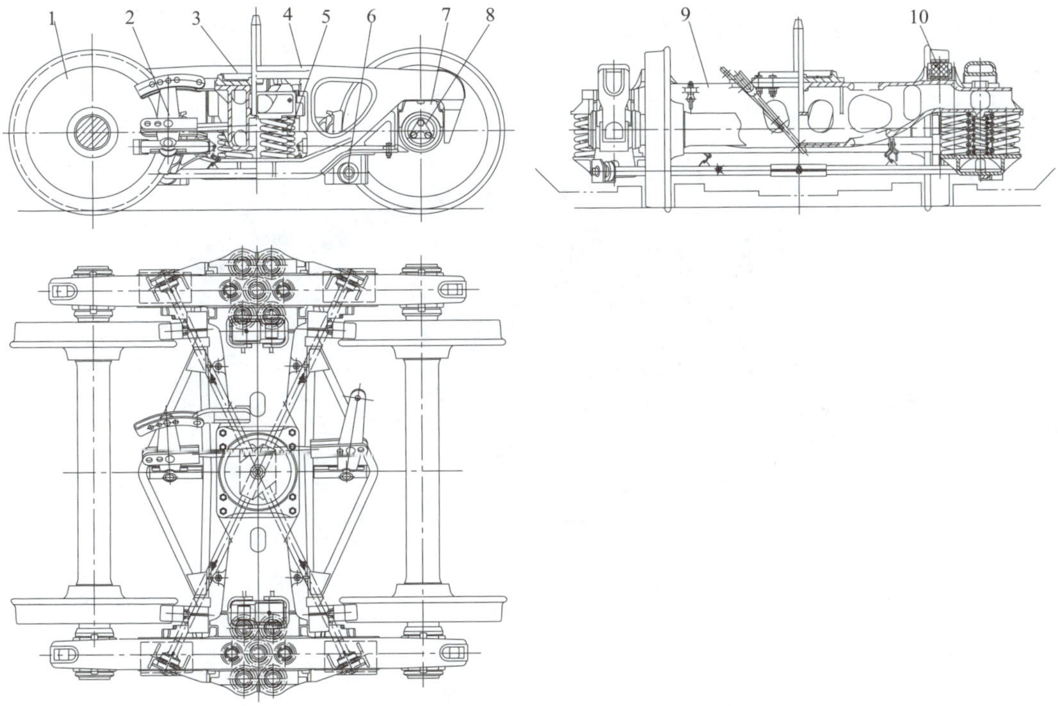

图 5-40　转 K2 型转向架二维图

1—轮对组成；2—基础制动装置；3—心盘磨耗盘；4—侧架组成；5—弹簧及减振装置；6—交叉支撑装置；7—承载鞍；8—滚动轴承；9—摇枕组成；10—JC 型弹性旁承

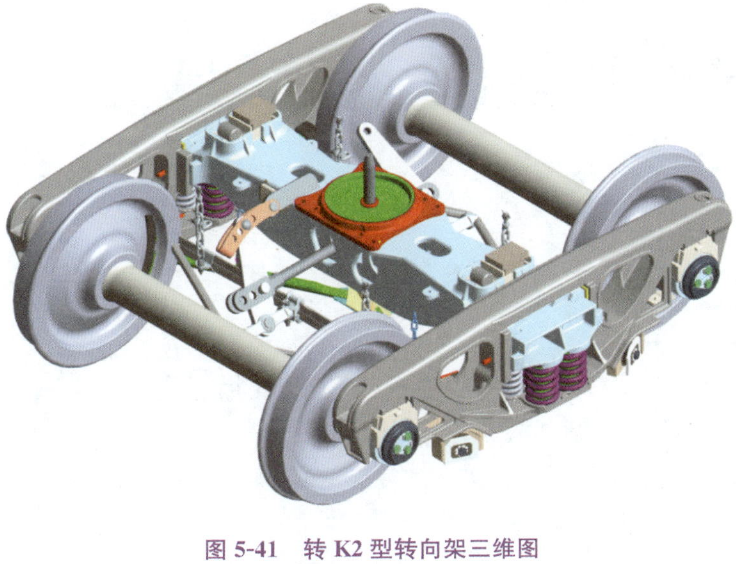

图 5-41　转 K2 型转向架三维图

①轮对及滚动轴承装置

轮对由车轴和车轮压装而成，车轮采用 LM 磨耗型踏面的 HDSA 轻型辗钢或 HDZC 轻型铸钢车轮，车轮材质为 CL60 钢或 ZL-B 钢，车轴为采用 LZW 钢制造的 RD_2 型车轴，滚动轴承装置采用 SKF-197726 或 352226X2RZ 型圆锥滚子轴承。轮轴组成如图 5-43 所示。

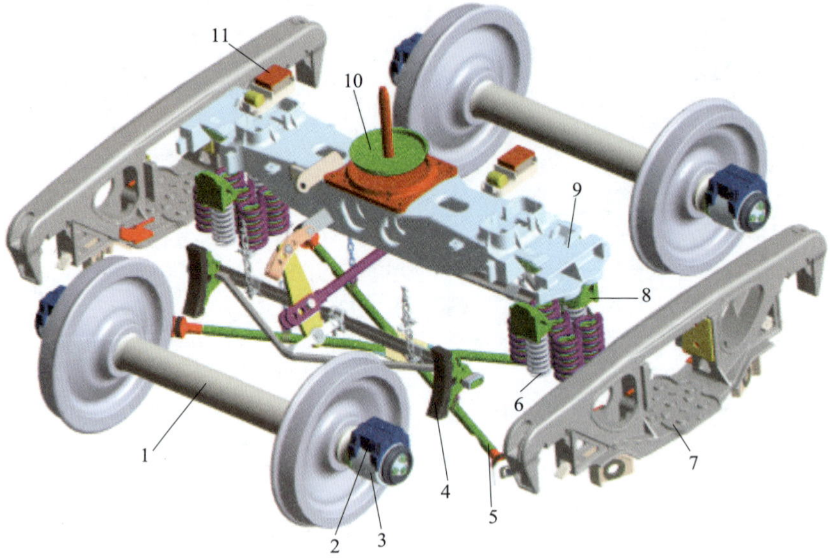

图 5-42　转 K2 型转向架三维爆炸图

1—轮对组成；2—承载鞍；3—滚动轴承；4—基础制动装置；5—交叉支撑装置；
6—弹簧减振装置；7—侧架组成；8—斜楔；9—摇枕组成；10—心盘磨耗盘；11—JC 型弹性旁承

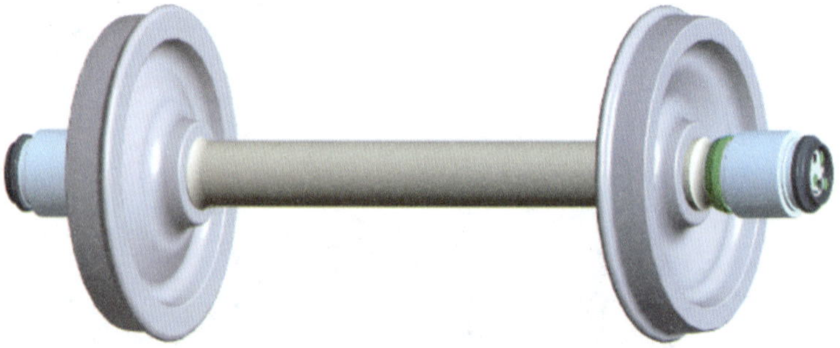

图 5-43　轮轴组成

②侧架组成

侧架组成由侧架、支撑座、立柱磨耗板、滑槽磨耗板等零部件组成。滑槽磨耗板为卡入式，材质为 T10；立柱磨耗板采用两个折头螺栓紧固在侧架立柱上，材质为 45 钢。支撑座与侧架焊接一体，用于安装交叉支撑装置。侧架组成如图 5-44 所示。

③摇枕组成

摇枕组成由摇枕、下心盘、斜面磨耗板、固定杠杆支点座组成等零部件组成。下心盘直径 355 mm，用强度等级 10.9 级的螺栓及强度等级 10 级的防松螺母紧固在摇枕下心盘安装面上，下心盘内装有导电式心盘磨耗盘。摇枕端部斜楔槽内斜面上焊装 0Cr18Ni9 不锈钢斜面磨耗板。摇枕组成如图 5-45 所示。

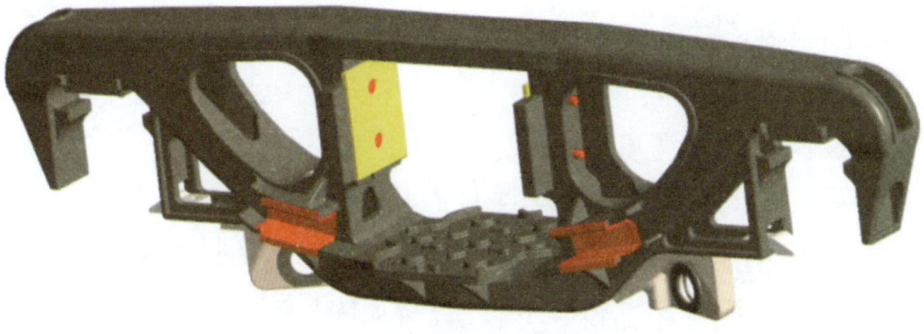

图 5-44　侧架组成

图 5-45　摇枕组成

④中央枕簧悬挂系统及减振装置

中央枕簧悬挂系统及减振装置采用变摩擦减振装置，由组合式斜楔、双卷减振弹簧和摇枕弹簧组成。摇枕弹簧由 5 个外圆弹簧和 5 个内圆弹簧组成，外圆弹簧比内圆弹簧高 22 mm。空车时仅外圆弹簧承载，重车时内圆弹簧和外圆弹簧共同承载，实现空、重车两级刚度。弹簧材质为 60Si2CrVAT 。中央弹簧悬挂系统及组合式斜楔如图 5-46、图 5-47 所示。

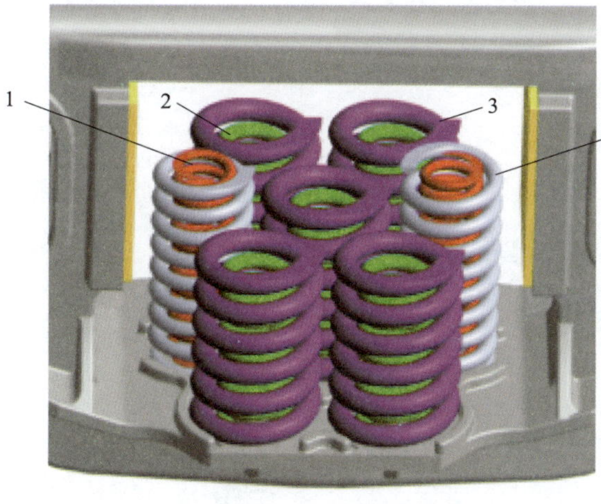

图 5-46　中央弹簧悬挂系统

1—减振内圆弹簧；2—内圆弹簧；3—外圆弹簧；4—减振外圆弹簧

图 5-47　组合式斜楔

⑤基础制动装置

基础制动装置为中拉杆单侧闸瓦制动形式，由 L-B 型左右组合式制动梁、中拉杆、固定杠杆、游动杠杆、固定杠杆支点、新型高摩合成闸瓦和耐磨销套等组成。基础制动装置如图 5-48 所示。

⑥交叉支撑装置

转 K2 型转向架装用的交叉支撑装置共有两种方案。

方案一为螺栓连接结构：由下交叉杆、上交叉杆、交叉杆上扣板、交叉杆下扣板、橡胶垫、双耳垫圈、螺栓、锁紧板等零件组成。具体如图 5-49 所示。

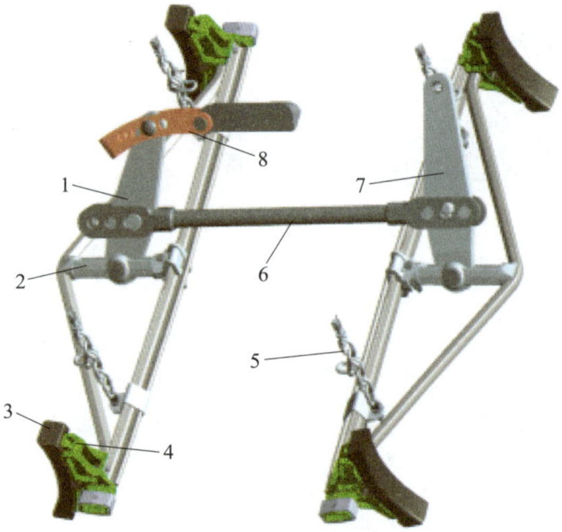

图 5-48　基础制动装置

1—固定杠杆组成；2—组合式制动梁组成；3—闸瓦；4—闸瓦插销；5—制动梁安全链；6—中拉杆；7—游动杠杆组成；8—固定杠杆支点组成

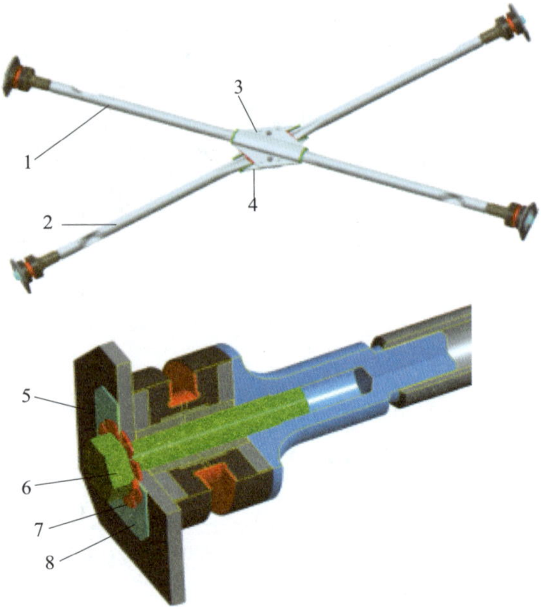

图 5-49　螺栓连接结构交叉杆组成

1—上交叉杆组成；2—下交叉杆组成；3—交叉杆上扣板；4—交叉杆下扣板；5—锁紧板；6—螺栓；7—双耳垫圈；8—标志板

方案二为拉铆钉连接结构：由下交叉杆、上交叉杆、U 形弹性垫、X 形弹性垫、交叉杆扣板、橡胶垫、双耳垫圈、短尾拉铆钉及套环等零件组成。具体如图 5-50 所示。

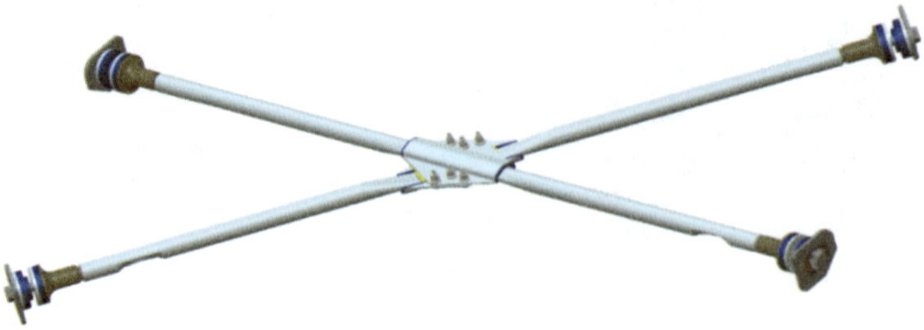

图 5-50　拉铆钉连接结构交叉杆组成

⑦横跨梁总成

为满足空重车自动调整装置的需要，在转向架固定杠杆端或游动杠杆端可安装横跨梁，主要由横跨梁架、触板、托板和安全链等组成。横跨梁结构如图 5-51 所示。

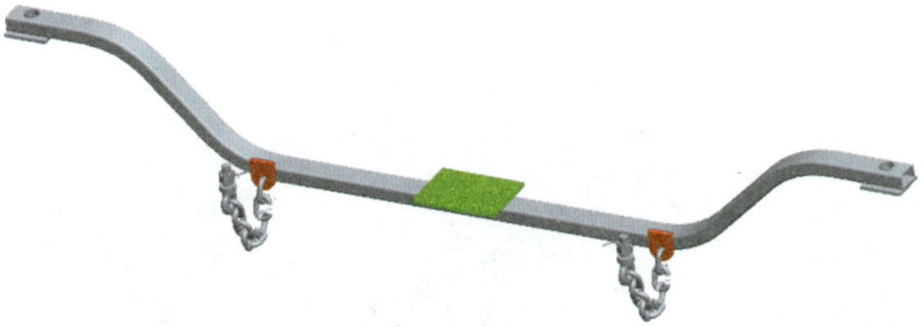

图 5-51　横跨梁组成

(4)转 K6 型转向架

转 K6 型转向架为铸钢三大件式下交叉支撑转向架。主要由轮对组成、侧架组成、橡胶垫、摇枕组成、基础制动装置、交叉支撑装置、滚动轴承装置、双作用弹性旁承、斜楔减振装置等组成，其中交叉支撑装置与转 K2 型转向架相同。采用伸缩式挡键。

一系悬挂采用轴箱弹性剪切垫；二系悬挂采用带变摩擦减振装置的中央枕簧悬挂系统，摇枕弹簧为二级刚度；采用直径为 375 mm 的下心盘，下心盘内设有含油尼龙心盘磨耗盘；采用 JC 型弹性旁承；基础制动装置为中拉杆式单侧闸瓦制动装置，采用 L-B 型组合式制动梁，新型高摩合成闸瓦。转 K6 型转向架结构如图 5-52～图 5-54 所示。

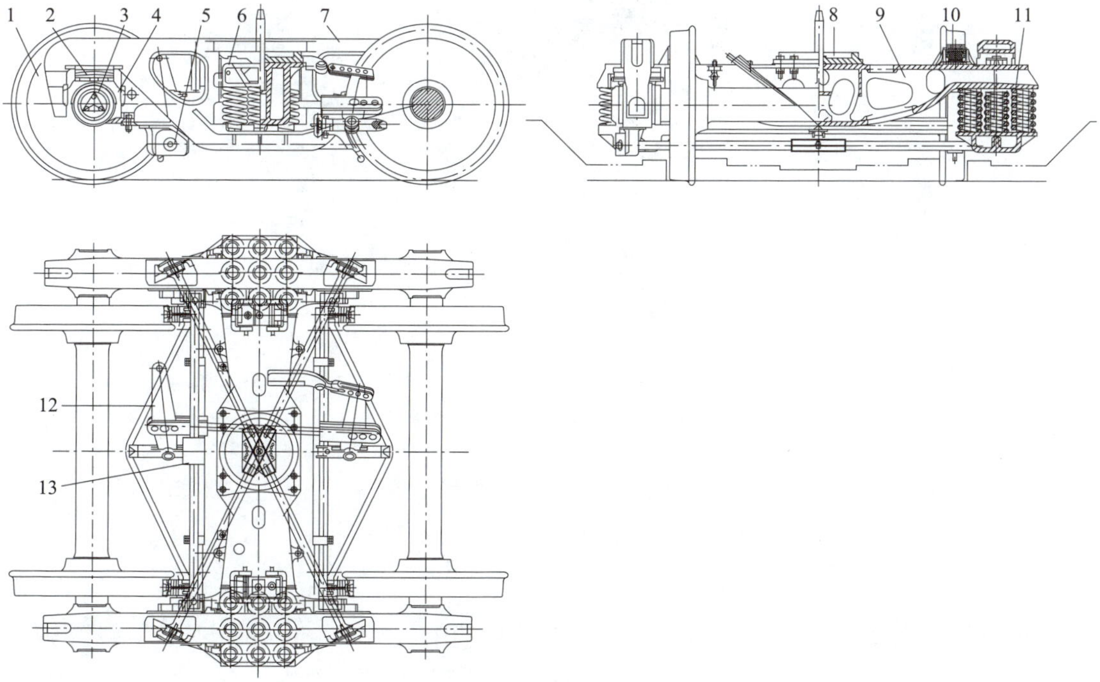

图 5-52　转 K6 型转向架二维图

1—轮对组成；2—轴箱橡胶垫；3—滚动轴承装置；4—承载鞍；5—交叉支撑装置；6—斜楔减振装置；7—侧架组成；8—心盘磨耗盘；9—摇枕组成；10—JC 型弹性旁承；11—摇枕弹簧；12—基础制动装置；13—横跨梁组成

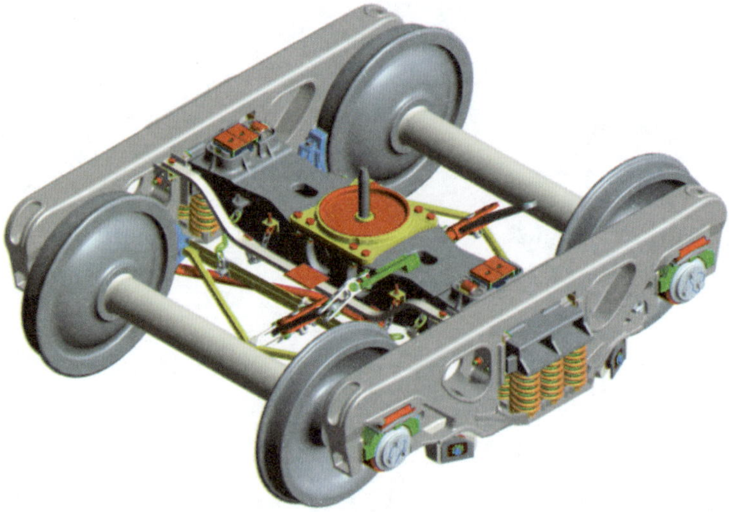

图 5-53　转 K6 型转向架三维图

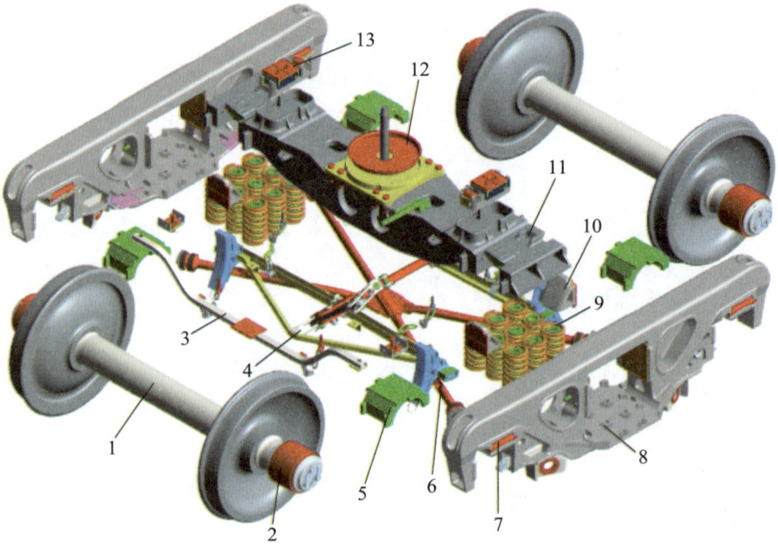

图 5-54　转 K6 型转向架三维爆炸图

1—轮对组成；2—滚动轴承；3—横跨梁组成；4—基础制动装置；5—承载鞍；
6—交叉支撑装置；7—轴箱橡胶垫；8—侧架组成；9—弹簧减振装置；10—组合式斜楔；
11—摇枕组成；12—心盘磨耗盘；13—JC 型弹性旁承

①轮对和滚动轴承装置

轮对组成由车轮、车轴压装而成，车轮采用直径为 840 mm 的 HESA 型辗钢或 HEZD 型铸钢车轮，材质为 CL60 钢或 ZL-B 钢，踏面为 LM 型踏面；车轴采用 LZW 钢制造的 RE_{2B} 型车轴；滚动轴承装置采用 353130B 型紧凑型圆锥滚子轴承。轮轴组成如图 5-55 所示。

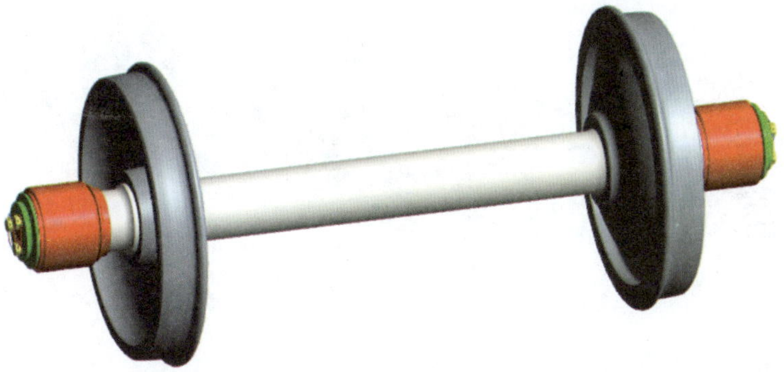

图 5-55　轮轴组成

②侧架组成

侧架组成由侧架、立柱磨耗板、滑槽磨耗板等零部件组成。滑槽磨耗板为卡入式结构，材质为 T10；立柱磨耗板与侧架之间采用 4 个折头螺栓连接，立柱磨耗板材质为 45 钢。支撑座与侧架焊接一体，用于安装交叉支撑装置。侧架组成如图 5-56 所示。

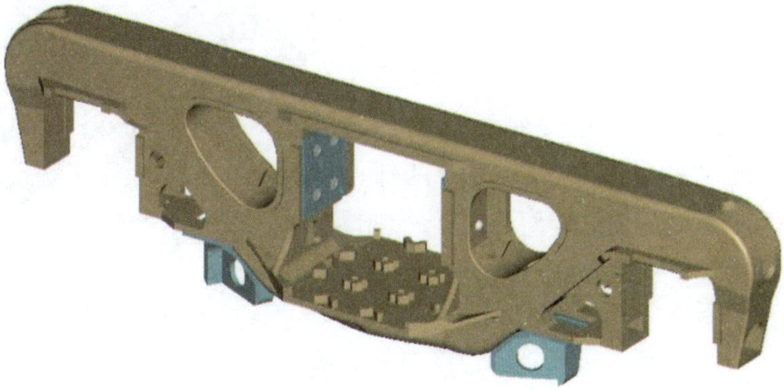

图 5-56　侧架组成

③轴箱橡胶垫

转 K6 型转向架轴箱一系加装了轴箱橡胶垫，橡胶垫主要有上衬板、下衬板、橡胶层和导电铜铰线等组成。轴箱橡胶垫如图 5-57 所示。

④摇枕组成

摇枕组成由摇枕、下心盘、斜面磨耗板、固定杠杆支点座组成等零部件组成。下心盘直径 375 mm，用强度等级 10.9 级的螺栓及强度等级 10 级的防松螺母紧固在摇枕下心盘安装面上，下心盘内装有导电式心盘磨耗盘。摇枕端部斜楔槽内斜面上焊装 0Cr18Ni9 不锈钢斜面磨耗板。摇枕组成如图 5-58 所示。

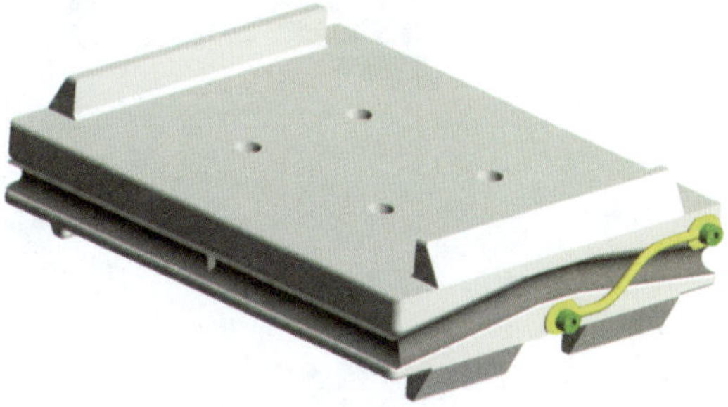

图 5-57　轴箱橡胶垫

图 5-58　摇枕组成

⑤中央枕簧悬挂系统及减振装置

采用变摩擦减振装置，由组合式斜楔、双卷减振弹簧和摇枕弹簧组成。摇枕弹簧由6个外圆弹簧、1个外圆弹簧和7个内圆弹簧组成，外圆弹簧比内圆弹簧高23 mm。空车时仅外圆弹簧承载，重车时内圆弹簧和外圆弹簧共同承载，实现空、重车两级刚度。弹簧材质为60Si2CrVAT。组合式斜楔与转K2型转向架相同。弹簧及减振装置如图5-59所示。

图 5-59　弹簧及减振装置

⑥基础制动装置

基础制动装置为中拉杆单侧闸瓦制动形式，由L-B型左右组合式制动梁、中拉杆、固定杠杆、游动杠杆、固定杠杆支点、链蹄环、新型高摩合成闸瓦和耐磨销套等组成。基础制动装置如图5-60所示。

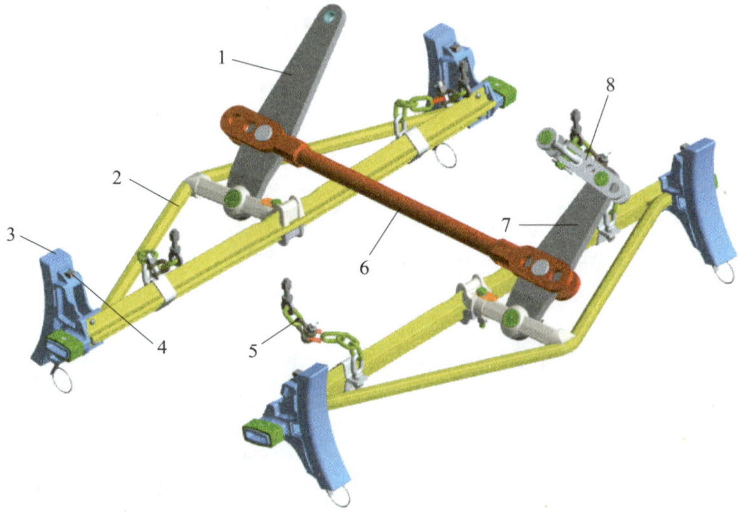

图 5-60　基础制动装置

1—游动杠杆组成；2—组合式制动梁组成；3—高摩闸瓦；4—闸瓦插销；5—制动梁安全链；6—中拉杆；7—固定杠杆组成；8—固定杠杆支点

(5)DZ1 型转向架

DZ1 型交叉支撑转向架为铸钢三大件式货车转向架。主要由轮对组成、滚动轴承组成、侧架组成、摇枕组成、制动装置、弹簧减振装置、弹性旁承组成、轴箱橡胶垫、交叉支撑装置等组成。采用伸缩式挡键，交叉支撑装置、组合式斜楔与转 K2、转 K6 型转向架相同。DZ1 型转向架结构如图 5-61～图 5-63 所示。

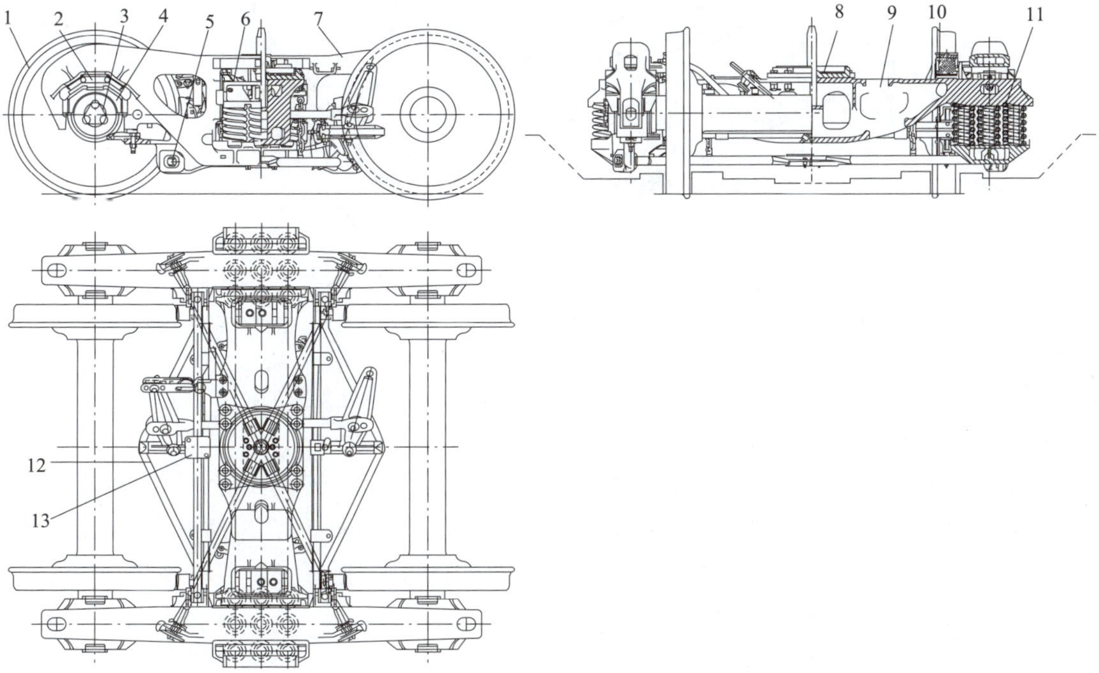

图 5-61　DZ1 型转向架二维图

1—轮对组成；2—轴箱橡胶垫；3—滚动轴承装置；4—承载鞍；5—交叉支撑装置；6—斜楔减振装置；7—侧架组成；8—心盘磨耗盘；9—摇枕组成；10—弹性旁承；11—摇枕弹簧；12—基础制动装置；13—横跨梁组成

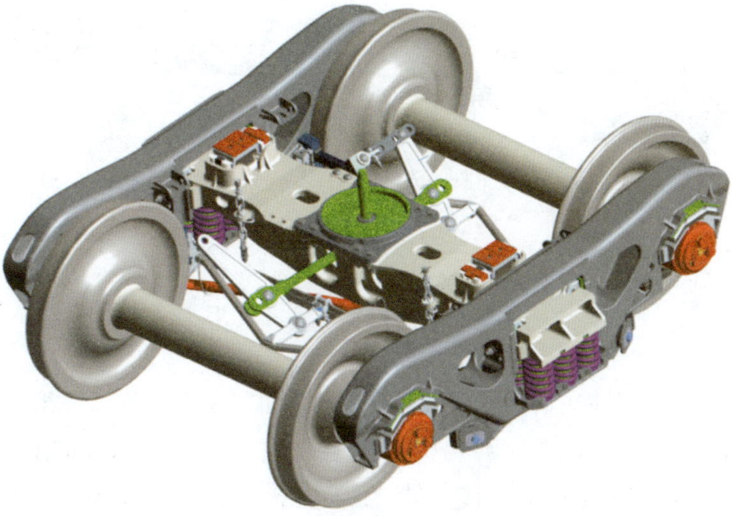

图 5-62　DZ1 型转向架三维图

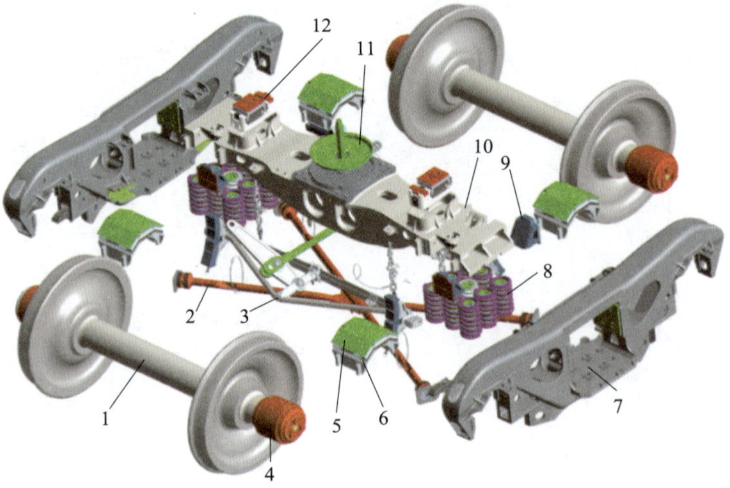

图 5-63　DZ1 型转向架三维爆炸图

1—轮对组成；2—交叉支撑装置；3—基础制动装置；4—滚动轴承；5—TJC-1 型轴箱橡胶垫；
6—JF-1 型承载鞍；7—侧架组成；8—弹簧减振装置；9—组合式斜楔；
10—摇枕组成；11—心盘磨耗盘；12—CJC-1 型弹性旁承

①轮对和滚动轴承装置

轮对组成由车轮、车轴压装而成，车轮采用直径为 915 mm 的 HFS 型辗钢或 HFZ 型铸钢车轮，材质为 CL70 钢或 ZL-C 级钢，踏面为 LM 型踏面；车轴采用 LZ45CrV 或 LZW 钢制造的 RF_2 型车轴；滚动轴承装置采用 353132A、353132B 型或经批准的其他圆锥滚子轴承。轮轴组成如图 5-64 所示。

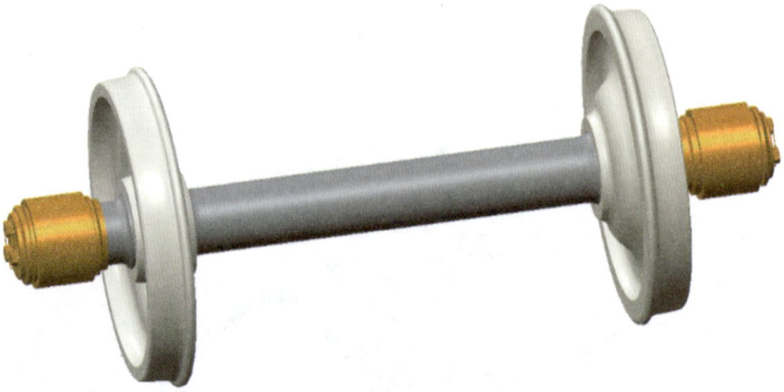

图 5-64　轮轴组成

②侧架组成

侧架组成由侧架、立柱磨耗板、CHM-1 型滑槽磨耗板等零部件组成。滑槽磨耗板为卡入式结构，材质为 T10；立柱磨耗板与侧架之间采用 4 个折头螺栓连接，立柱磨耗板材质为 45 钢。支撑座与侧架焊接一体，用于安装交叉支撑装置。侧架组成如图 5-65 所示。

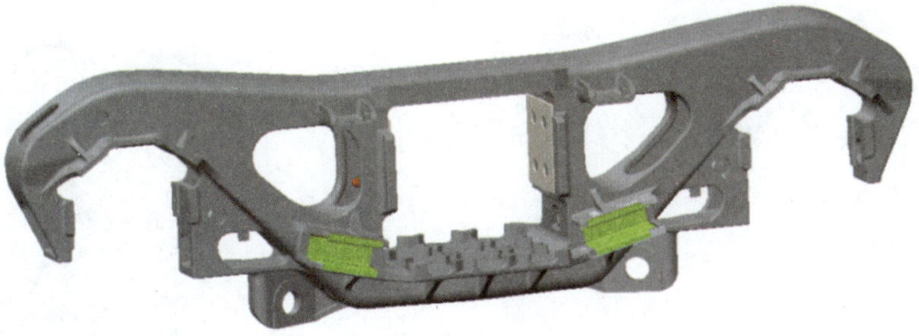

图 5-65 侧架组成

③轴箱橡胶垫

采用八字形结构 TJC-1 型轴箱橡胶垫，主要由上、下衬板与橡胶硫化在一起，设有与侧架和承载鞍定位挡边，上、下衬板间设置内置导电结构。配套采用材质为 B+级钢的 JF-1 型承载鞍。TJC-1 型橡胶垫和 JF-1 型承载鞍如图 5-66 所示。

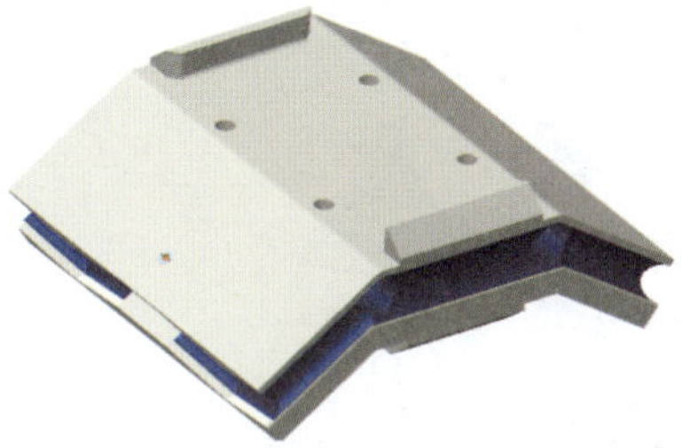

(a) 橡胶垫

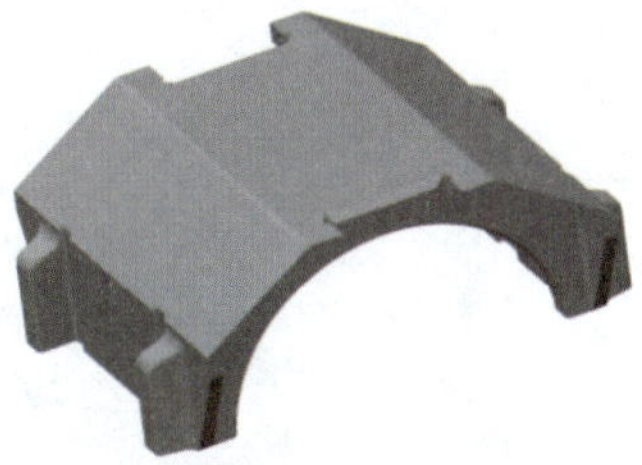

(b) 承载鞍

图 5-66 TJC-1 型橡胶垫和 JF-1 型承载鞍

④摇枕组成

摇枕采用符合 B+级钢整体芯铸造。采用具有防松功能的螺栓连接 BML-1 型摇枕斜面磨耗板，摇枕侧面铸有制动梁安全链安装座，顶部两侧铸有高挡边摇枕旁承盒，摇枕中部孔适应装用集成制动装置和中拉杆制动系统。固定杠杆支点安装座与摇枕间采用拉铆钉连接。下心盘直径为 375 mm，采用 10.9 级的 M24 螺栓及 10 级的防松螺母与摇枕下心盘面连接。下心盘安装与转 K6 型转向架相同的导电式心盘磨耗盘，心盘磨耗盘材质为尼龙。摇枕组成如图 5-67 所示。

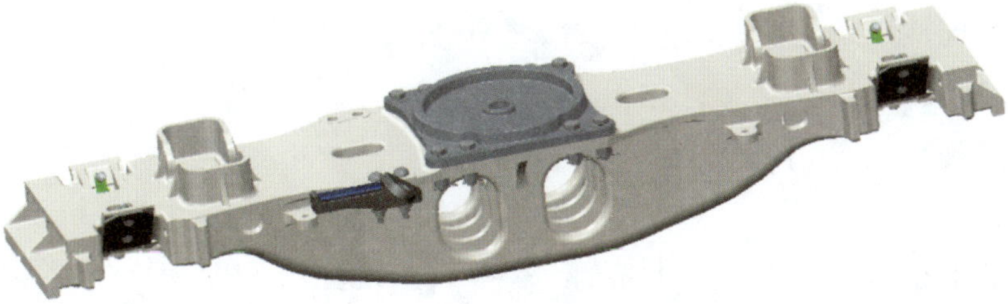

图 5-67 摇枕组成

⑤中央弹簧悬挂系统及减振装置

采用变摩擦减振装置，由组合式斜楔、双卷减振弹簧和摇枕弹簧组成。摇枕弹簧由6个外圆弹簧、1个外圆弹簧和7个内圆弹簧组成，外圆弹簧比内圆弹簧高23 mm，实现空、重车两级刚度。弹簧材质为60Si2CrVAT。组合式斜楔与转K6型转向架相同。摇枕弹簧及斜楔减振装置如图5-68所示。

图5-68　摇枕弹簧及斜楔减振装置

⑥基础制动装置

基础制动装置为中拉杆结构的单侧闸瓦制动形式，由L-B1型左右组合式制动梁、中拉杆、固定杠杆、游动杠杆、固定杠杆支点、GM915D型高摩合成闸瓦和耐磨销套等组成。可采用BAB-1或DAB型集成制动装置。基础制动装置如图5-69所示。

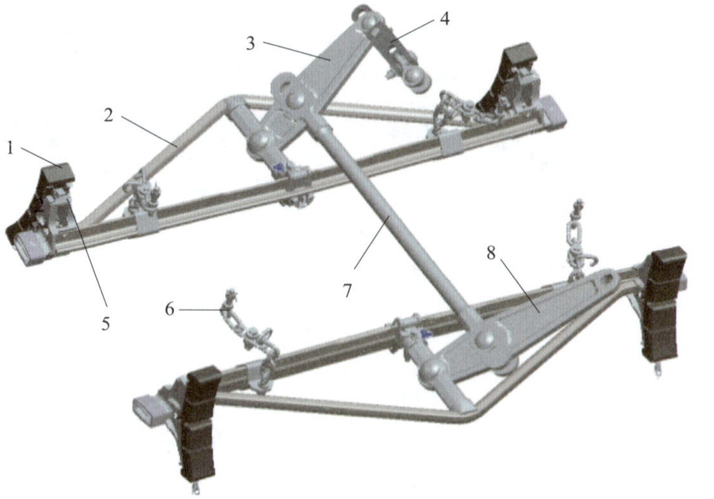

图5-69　基础制动装置

1—GM915D型高摩合成闸瓦；2—L-B1型组合式制动梁；3—固定杠杆；4—固定杠杆支点；5—闸瓦插销；6—制动梁安全链；7—中拉杆；8—游动杠杆

⑦交叉支撑装置

采用拉铆连接结构的交叉支撑装置，与转K2、转K6型转向架相同。主要由上交叉杆组成、下交叉杆组成、交叉杆扣板、轴向橡胶垫、锁紧板、双耳垫圈、螺栓等零部件组成。交叉支撑装置如图5-70所示。

⑧横跨梁总成

为满足空重车自动调整装置的需要，在转向架游动杠杆端安装HKL-2型横跨梁，在固定杠杆端安装HKL-1型横跨梁。横跨梁组成如图5-71所示。

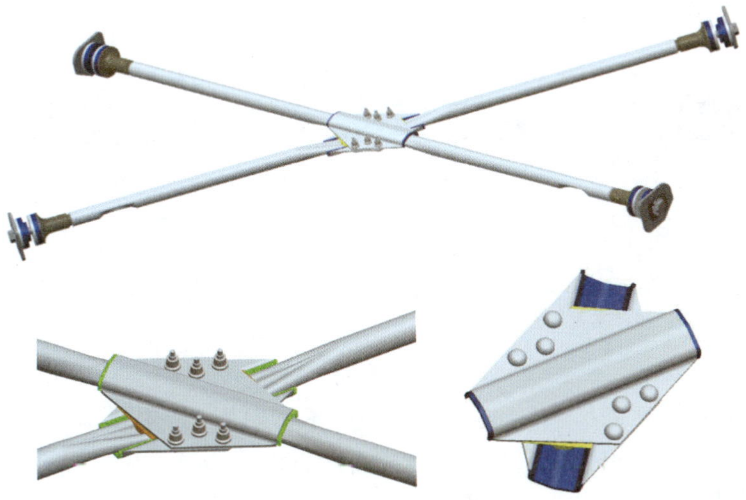

图 5-70　交叉支撑装置

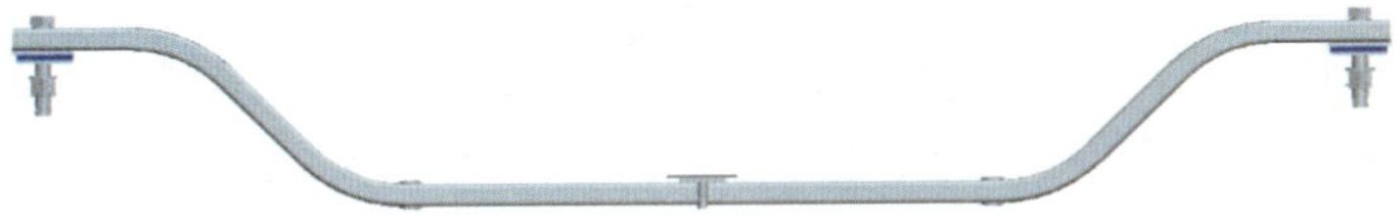

（a）HKL-1型横跨梁

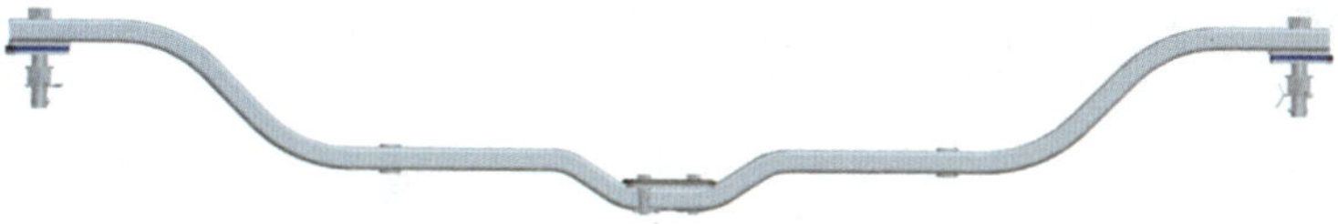

（b）HKL-2型横跨梁

图 5-71　横跨梁组成三维图

⑨弹性旁承

DZ1 型转向架采用的弹性旁承按是否有弹性侧板分为 CJC-1 和 CJC-2、CJC-3、CJC-5 型等弹性旁承，如图 5-72、图 5-73 所示。CJC 系列旁承的适应范围推荐见表 5-13。

图 5-72　CJC-1 型弹性旁承

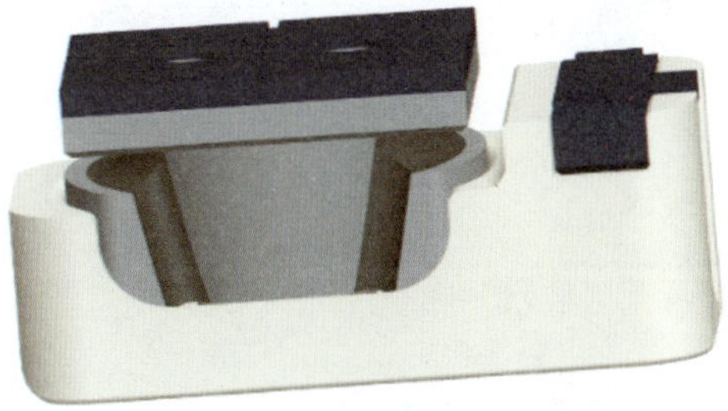

图 5-73　CJC-2 型弹性旁承

带弹性侧板的目前有 CJC-1 型弹性旁承，由弹性旁承体组成、侧板组成、支承磨耗板组成、旁承座、调整垫板和挡铁等零部件组成。

不带弹性侧板结构的旁承有 CJC-2、CJC-3 和 CJC-5 型弹性旁承，由弹性旁承体组成、支承磨耗板组成、旁承座、调整垫板和挡铁等零部件组成。CJC-3、CJC-5 型弹性旁承与 CJC-2 结构相同，使用刚度不同。

表 5-13　CJC 系列旁承的适用范围推荐

结构形式	旁承型号	刚度(MN/m)	名义旁承间隙(mm)	适用车型
有弹性侧板	CJC-1 型	1.4	7	C_{80E}、P_{80}、C_{96} 等
无弹性侧板	CJC-2 型	1.4	7	C_{80E}、P_{80}、C_{96} 等
	CJC-3 型	1.1	7	KM_{98} 等
	CJC-5 型	1.7	≥10	SQ_{8} 等大自重车辆

注：具体装用车型以图样和技术文件为准。

(6)DZ4 型转向架

DZ4 型交叉支撑转向架为铸钢三大件式货车转向架，其主要结构与 DZ1 型转向架基本相同。主要由轮对组成、滚动轴承组成、侧架组成、摇枕组成、制动装置、弹簧减振装置、弹性旁承组成、轴箱橡胶垫、交叉支撑装置、横跨梁等组成。采用伸缩式挡键。

摇枕、侧架采用 B+级铸钢铸造，横跨梁托座和支撑座与侧架铸造一体，侧架不设轴距标志，不铲豆，无条件互换；采用 ZX-1 型组合式斜楔，主摩擦板采用高分子复合材料；采用两级刚度弹簧；采用直径为 419 mm 的下心盘，下心盘内装用 MP419×50 型导电式心盘磨耗盘；采用 BAB-1 型或 DAB-1 型集成制动装置或杠杆制动装置，采用奥—贝球铁衬套、组合式制动梁，采用 GM915D 型高摩合成闸瓦。DZ4 型转向架结构如图 5-74～图 5-76 所示。

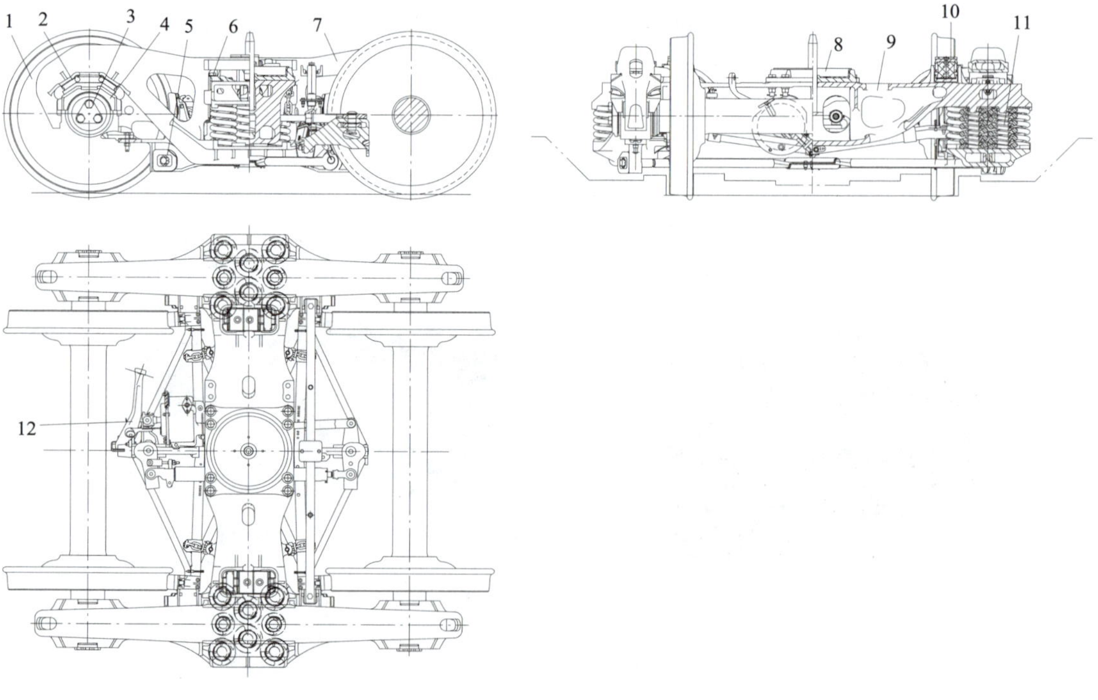

图 5-74　DZ4 型转向架二维图

1—轮对组成；2—轴箱橡胶垫；3—滚动轴承装置；4—承载鞍；5—交叉支撑装置；6—斜楔减振装置；7—侧架组成；8—心盘磨耗盘；9—摇枕组成；10—弹性旁承；11—摇枕弹簧；12—集成制动装置

采用与转 K2、转 K6 型转向架相同的下交叉支撑装置；轮轴组成、TJC-1 型轴箱橡胶垫、CJC 系列双作用弹性旁承、横跨梁组成、JF-1 型承载鞍、侧架立柱磨耗板、CHM-1 型滑槽磨耗板、BLM-1 型摇枕斜面磨耗板等与 DZ1 型转向架相同。

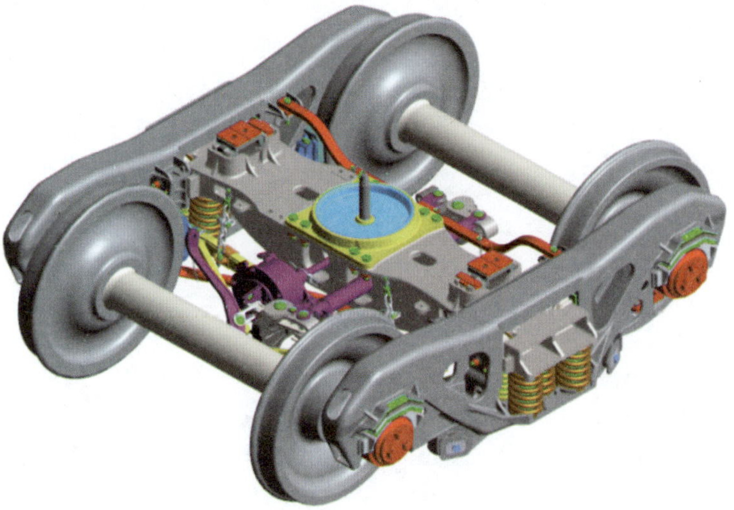

图 5-75 DZ4 型转向架三维图

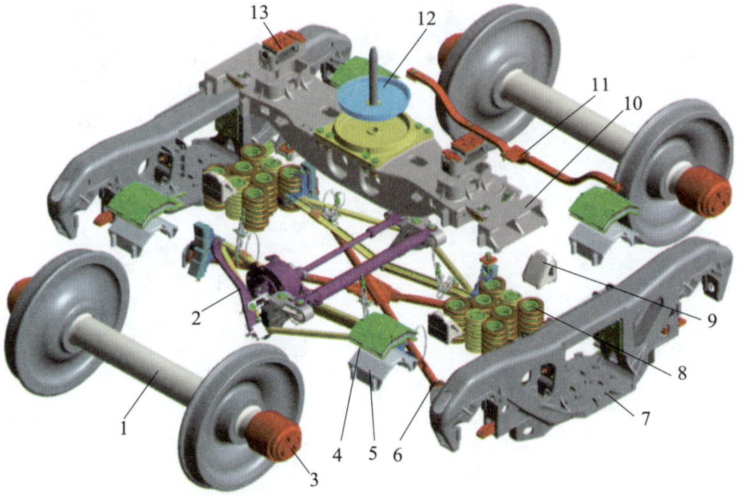

图 5-76 DZ4 型转向架三维爆炸图

1—轮对组成；2—BAB-1 型集成制动装置；3—滚动轴承；4—TJC-1 型轴箱橡胶垫；5—JF-1 型承载鞍；6—交叉支撑装置；7—侧架组成；8—弹簧减振装置；9—ZX-1 型组合式斜楔；10—摇枕组成；11—HKL-2 型横跨梁组成；12—MP419×50 型磨耗盘；13—CJC 系列弹性旁承

①集成制动装置

转向架集成制动装置是指将制动缸和闸调器集成在转向架上、提高制动系统性能和可靠性的一种制动装置，包括 BAB 型和 DAB 两种形式，可根据装用车型不同采用不同结构形式和配置方案。

BAB 型集成制动装置包括 BAB-1 型和 BAB-2 型，适应 915 mm 轮径 BAB 型集成制动装置型号为 BAB-1 型，适应 840 mm 轮径 BAB 型集成制动装置型号为 BAB-2 型。每种型号还可根据制动缸规格、制动倍率、闸调器规格以及适用车轮直径的不同采用不同配置，标记方法为：

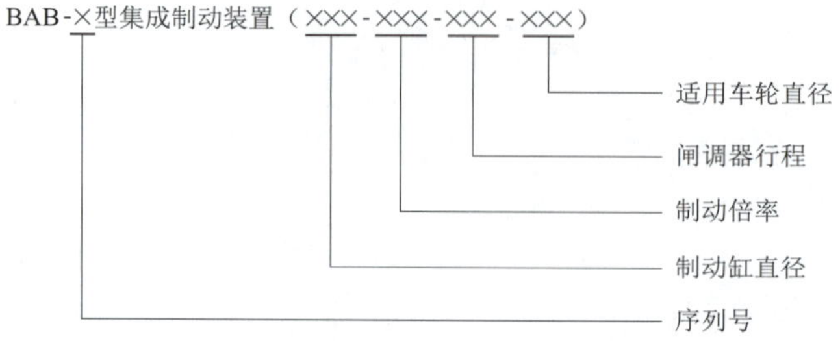

BAB-1 型集成制动装置主要装用在 27 t、30 t 轴重铁路货车上，由 BLB-1 型制动梁、JBC 型制动缸、YST 型闸调器、制动推杆、制动杠杆及配套连接圆销等组成。BAB-1 型集成制动装置如图 5-77 所示。

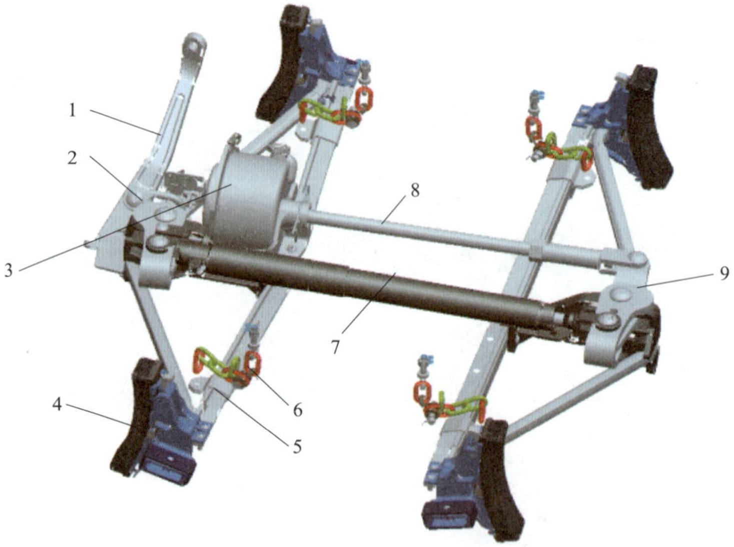

图 5-77　BAB-1 型集成制动装置

1—手制动杠杆；2—杠杆组成(1)；3—JBC 型制动缸；
4—GM915D 型闸瓦；5—BLB-1 型制动梁；6—制动梁安全链；
7—YST 型压缩式闸调器；8—推杆组成；9—杠杆组成(2)

BAB-2 型集成制动装置主要装用在 25 t 轴重铁路货车上，由 BLB-2 型制动梁、JBC 型制动缸、YST 型闸调器、制动推杆、制动杠杆及配套连接圆销等组成。BLB-2 型集成制动装置如图 5-78 所示。

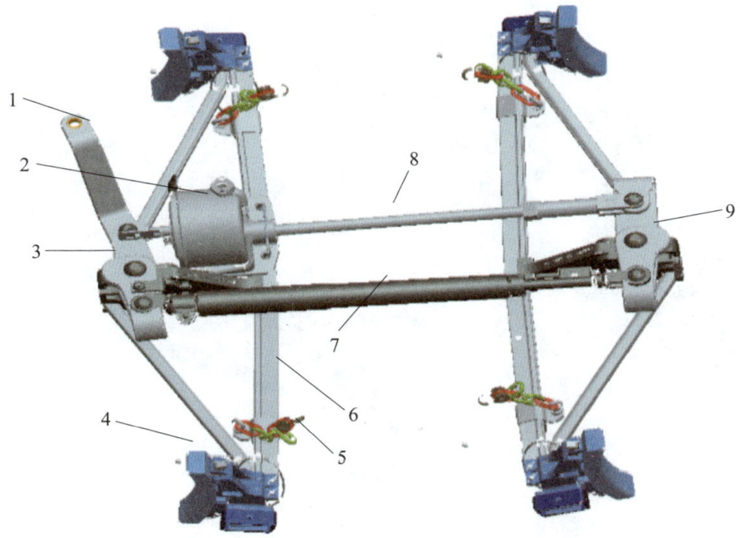

图 5-78 BAB-2 型集成制动装置

1—手制动杠杆；2—JBC 型制动缸；3—杠杆组成(1)；4—高摩合成闸瓦；5—BLB-2 型制动梁；
6—制动梁安全链；7—YST 型压缩式闸调器；8—推杆；9—杠杆组成(2)

DAB 型集成制动装置分为带手制动和不带手制动两种形式，包括 DAB-1 型等，采用 L-B 系列制动梁的 DAB 型集成制动装置型号为 DAB-1 型。每种型号还可根据制动缸规格、制动倍率、闸调器调整能力以及适用车轮直径的不同采用不同配置，标记方法为：

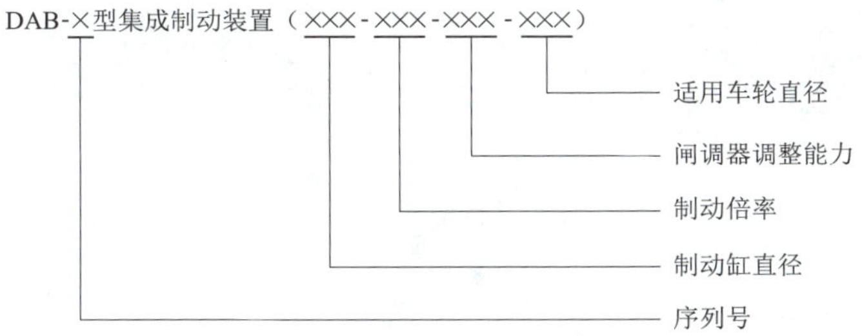

带手制动的 DAB-1 型集成制动装置由 L-B 系列制动梁、DAB 型单元制动缸(带手制动)、制动杠杆及配套连接销等组成，如图 5-79 所示。

不带手制动的 DAB-1 型集成制动装置由 L-B 系列制动梁、DAB 型单元制动缸、制动杠杆及配套连接销等组成，如图 5-80 所示。

②ZX-1 型组合式斜楔

ZX-1 型组合式斜楔与转 K6、DZ1 型转向架装用的组合式斜楔基本相同，主要由斜楔体、主摩擦板、调整垫圈和开口销等组成，斜楔体材质为贝氏体球墨铸铁。为满足 30 t 轴重货车需要，斜楔副摩擦面与水平面间角度变为 56°。ZX-1 型组合式斜楔结构如图 5-81 所示。

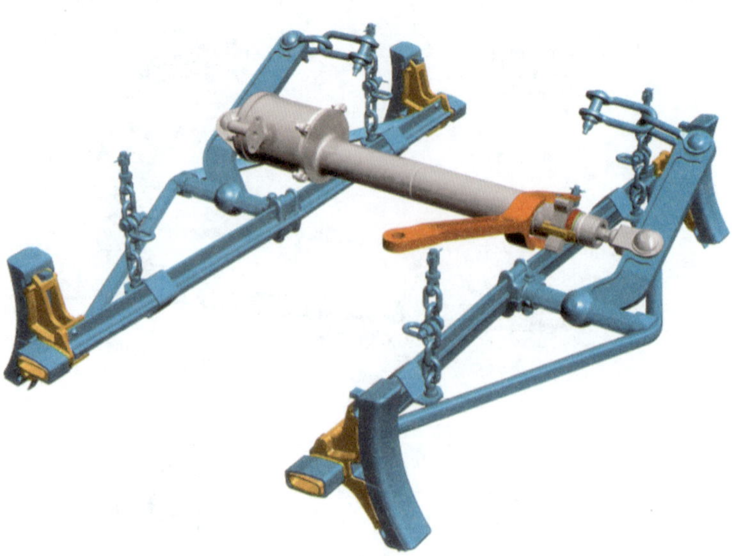

图 5-79　带手制动的 DAB-1 型集成制动装置

图 5-80　不带手制动的 DAB-1 型集成制动装置

图 5-81　ZX-1 型组合式斜楔

第三节　技术参数及配置

我国铁路货车装用的交叉支撑转向架主要技术参数及配置见表 5-14。

表 5-14　交叉支撑转向架主要技术参数及配置

参　数	转 8 系列	转 E21	转 E22	转 K2	转 K6	DZ1	DZ4
轴重(t)	21	25	25	21	25	27	30
自重(t)	≤4.2	4.5	4.7	4.2	4.8	5.1	5.3
固定轴距(mm)	1 750	1 800	1 830	1 750	1 830	1 860	1 860
轴颈中心距(mm)	1 956	1 981	1 981	1 956	1 981	2 006.6	2 006.6
车轮直径(mm)	840	840	840	840	840	915	915
心盘直径(mm)	308	375	375	355	375	375	419
心盘面自由高(mm)	702^{+10}_{0}	695^{+10}_{0}	702^{+10}_{0}	710^{+10}_{0}	694^{+10}_{0}	693^{+10}_{0}	704^{+10}_{0}
旁承中心距(mm)	1 520	1 520	1 520	1 520	1 520	1 520	1 520
中央悬挂空车刚度(N/mm)	6 016	—	6 000	5 768	5 568	5 304	5 604
中央悬挂重车刚度(N/mm)	10 540	—	10 800	9 666	9 790	12 020	13 280
制动倍率	6.5	5.78	6.5	4	4	4	5.3
最高运行速度(km/h)	100	100	100	120	120	100	100
车轴型号	RD_2	RE_{2A}或 RE_{2B}	RE_{2A}或 RE_{2B}	RD_2	RE_{2A}或 RE_{2B}	RF_2	RF_2
车轮型号	HDSA 或 HDZC	HESA 或 HEZD	HESA 或 HEZD	HDSA 或 HDZC	HESA 或 HEZD	HFS 或 HFZ	HFS 或 HFZ
侧架型号	转 8AG/转 8G 型	转 E21 型	转 E22 型	转 K2 型	转 K6 型	DZ1 型	DZ4 型
摇枕型号	转 8AG 型	转 E21 型	转 E22 型	转 K2 型	转 K6 型	DZ1 型	DZ4 型
制动梁型号	L-B	L-C	L-B	L-B	L-B	L-B1	BLB-1
制动拉杆形式	下拉杆	下拉杆	下拉杆	中拉杆	中拉杆	中拉杆	集成制动
旁承	JC-1 型	—	JC 型	JC 型	JC 型	CJC 系列	CJC 系列
心盘磨耗盘	转 8AG 型	—	转 K6 型	转 K2 型	转 K6 型	转 K6 型	MP419×50
闸瓦	高摩闸瓦	高摩闸瓦	高摩闸瓦	高摩闸瓦	高摩闸瓦	GM915D 型	GM915D 型

注:心盘面自由高为含心盘磨耗盘的尺寸。

第六章　摆动式转向架

我国铁路货运主型转向架主要有交叉支撑转向架、摆动式转向架、副构架转向架。本章节介绍摆动式转向架在我国的发展历程、技术特征、基本组成及参数配置。从转K4型转向架引进、消化吸收到转K5型转向架的自主创新、再到DZ2和DZ5型转向架的低动力技术引领，摆动式转向架具有良好的长期运行性能稳定性、良好的横向动力学性能、低轮轨作用力、磨耗件磨耗轻微的特点。侧架可摆动技术自20世纪70年代成功应用以来，经过近50年的发展，在中国得到了继承和创新发展，实现了货车转向架的垂向和横向的低动力特性，形成了我国的摆动式转向架，并实现了完全国产化。

采用弹簧托板摆动装置、两级刚度弹簧、耐磨心盘磨耗盘、弹性旁承、组合式制动梁、耐磨衬套等新技术研制的转向架有转K4型、转K5型、DZ2型和DZ5型侧架摆动式转向架，形成21 t、23 t(25 t)、27 t和30 t轴重系列摆动式转向架，运营速度从原来的70 km/h提高到提速货车120 km/h、重载货车100 km/h。

弹簧托板摆动技术一方面提高转向架抗菱刚度，抑制车辆蛇行运动，提高空车抗脱轨安全性，显著改善了既有传统三大件转向架动力学性能；另一方面使转向架横向具有两级刚度特性，增加了车辆的横向柔性，降低了轮轨间的横向作用力和磨耗，提高了车辆的运行品质。多年的运用实践表明，摆动式转向架具有优良的动力学性能稳定性，车轮、斜楔、承载鞍、立柱磨耗板等磨耗件的磨耗明显降低，运用安全性有较大提高。摆动式转向架在我国铁路货车上广泛应用，至今装车4万余辆，转向架运行性能稳定、可靠性高，很好的适应了我国铁路“客货混跑、高效周转、安全第一”的使用要求，保证了铁路货物运输安全，满足了我国国民经济又好又快发展需要。

摆动式转向架按轴箱结构不同分为两种，如图6-1所示。一种为一系刚性接触的摆动式转向架，承载鞍与侧架间通过锻造的导框摇动座连接，转K4、转K5型转向架属于一系刚性接触的摆动式转向架。另一种为一系弹性悬挂的摆动式转向架，承载鞍与侧架间由轴箱橡胶弹簧、轴箱纵向弹性垫等弹性元件连接定位，DZ2型、DZ5型转向架属于一系弹性悬挂的摆动式转向架。

（a）一系刚性接触结构

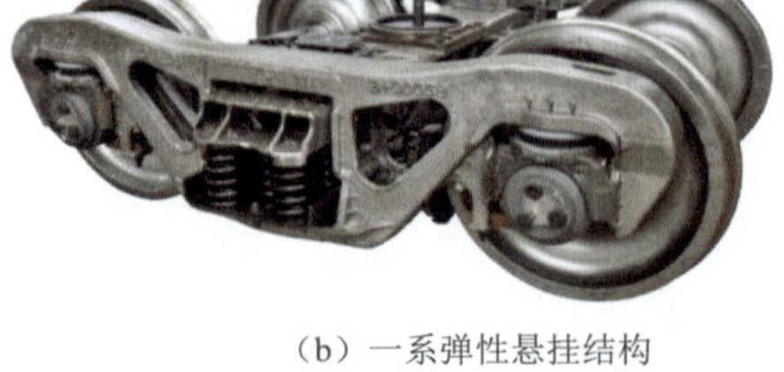

（b）一系弹性悬挂结构

图6-1　摆动式转向架

第一节 摆动式转向架概述

一、转 K4 型转向架

为了更好地将先进、成熟的摆动式转向架技术应用于我国铁路货车，按照我国国标和铁标的有关要求进行改进设计、样机研制，完成了侧架、摇枕、摇动座的静载荷、疲劳试验，弹簧疲劳试验，旁承耐久性试验，侧架、摇枕及弹簧托板的动应力试验，进行了转向架抗菱刚度和回转阻力矩等参数测试和优化。先后装用于 C_{64H} 型、G_{60H} 型、NX_{17BH} 型等多种铁路货车进行线路动力学试验，最高试验运行速度达 146 km/h。结果表明：该摆动式转向架的各项动力学性能数据优良，满足我国铁路货车最高运行速度 120 km/h 的运用要求。

2001 年，该摆动式转向架定型为转 K4 型转向架，如图 6-2 所示。其性能满足我国货车提速的要求，可在多种车型上装车。2002 年开始批量生产，在批量生产转 K4 型转向架的过程中，对国外各项制造技术进行了全面的消化吸收，制造了多种适于生产摆动式转向架的生产设备和装备，实现了全部零部件的国产化，是我国 60 t 级通用货车主型转向架之一。2006 年停止新造。

图 6-2 转 K4 型转向架

二、转 K5 型转向架

为研制满足我国特色提速重载并举的重载货车转向架，以转 K4 型转向架为基础，设计了具有自主知识产权的 2E 轴摆动式转向架(转 K5 型转向架)，满足运营速度 120 km/h 的使用要求。转 K5 型转向架技术原理、主要结构与转 K4 型转向架相同，主要特点是弹簧托板摆动装置提高了转向架抗菱刚度，增加了车辆的横向柔性，提高动力学性能、降低轮轨磨耗，提升了运行品质。

2003 年完成了该转向架样机试制，并通过了各关键零部件试验测试，先后装于 C_{76H} 型敞车、C_{80H} 型铝合金敞车进行了线路动力学试验，并定型为转 K5 型转向架，如图 6-3 所示。

转 K5 型转向架适合中国铁路货车运用、检修、制造的国情，满足我国铁路货车“提速、重载”的要求，批准定型后装用于多种铁路货车，累计装车近 4 万辆，是我国 23 t(25 t) 轴重铁路货车主型转向架之一。

图 6-3　转 K5 型转向架

三、DZ2 型转向架

为满足我国 27 t 轴重铁路货车发展需要，在转向架低动力作用技术研究的基础上，研制了 27 t 轴重 DZ2 型摆动式转向架，如图 6-4所示。线路动力学试验、综合性试验和运用考验研究结果表明，DZ2 型转向架满足轴重 27 t、最高运行速度 100 km/h 运用要求，具有低动力、准径向、无焊接、轻磨耗的技术特点。

图 6-4　DZ2 型转向架

DZ2 型转向架技术原理与转 K5 型转向架相似，其主要特点在于：一系采用轴箱橡胶弹性悬挂结构，准径向和低动力作用明显，线路实测结果表明与 25 t 轴重转 K5 型转向架基本相当，部分指标略优；采用直径 915 mm 的车轮，提高车轮硬度，进一步降低轮轨间接触应力和磨耗；侧架无铲豆、轴距统一不需选配，横跨梁托座与侧架铸造一体，支点座与摇枕拉铆连接，实现转向架无焊接制造组装，造修方便；采用 CZC 型长行程弹性旁承，工作行程 16 mm、总行程 23 mm，降低了装配尺寸和旁承体蠕变对性能影响的敏感性，提高运用可靠性。

DZ2 型转向架配装 1 000 辆 C_{80EH} 型敞车在大秦线完成运用考验，到目前为止车辆已运用超过 4 年，转向架技术状态良好，磨耗轻微，低动力、准径向作用明显，段修时弹簧托板和摇动座不分解、弹簧不需选配均进行了验证，受到用户好评。DZ2 型转向架的研制成功，使我国真正迈入世界重载运输行列，铁路货车转向架设计及制造工艺技术水平得到整体提升，更好地满足国民经济和社会发展的需要，具有优良的技术性能和良好的经济效益。

四、DZ5 型转向架

为满足我国 30 t 轴重铁路货车的发展需要，2008 年—2014 年研制了 30 t 轴重 DZ5 型摆动式转向架，如图 6-5 所示。线路动力学试验、运用考验研究结果表明，DZ5 型转向架满足轴重 30 t、最高运行速度 100 km/h 运用要求，具有低动力、准径向、无焊接、轻磨耗的技术特点。

图 6-5　DZ5 型转向架

DZ5 型转向架基本结构与 DZ2 型转向架相似，除摇枕、侧架、弹簧减振装置外其余零部件均能与转 K5、DZ2 型转向架通用，转向架具有较高的通用化和模块化程度。DZ5 型转向架其主要变化在于转向架基础制动不同，由于车辆设计结构和车辆自重的要求采用了 DAB-1 型集成制动装置。DZ5 型转向架配装 120 辆 KM_{98AH} 型煤炭漏斗车在专用线完成运用考验，转向架技术状态良好，磨耗轻微，低动力、准径向作用明显，同时 DZ5 型转向架配装 30 辆 C_{96H} 型运煤专用敞车在晋中南运煤通道运用考验。DZ5 型转向架的研制成功，使我国铁路货车真正迈入 30 t 轴重发展平台，铁路货车转向架设计及制造工艺技术水平得到整体提升，使我国铁路货车重载运输技术达到国际领先水平。

第二节　摆动式转向架技术特征

摆动式转向架创新应用一系轴箱弹性悬挂装置、弹簧托板摆动装置、两级刚度弹簧、耐磨减振系统、回转阻尼控制、整体铸造和锻造、轻量化、非金属材料等关键技术，采用模块化设计，逐步配套完善标准化、通用化，实现配件互换性要求，转向架性能得到大幅提升，安全可靠、造修方便，有力支撑了我国铁路货车提速重载技术的发展，取得了良好的经济效益和社会效益。

一、技术特点

1. 技术原理

传统三大件式转向架的抗菱刚度一般较小，难以约束轮对的蛇行运动，因此发生蛇行运动失稳的临界速度较低。摆动式转向架的原理就是在三大件式转向架的基础上，采用弹簧托板摆动装置将转向架的左右侧架连接起来，从而提高了转向架的抗菱刚度。同时该装置类似于客车转向架的摇动台结构，使转向架横向具有两级刚度特性，大幅增加了车辆的横向柔性，提高了车辆的横向动力学性能，降低了轮轨间的磨耗，提高了车辆的运行品质。

2. 结构特点

摆动式转向架通过新技术、新材料和新工艺，其技术水平和结构性能都有较大提升，既提高了转向架的动力学性能，又提高了易磨易损件的耐磨性，延长了转向架的检修周期和使用寿命，适应我国铁路货车提速发展的需要。归纳结构特点如下。

(1)弹簧托板摆动装置

弹簧托板摆动装置将转向架的左右侧架连接起来，提高了转向架的抗菱刚度，从而提高转向架的蛇行失稳临界速度，提高货车直线运行的稳定性。同时，两侧架通过摇动座、弹簧托板连成一体，形成下摇动台；通过导框摇动座与承载鞍顶面圆弧或轴箱橡胶弹簧(利用橡胶弹簧的低扭转刚度特性实现摆动)，形成上摆点，使转向架形成有效的摆动机构，提供了横向两级刚度，提高了转向架横向动力学性能，有效降低了轮轨横向动作用力，降低了轮轨磨耗。

(2)一系轴箱弹性定位

DZ2、DZ5 型摆动式转向架在承载鞍和侧架之间设有轴箱橡胶弹簧，承载鞍与侧架之间设置轴箱纵向弹性垫，通过优化轴箱弹性定位装置的参数，提供适宜的三向定位刚度实现轮对弹性约束，同时将侧架、基础制动装置等由簧下件变为簧上件，减轻转向架簧下质量，降低轮轨间接触应力，减小对线路、桥梁及地面基础设施的动力冲击作用。轴箱弹性定位装置实现了导框部位微磨耗，改善了承载鞍受力状况和转向架的曲线通过性能，实现转向架准径向功能。

(3)两级刚度弹簧

采用内、外枕簧不同高度的两级刚度弹簧，保证空重车均具有适宜的刚度和挠度。空车时仅外簧承载，弹簧静挠度提高到 14～20 mm；重车时由内、外圈弹簧共同承载，保证承载能力，提高弹簧总挠度。通过采用两级刚度弹簧可以进一步提高货车转向架的运行平稳性，提高转向架对扭曲线路的适应性和脱轨安全性。其中，DZ2 型和 DZ5 型转向架承载弹簧组与减振弹簧组相同，不须选配，利于制造和检修维护。

(4)常接触弹性旁承

采用BD、CZC系列常接触弹性旁承,增大转向架与车体之间的回转阻尼,有效抑制转向架与车体的摇头,提高货车在较高速度运行时的平稳性和稳定性。为防止车辆在曲线运行时车体发生过大倾角,设置刚性滚子限制压缩量,约束车体侧滚振动,不仅车体侧倾角受到限制,而且不会造成回转阻力矩的增大而影响曲线通过性能。

(5)心盘磨耗盘

采用导电型心盘磨耗盘,上、下心盘被尼龙心盘磨耗盘隔离,避免上、下钢质心盘间的直接磨损。多年实际运用表明,尼龙心盘磨耗盘可以有效提高上、下心盘的使用寿命。同时采用导电结构可以将车体静电导入地面,满足车辆运用要求。

(6)组合式制动梁和耐磨销套

采用L-B、L-C等型式的组合式制动梁,结构简单合理,强度高、性能可靠,制造检修方便。采用耐磨销套(即采用奥贝体衬套和高硬度圆销、拉铆销),改善销套的受力状态,减轻磨耗。

3.性能特点

我国摆动式转向架满足既有货车全面提速120 km/h运行需要,经过十余年运用,转向架性能稳定、技术成熟可靠、检修维护成本低,有力保障了我国铁路货车提速重载发展,归纳技术性能特点如下:

(1)良好的长期运行性能稳定性

对装用摆动式转向架的多种铁路货车进行了正线线路动力学性能试验,最高速度达到132～146 km/h,试验结果表明:装用摆动式转向架的提速、重载货车的各项动力学性能指标符合GB/T 5599《铁道车辆动力学性能评定和试验鉴定规范》的规定。

摆动式转向架通过大量的动力学性能鉴定性试验、铁科院环行线可靠性试验、提速线路综合性试验等试验研究,装用摆动式转向架的车辆技术状态良好,性能稳定,具有优良的动力学性能,满足我国铁路货车120 km/h运用要求,为摆动式转向架的应用推广提供了科学依据。根据2005年提速货车120 km/h可靠性试验,被试车辆在运行18万km后总体上仍具有较好的运行稳定性(安全性)和平稳性。

(2)良好的横向动力学性能

摆动式转向架采用了类似于客车转向架的摇动台摆动机构,使转向架横向具有两级刚度特性,大幅增加了车辆的横向柔性,提高了车辆的横向动力学性能,降低了轮轨间的磨耗,提高了车辆的运行品质。装用转K5型摆动式转向架的C_{70H}型敞车、GN_{70H}型罐车与既有21 t轴重通用货车的线路动力学试验检测数据对比详见表6-1。

(3)轮轨低动力作用

轮轨间动力作用包括轮轨垂向作用力、横向作用力等。摆动式转向架通过摆动机构有效降低轮轨横向动作用力,保证车辆高速运行性能稳定,DZ2、DZ5型摆动式转向架通过装用一系轴箱弹性定位、降低簧下质量,同时降低轮轨间垂向和横向作用力,实现轮轨低动力作用，降低了轮轨磨耗。

表 6-1　C70H 型敞车、GN70H 型罐车与比较车数据对比

最高速度 133 km/h 范围内各速度级和各路况下	C70H 型敞车装用转 K5 摆动式转向架	GN70H 型罐车装用转 K5 摆动式转向架	比较车既有 21 t 轴重通用货车
空车垂向振动加速度平均最大值变化范围	0.09g～0.23g	0.12g～0.25g	0.26g～0.51g
空车横向振动加速度平均最大值变化范围	0.05g～0.11g	0.06g～0.15g	0.10g～0.26g
重车垂向振动加速度平均最大值变化范围	0.12g～0.19g	0.15g～0.29g	0.19g～0.41g
重车横向振动加速度平均最大值变化范围	0.05g～0.12g	0.07g～0.18g	0.07g～0.19g

为研究大轴重摆动式转向架低动力作用效果，27 t 轴重通用货车在动力学试验和线路适应性综合试验期间进行监测，结果表明：27 t 轴重 DZ2 型摆动式转向架在 110 km/h试验速度范围内，轮轴横向力、运行平稳性、脱轨系数等指标与既有 23 t 轴重货车基本相当，轮重减载率小于 23 t 轴重货车。

(4)磨耗件磨耗轻微

摆动式转向架广泛应用在 21 t、23 t、25 t 轴重铁路货车上，累计最长运用里程接近 300 万 km，运用结果表明摆动式转向架车轮轮缘、踏面磨耗较小。

①21 t、23 t、25 t 轴重摆动式转向架

综合转向架服役性能调研、分析、试验研究等可知：

一个段修期(2 年)，转 K5 车轮踏面磨耗平均深度 3.06 mm，月平均磨耗量为 0.128 mm，轮缘厚度小于 25 mm 大于 23 mm 限度的数率为 0.5%；转 K4 型转向架的车轮磨耗轻于转 K5 型转向架。转 K4、转 K5 型转向架的摆动结构件服役磨耗基本在第一个段修期内完成磨合，在整个寿命期内，部件的实际磨耗值远小于部件检修限度。旁承磨耗板、斜楔主摩擦板等执行寿命管理的部件，在寿命周期内，厚度变化均在规定磨耗限度内。

在现有检修和运用限度内，转 K4、转 K5 型摆动式转向架满足设计最高速度和我国各种线路条件的运行要求，摆动式转向架在全寿命周期内具有良好的服役安全性。

②27 t 轴重摆动式转向架

根据持续跟踪检测情况可知，装用 DZ2 型转向架的 C80EH 型通用敞车满足既有运用要求。车轮和闸瓦磨耗的定期检测结果表明，大轴重通用敞车与既有通用货车相比，车轮踏面、轮缘和闸瓦磨耗有明显改善；轮瓦及轮轨关系匹配良好；车轮磨耗轻微，延长旋轮周期，提高车辆的利用率，降低维护成本；车辆动力学性能优异。

DZ2、DZ5 型摆动式转向架通过一系轴箱弹性定位技术，解决了侧架导框与承载鞍磨耗的惯性问题。车辆实际运用表明，侧架导框与承载鞍间、侧架及摇枕安全挡处基本

无磨耗；侧架立柱磨耗板、摇枕八字面磨耗板、制动系统圆销、制动杠杆、中拉杆、制动梁支柱等接触部位磨耗轻微；CZC 长行程弹性旁承由于采用一体式结构，性能稳定可靠，旁承体蠕变量小，磨耗板磨耗量轻微。

表 6-2　C80EH 型敞车车轮踏面磨耗(2014 年 7 月至 2016 年 11 月)

项目(C80EH)	轮缘剩余厚度(mm)	踏面磨耗(mm)	闸瓦剩余厚度(mm)
平均值	32.285	1.457	36.686
最大值	32.9	2.8	45
最小值	31.5	0.7	15
备注	名义原始厚度 32 mm	—	名义原始厚度 50 mm

二、基本组成

1. 转 K4 型转向架

转 K4 型转向架主要由轮对和轴承装置、摇枕组成、侧架组成、弹性悬挂系统及减振装置、基础制动装置、弹性旁承及弹簧托板、摇动座等组成。转 K4 型转向架结构如图 6-6～图 6-8 所示。

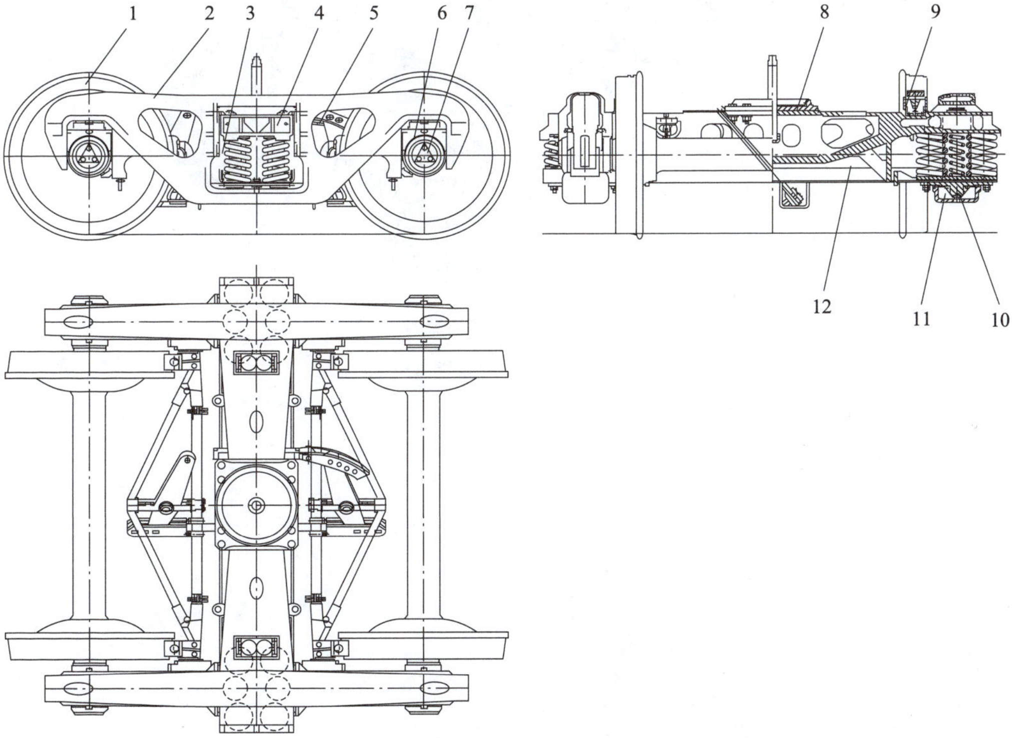

图 6-6　转 K4 型转向架二维图

1—轮对组成；2—侧架组成；3—弹性悬挂和减振装置；4—摇枕组成；5—基础制动装置；6—承载鞍；7—滚动轴承装置；8—心盘磨耗盘；9—弹性旁承；10—摇动座；11—摇动座支承；12—弹簧托板

图 6-7　转 K4 型转向架

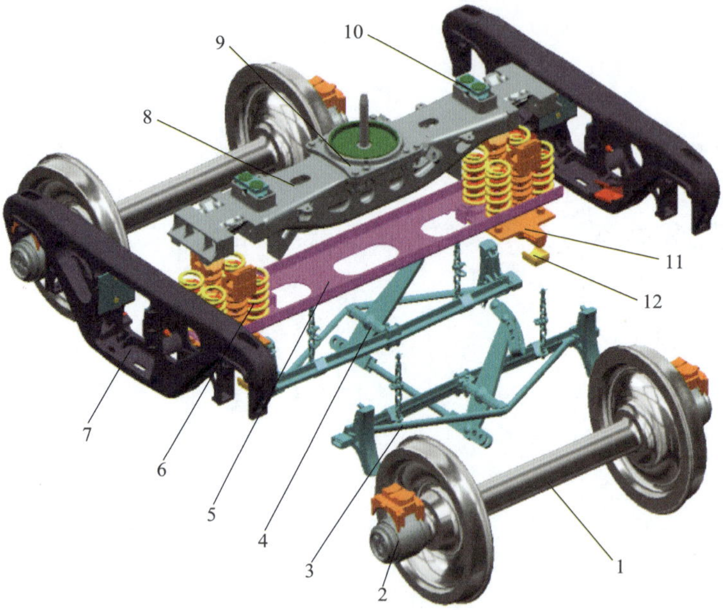

图 6-8　转 K4 型转向架三维爆炸图

1—轮对组成；2—滚动轴承装置；3—承载鞍；4—基础制动装置；5—弹簧托板；6—弹性悬挂和减振装置；7—侧架组成；8—摇枕组成；9—心盘磨耗盘；10—下旁承组成；11—摇动座；12—摇动座支承

(1)摇枕组成

摇枕组成包括摇枕、心盘磨耗盘、下心盘、八字面磨耗板及固定杠杆支点座等。

为方便与国内原有货车上心盘匹配，设计了直径为 ϕ355 mm 和 ϕ308 mm 两种下心盘，两种下心盘螺栓连接孔位置相同可直接换装。尼龙心盘磨耗盘接口尺寸与其他型号国内通用货车转向架相同。摇枕材质为 B 级钢，通过有限元计算分析优化、减轻自重。摇枕下部铸有安全挡，与弹簧托板的挡板配合，限定摇枕最大横向位移，防止串出，确保安全。摇枕八字面采用不锈钢磨耗板，如图 6-9 所示。

(2)侧架组成

侧架组成包括立柱磨耗板、侧架滑槽磨耗板、侧架、导框摇动座等，如图 6-10 所示。

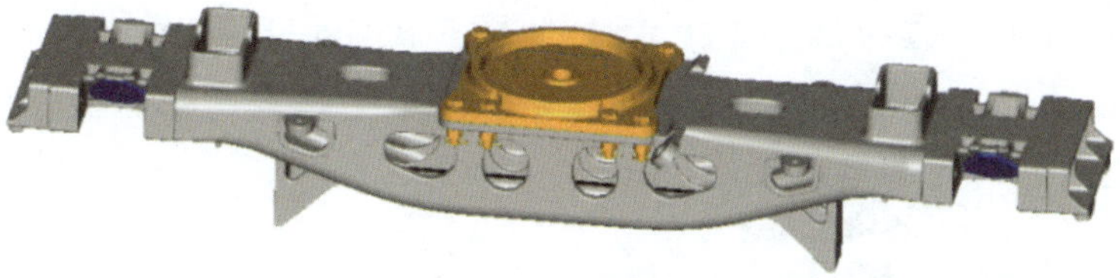

图 6-9 摇枕组成

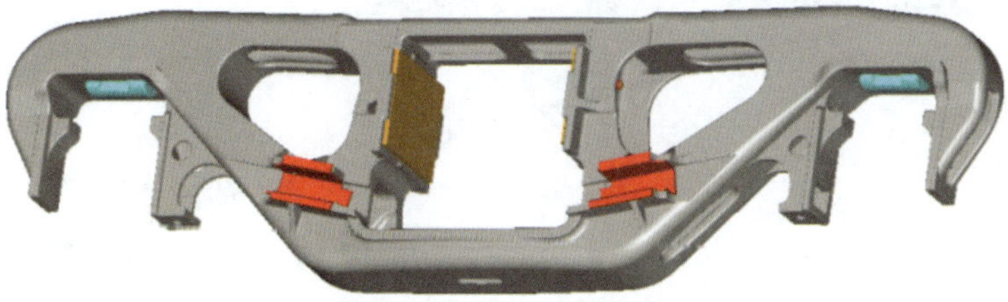

图 6-10 侧架组成

侧架立柱磨耗板材质为 45 钢，通过平头折头螺栓、防松螺母将其紧固于侧架上。侧架滑槽磨耗板为压型件，材质为 47Mn2Si2TiB。导框摇动座为锻件。侧架材质采用 B 级钢，中央方框下弦杆处设计为腔形结构，用以安装摇动座支承和摇动座。

侧架导框处设计为腔形结构，用以安装导框摇动座，导框摇动座底面为圆弧形，与承载鞍顶面圆弧配合形成有效滚动副，成为上摆点配合弹簧托板形成有效的摆动机构，提高车辆的动力学性能。

(3)弹簧托板、摇动座

摇动座与弹簧托板通过折头螺栓和防松螺母紧固，钢圆弹簧组位于弹簧托板上。摇动座支承座落于侧架中央方框下弦杆处腔形结构中，摇动座与摇动座支承的圆弧接触面形成滚动副，形成下摆动台，如图 6-11、图 6-12 所示。

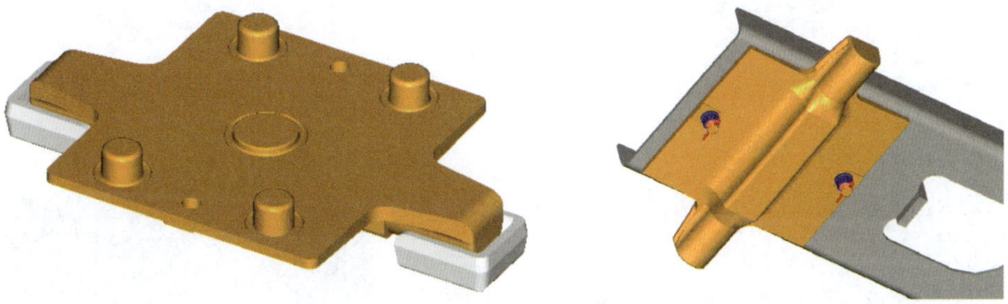

图 6-11 弹簧托板、摇动座安装

(4)弹性悬挂及减振装置

转向架每侧弹性悬挂及减振装置由斜锲、减振内外弹簧、承载内外弹簧组成，如图 6-13所示。减振弹簧、承载弹簧均为两级刚度。

货车转向架的减振系统性能是决定车辆运行品质的关键因素。组合式斜楔既能保证转向架减振系统阻尼适当，解决因传统金属摩擦副阻尼离散度较大而造成的车辆动力学性能不稳定问题，又能方便磨耗板换件修。高分子材料主摩擦板摩擦系数稳定、耐磨耗，能很好地满足转向架运用要求。

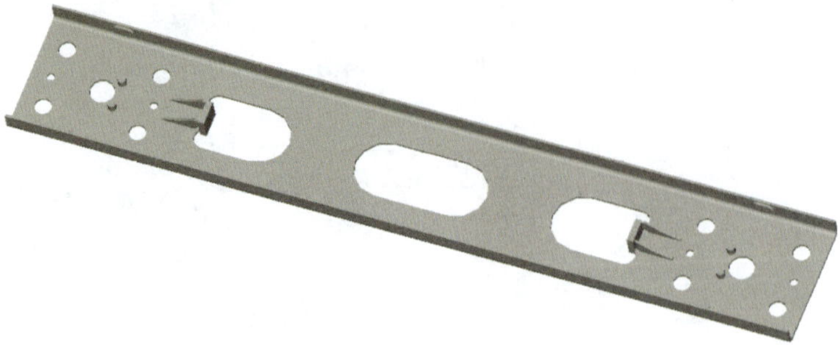

图 6-12 弹簧托板组成

斜楔体材质为贝氏体球墨铸铁，主摩擦板材质为高分子材料，摩擦板嵌入与斜楔体配合部位，卸换方便，如图 6-14 所示。

图 6-13 弹性悬挂及减振装置

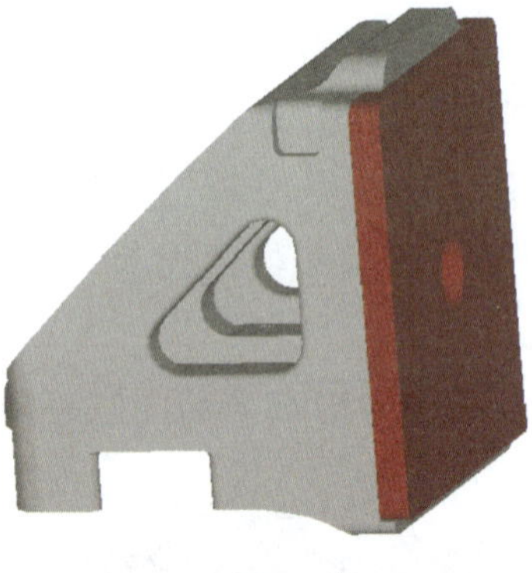

图 6-14 组合式斜楔

(5)常接触式弹性旁承

转 K4 型转向架采用 BD 型橡胶弹性旁承，如图 6-15 所示。

BD 型弹性旁承通过橡胶将上部与下部硫化在一起，结构简单紧凑，利用锁紧斜铁消除纵向间隙，提供稳定的回转阻力矩，有效抑制蛇行运动。

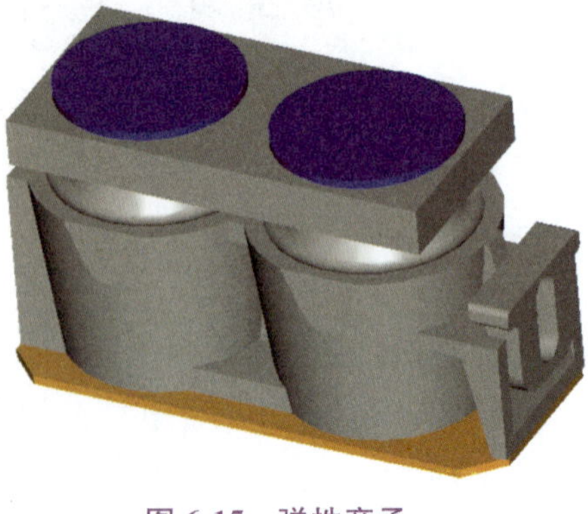

图 6-15 弹性旁承

(6)基础制动装置

基础制动装置由制动杠杆、制动梁、下拉杆、闸瓦等组成，如图 6-16 所示。

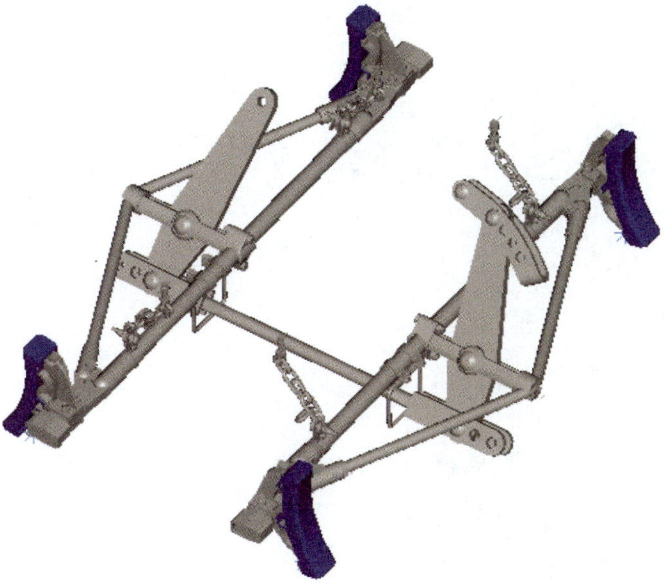

图 6-16　基础制动装置

制动梁为 L-C 型组合式制动梁，制动梁端头将滑块连成一体，为整体锻造制成。支柱也为锻件，端头与圆钢弓形杆及撑杆采用过盈热套装结构，如图 6-17 所示。

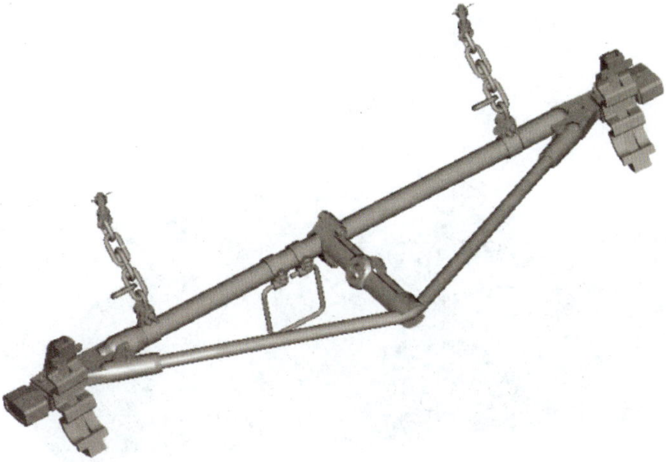

图 6-17　制动梁架

2. 转 K5 型转向架

转 K5 型转向架主要由轮对和轴承装置、摇枕组成、侧架组成、弹性悬挂系统及减振装置、基础制动装置、弹性旁承及弹簧托板、摇动座等组成，转 K5 型转向架结构如图 6-18～图 6-20 所示。

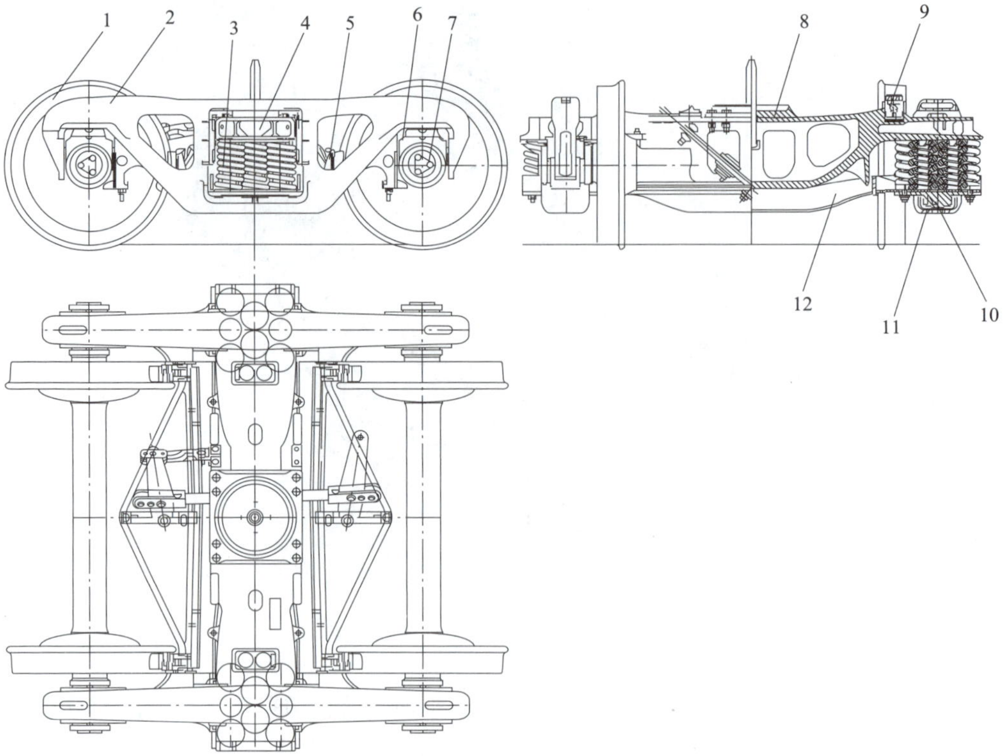

图 6-18 转 K5 型转向架二维图

1—轮对组成；2—侧架组成；3—弹性悬挂和减振装置；4—摇枕组成；
5—基础制动装置；6—承载鞍；7—滚动轴承装置；8—心盘磨耗盘；
9—弹性旁承；10—摇动座；11—摇动座支承；12—弹簧托板

图 6-19 转 K5 型转向架

(1)轮对与轴承

采用 RE_{2A} 型或 RE_{2B} 型轮对，采用 353130B 滚动轴承，车轮为 HEZD 轮或 HESA 轮。

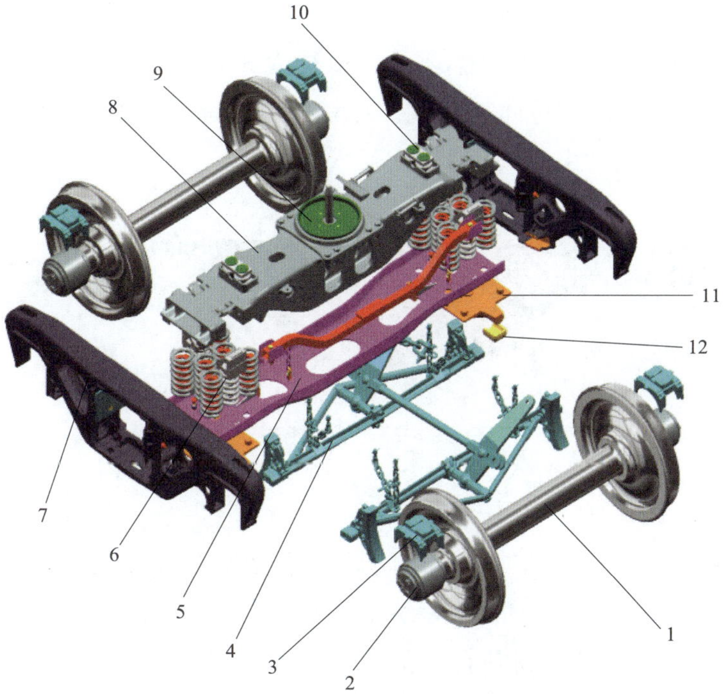

图 6-20 转 K5 型转向架三维爆炸图

1—轮对组成；2—滚动轴承；3—承载鞍；4—基础制动装置；5—弹簧托板；6—弹性悬挂和减振装置；7—侧架组成；8—摇枕组成；9—心盘磨耗盘；10—弹性旁承；11—摇动座；12—摇动座支承

(2)承载鞍

承载鞍的结构与转 K4 型转向架承载鞍类似，如图 6-21 所示，鞍顶面为经硬化处理的弧面，与导框摇动座组合成为摆动机构的上摆点。承载鞍材质为 C 级钢。通过优化承载鞍顶部圆弧，有效提高转向架横向复原刚度，保证正位的同时减轻接触磨耗。

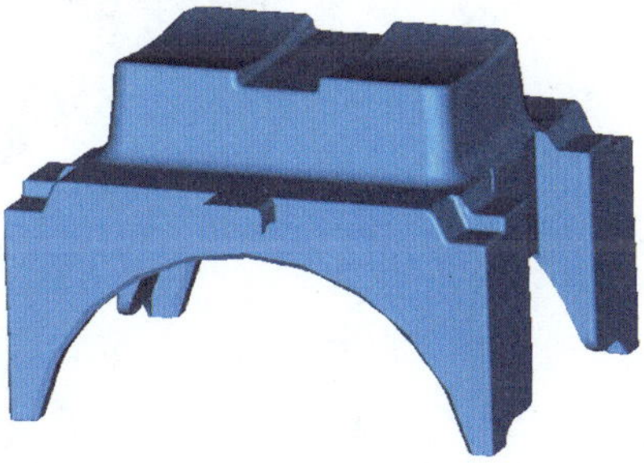

图 6-21 承载鞍

(3)侧架组成

侧架材质为 B 级钢，侧架立柱滑槽磨耗板材质为 45 钢，滑槽磨耗板材质为 47Mn2Si2TiB，导框摇动座为锻件，侧架组成如图 6-22 所示。

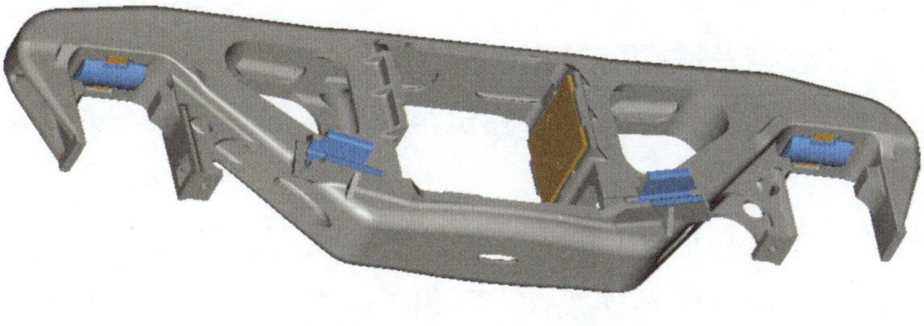

图 6-22 侧架组成

(4)摇枕组成

摇枕和下心盘材质均为B级钢,下心盘直径为375 mm,心盘磨耗盘材质为含油尼龙。摇枕八字面与转K4型转向架相同。摇枕下部铸有安全挡,与弹簧托板的挡板配合,起到防窜出的安全作用,如图6-23所示。

图6-23 摇枕组成

(5)弹簧托板、摇动座

摇动座与弹簧托板通过折头螺栓和防松螺母紧固,摇动座支承坐落在侧架中,摇动座与摇动座支承的圆弧接触面形成滚动副,形成有效的下摆动台,摇动座支承、折头螺栓及防松螺母与转K4转向架相同,如图6-24、图6-25所示。

图6-24 弹簧托板

(6)弹簧悬挂及减振装置

转向架每侧弹性悬挂及减振装置由斜楔、减振内外弹簧、承载内外弹簧共同组成。减振弹簧、承载弹簧均为两级刚度,减振弹簧组和承载弹簧组如图6-26所示。

(7)基础制动装置

基础制动装置为中拉杆形式,采用高摩合成闸瓦、奥—贝球铁耐磨销套,固定杠杆与固定杠杆支点座之间用链蹄环连接,利于转向架实现摆动,如图6-27所示。

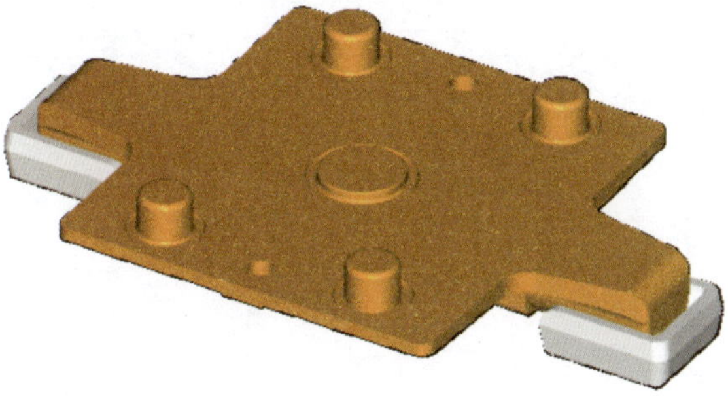

图 6-25 摇动座与摇动座支承

图 6-26 减振弹簧组和承载弹簧组

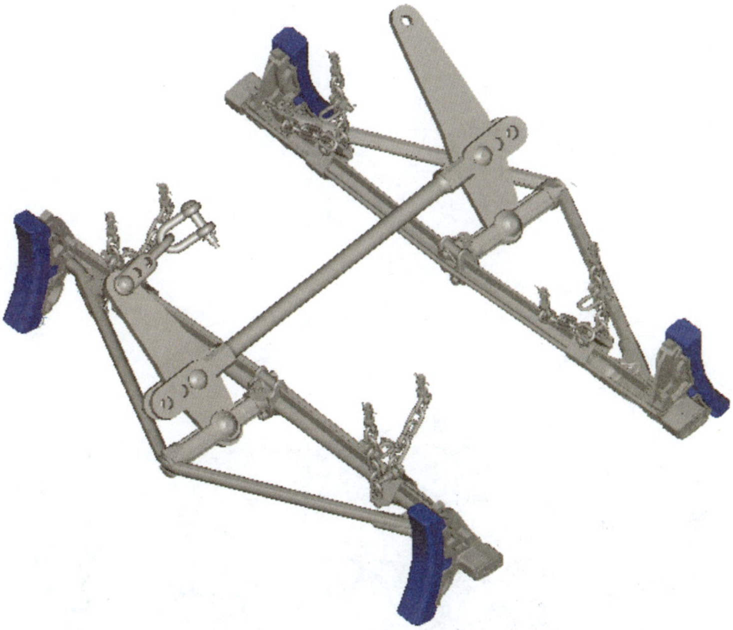

图 6-27 基础制动装置

(8)弹性旁承

弹性旁承为 BD 型常接触橡胶弹性旁承,与转 K4 型转向架相同。

3. DZ2 型转向架

27 t 轴重 DZ2 型摆动式转向架主要由轮对组成、滚动轴承装置、摇枕组成、侧架组成、轴箱悬挂装置、中央悬挂装置、下摆动装置、基础制动装置、弹性旁承等组成,DZ2 型转向架结构如图 6-28～图 6-30 所示。

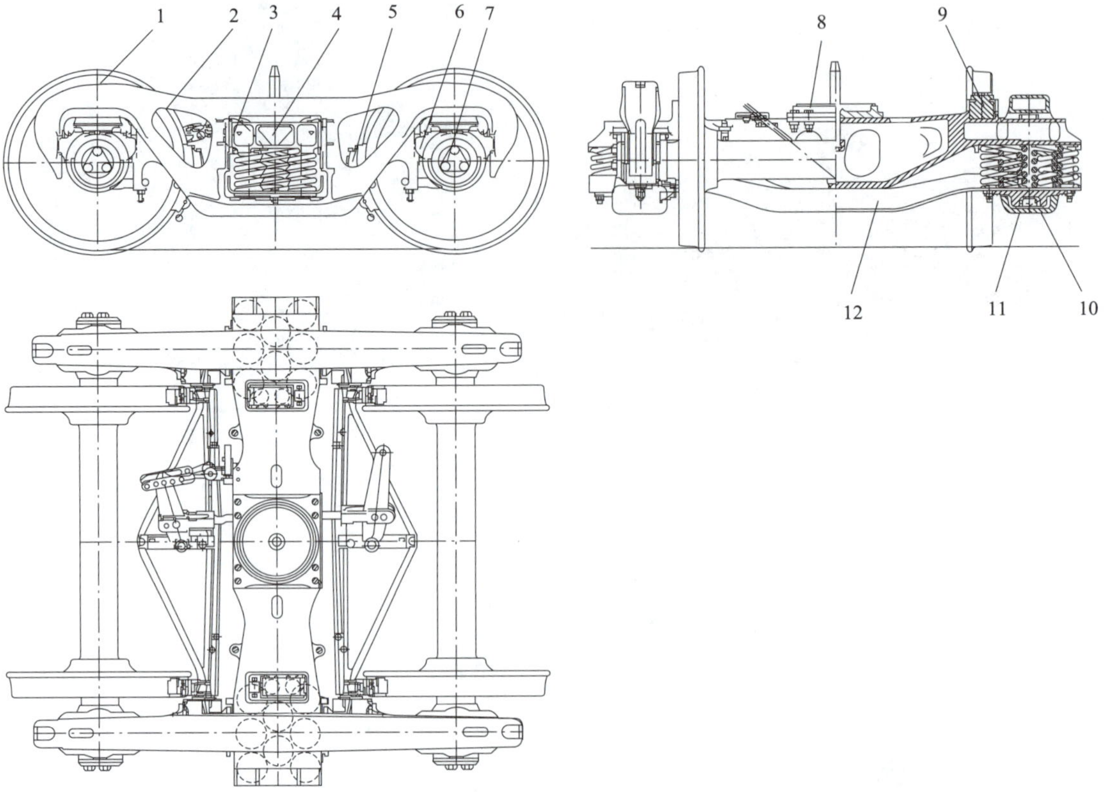

图 6-28 DZ2 型转向架二维图

1—轮对组成；2—侧架组成；3—组合式斜楔；4—摇枕组成；5—基础制动装置；6—轴箱弹性悬挂装置；7—货车滚动轴承装置；8—心盘磨耗盘；9—弹性旁承；10—摇动座；11—摇动座支承；12—弹簧托板

图 6-29 DZ2 型转向架

(1)轮对组成

轮对采用 RF_2 型车轴和 HFS 型或 HFZ 型车轮。车轴材质为 LZ45CrV 钢；车轮材质采用 CL70 或 ZL-C 钢。

(2)滚动轴承装置

采用 353132A 型或经批准的新型滚动轴承，轴承外廓尺寸(内径×外径×外圈宽度)为 160 mm×270 mm×170 mm。

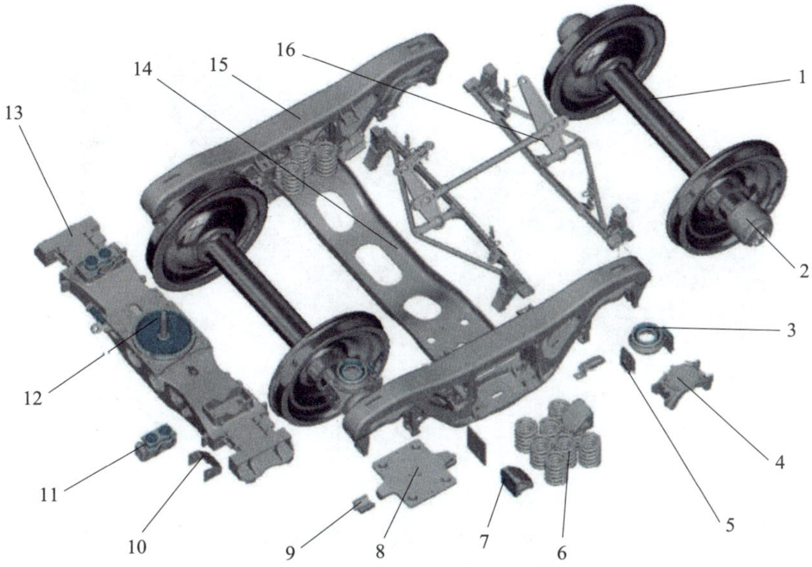

图 6-30　DZ2 型转向架爆炸图

1—轮对组成；2—滚动轴承；3—轴箱橡胶弹簧；4—承载鞍；5—纵向弹性垫；6—中央悬挂装置；
7—斜楔组成；8—摇动座；9—摇动座支承；10—八字面磨耗板；11—弹性旁承；
12—心盘磨耗盘；13—摇枕组成；14—弹簧托板；15—侧架组成；16—基础制动装置

(3)摇枕组成

摇枕组成主要由摇枕、固定杠杆支点座、八字面磨耗板、下心盘等组成。摇枕材质为 B+级铸钢,摇枕与八字面磨耗板连接方式采用 U 形卡入式,固定杠杆支点座与摇枕采用拉铆钉连接,实现无焊接连接,下心盘内装用材质为尼龙的导电型心盘磨耗盘,如图 6-31 所示。

图 6-31　摇枕组成

(4)侧架组成

侧架组成主要由侧架、立柱磨耗板、滑槽磨耗板等组成。侧架材质为 B+级铸钢,侧架上铸有横跨梁托座，侧架立柱磨耗板采用折头螺栓紧固，卡入式滑槽磨耗板和伸缩式挡键，侧架不设轴距标志，实现无选配组装，如图 6-32 所示。

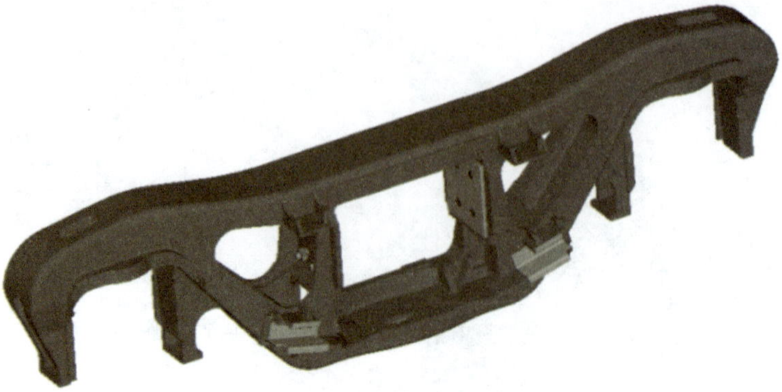

图 6-32　侧架组成

(5)轴箱悬挂装置

轴箱悬挂装置主要由承载鞍、轴箱橡胶弹簧、轴箱纵向弹性垫等组成。具有导电功能的轴箱橡胶弹簧坐落在承载鞍上，轴箱纵向弹性垫安装于承载鞍与侧架导框槽前后之间，侧架导框槽采用上小下大的"八字形"结构，便于装卸。大轴重摆动式转向架通过采用轴箱弹性悬挂，一方面可实现轮对弹性定位，显著降低侧架导框与承载鞍磨耗，另一方面将原来属于簧下结构的侧架转移到簧上，大幅降低簧下质量，提高了车辆动力学性能，减少轮轨磨耗，如图 6-33 所示。

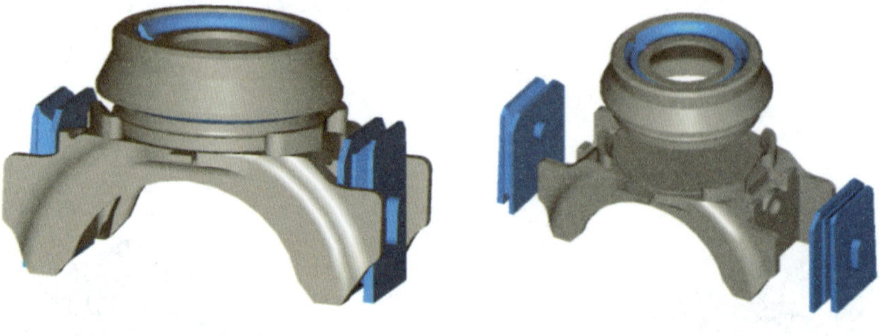

图 6-33　轴箱悬挂装置

(6)中央悬挂装置

中央悬挂装置主要由外圆弹簧、内圆弹簧和组合式斜楔组成。斜楔体为贝氏体球墨铸铁(ADI)，斜楔主摩擦板采用高分子复合材料，如图 6-34 所示。

DZ2 型摆动式转向架优化减振装置，实现了承载弹簧与减振弹簧相一致的结构形式，这一独有的显著特点便于生产组装和运用维护、检修更换，减少生产和检修维护的工作量，且避免了承载弹簧与减振弹簧不同情况下产生错装的可能性。经过段修验证，切实可行并受到好评。

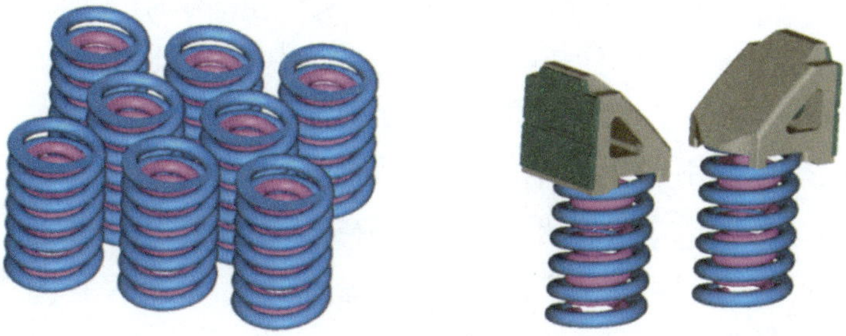

图 6-34 中央悬挂装置

(7)转向架制动装置

采用中拉杆式制动装置,也可装用DAB型集成制动装置。中拉杆式制动装置主要由制动梁、锻造制动杠杆、锻造中拉杆、高摩合成闸瓦等组成,如图 6-35 所示。

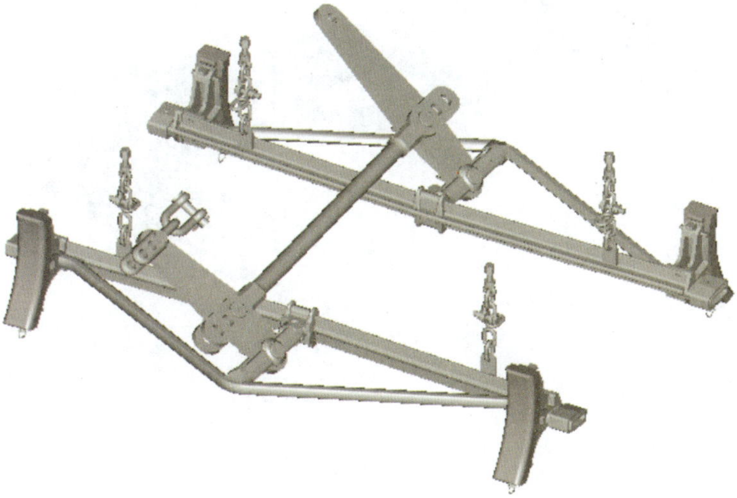

图 6-35 制动装置

(8)弹性旁承

CZC-1 型长行程常接触弹性旁承有效增加了转向架与车体之间的回转阻力矩,提高转向架运行稳定性。该旁承由弹性旁承体、限位滚子、纵向锁紧斜铁、调整垫板等组成。通过限位滚子垂向限位、纵向锁紧斜铁消除纵向间隙、调整垫板调整旁承压缩量。旁承的工作行程达到 16 mm,可显著降低因制造、线路、磨耗等因素引起旁承压缩量变化对车辆动力学性能影响的敏感度,如图 6-36 所示。

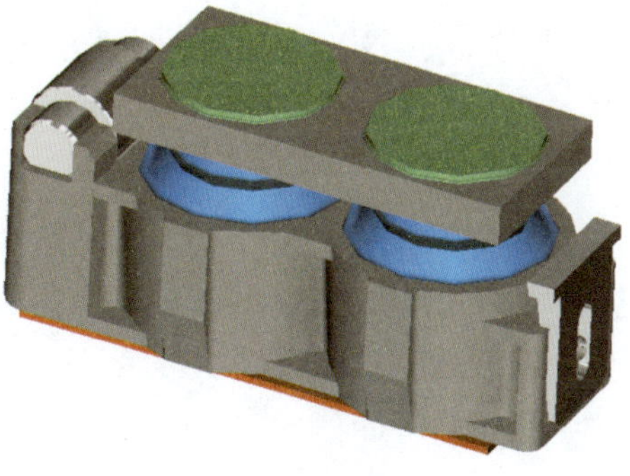

图 6-36 弹性旁承

(9)下摆动装置

下摆动装置由整体压型的弹簧托板、锻造摇动座和摇动座支承、折头螺栓和防松螺母等组成,如图 6-37 所示。转 K4 型、转 K5 型转向架弹簧托板焊有安全止挡,增设卸荷圆弧,运用情况良好。大轴重摆动式转向架装用的弹簧托板经过进一步优化,消除了焊接结构,增加抗疲劳使用寿命、提高安全可靠性。

转 K4、转 K5 型摆动式转向架摇动座为铸造结构,经过多年运用统计和调研分析,摇动座强度裕量满足运行要求,摩擦副经过一个厂修期后其磨耗量远小于限度值。大轴重摆动式转向架摇动座优化采用锻造工艺,进一步改善材料内部结构,提高密实度和韧性。国内外的运用经验表明,铸改锻的工件其使用寿命可提高 1～4 倍。

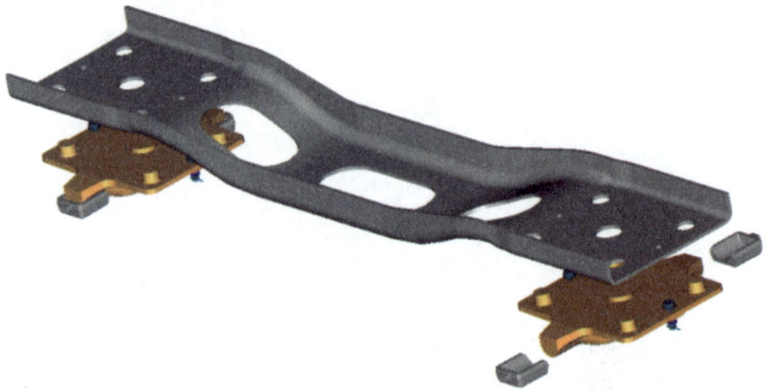

图 6-37　下摆动装置

4. DZ5 型转向架

DZ5 型摆动式转向架为铸钢三大件式货车转向架,其主要结构与 DZ2 型转向架基本相同。主要由摇枕组成、侧架组成、轮对组成、滚动轴承装置、轴箱悬挂装置、中央悬挂装置、下摆动装置、转向架制动装置、弹性旁承、横跨梁等组成。其中轮轴组成、承载鞍、轴箱橡胶弹簧、轴箱纵向弹性垫、长行程弹性旁承、侧架立柱磨耗板、滑槽磨耗板、摇枕斜面磨耗板、制动梁等与 DZ2 型转向架相同。DZ5 型转向架结构如图 6-38～图 6-40 所示。

摇枕、侧架采用 B+级铸钢铸造,横跨梁托座和侧架铸造一体,侧架不设轴距标志,无铲豆,无条件互换;采用 ZX-5 型组合式斜楔,主摩擦板采用高分子复合材料;采用两级刚度弹簧;采用直径为 419 mm 的下心盘,下心盘内装用 MP419×50 型导电式心盘磨耗盘;采用伸缩式挡键;采用 DAB-1 型或 BAB-1 型集成制动装置或杠杆制动装置,采用奥-贝球铁衬套、组合式制动梁,采用 GM915D 型高摩合成闸瓦。

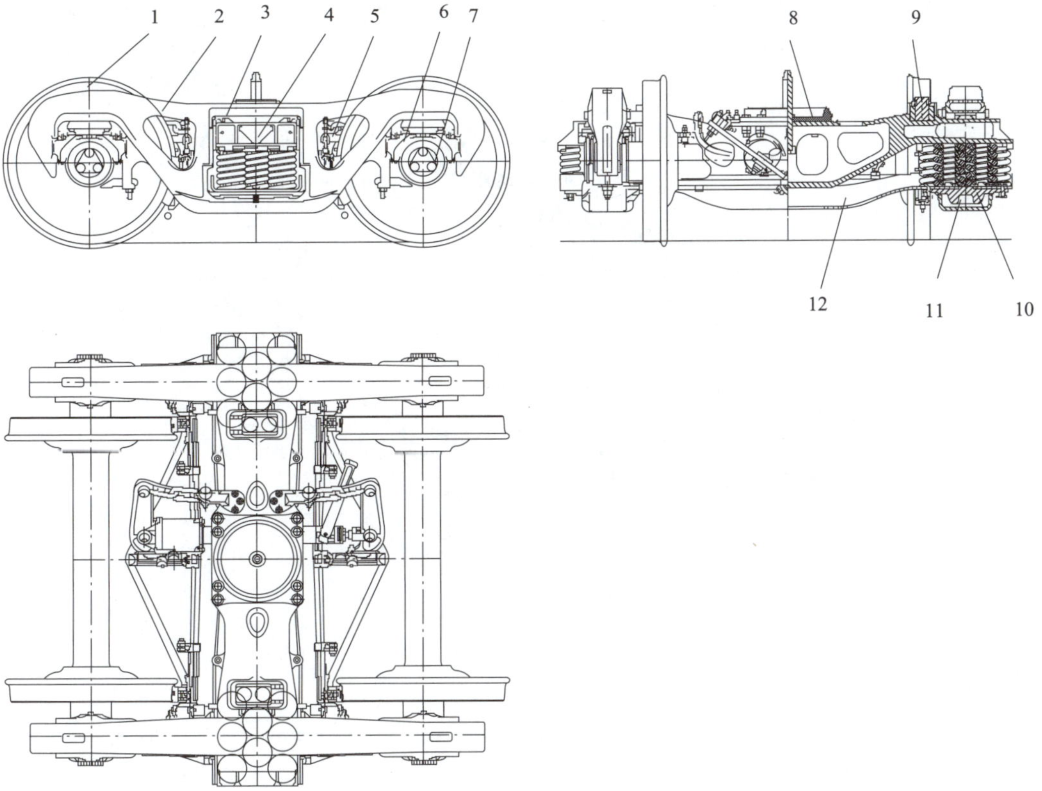

图 6-38 DZ5 型转向架二维图

1—轮对组成；2—侧架组成；3—组合式斜楔；4—摇枕组成；5—DAB集成制动装置；6—轴箱悬挂装置；7—滚动轴承装置；8—心盘磨耗盘；9—弹性旁承；10—摇动座；11—摇动座支承；12—弹簧托板

图 6-39 DZ5 型转向架

(1)摇枕组成

摇枕组成主要由摇枕、八字面磨耗板、下心盘、固定杠杆支点座等组成，如图 6-41 所示。摇枕采用 B+级钢整体芯铸造；八字面磨耗板采用 U 形卡入式连接方式，固定杠杆支点座与摇枕采用拉铆钉连接，下心盘内装用材质为尼龙的导电型心盘磨耗盘。

(2)侧架组成

侧架组成主要由侧架、立柱磨耗板、卡入式滑槽磨耗板等组成。侧架采用 B+级钢整体芯铸造。侧架上铸有横跨梁托座，采用卡入式滑槽磨耗板和伸缩式挡键，侧架不设轴距标志，如图 6-42 所示。

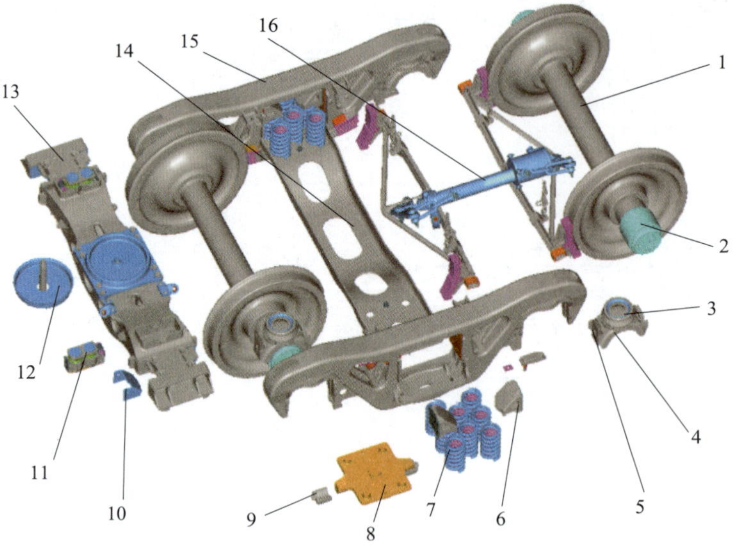

图 6-40　DZ5 型转向架爆炸图

1—轮对组成；2—滚动轴承装置；3—轴箱橡胶弹簧；4—承载鞍；5—轴箱纵向弹性垫；6—组合式斜楔；7—中央悬挂装置；8—摇动座；9—摇动座支承；10—八字面磨耗板；11—弹性旁承；12—心盘磨耗盘；13—摇枕组成；14—弹簧托板；15—侧架组成；16—DAB 型集成制动装置

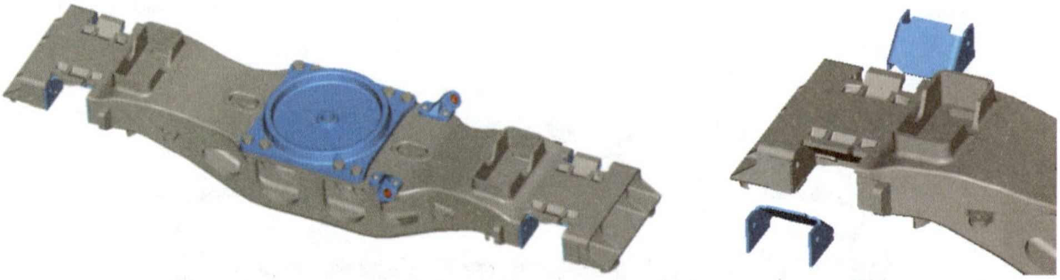

图 6-41　摇枕组成

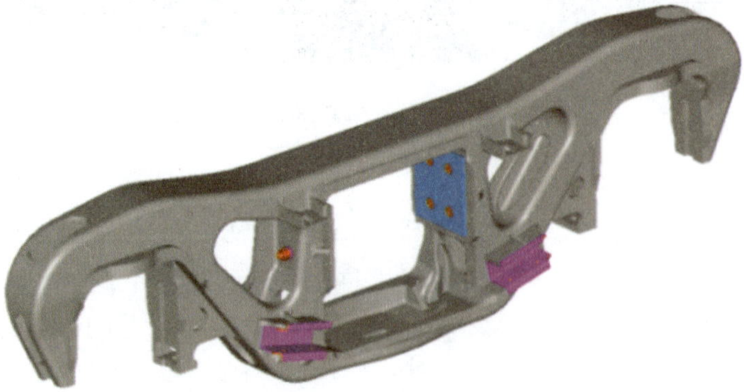

图 6-42　侧架组成

(3)中央悬挂装置

中央悬挂装置主要由外圆弹簧、内圆弹簧和组合式斜楔组成。承载弹簧与减振弹簧相同,弹簧材质为60Si2CrVAT,斜楔体为贝氏体球墨铸铁,斜楔主摩擦板为高分子复合材料。

(4)转向架制动装置

采用DAB-1型或BAB-1型集成制动装置,也可装用中拉杆式制动装置,如图6-43、图6-44所示。DAB-1型转向架集成制动装置分为带手制动和不带手制动两种形式,由DAB型单元制动缸、前制动杠杆、后制动杠杆、组合式制动梁(L-B1)、链蹄环、GM915D型高摩合成闸瓦等组成,单元制动缸布置在中拉杆位置。中拉杆式制动装置主要由组合式制动梁、锻造制动杠杆、锻造中拉杆、链蹄环、GM915D型高摩合成闸瓦等组成。

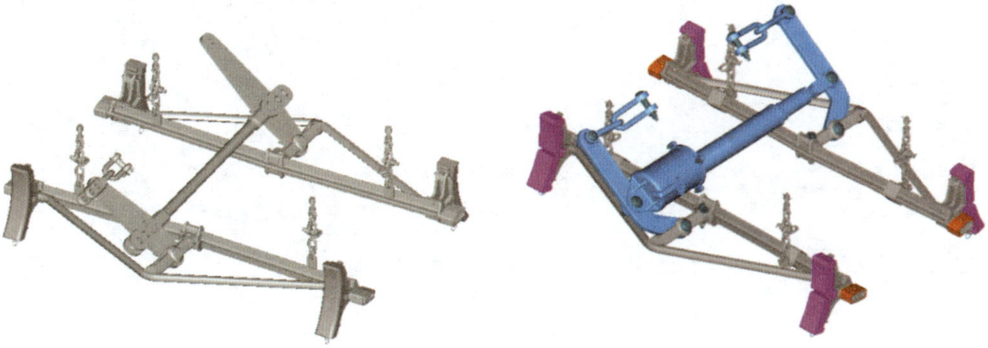

图6-43　制动装置

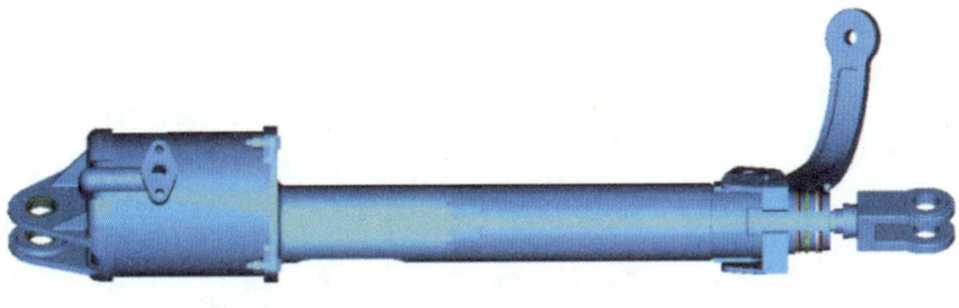

图6-44　DAB型双向作用制动缸(带手制动)

第三节　技术参数及配置

摆动式转向架主要技术参数及配置见表6-3。

表 6-3　摆动式转向架主要技术参数及配置

参　数	转 K4	转 K5	DZ2	DZ5
轴重(t)	21	25	27	30
自重(t)	4.2	4.7	5.2	5.35
固定轴距(mm)	1 750	1 800	1 860	1 860
轴颈中心距(mm)	1 956	1 981	2 006.6	2 006.6
车轮直径(mm)	840	840	915	915
心盘直径(mm)	355 或 308	375	375	419
下心盘面(不含心盘磨耗盘)距轨面距离(mm)	心盘载荷 71.05 kN 时：673^{+10}_{0}	心盘载荷 70 kN 时：677^{+10}_{0}	心盘载荷 78 kN 时：680^{+10}_{0}	心盘载荷 78 kN 时：680^{+10}_{0}
旁承中心距(mm)	1 520	1 520	1 520	1 520
制动倍率	6.48	中拉杆制动：4.0 DAB 型：10.5	中拉杆制动：4.0 DAB 型：11.6	中拉杆制动：4.0 DAB 型：11.6
最高运行速度(km/h)	120	120	100	100
车轴型号	RD_2	RE_{2A} 或 RE_{2B}	RF_2	RF_2
车轮型号	HDSA 或 HDZC	HESA 或 HEZD	HFS 或 HFZ	HFS 或 HFZ
制动梁型号	L-B 型或 L-C 型	L-B 型或 L-C 型	L-B1 型	L-B1 型
旁承	BD 型	BD 型	CZC 系列	CZC 系列
闸瓦	高摩闸瓦	高摩闸瓦	GM915D 型	GM915D 型

第七章　副构架式转向架

副构架式转向架是自导向径向转向架的一种，它特有的径向技术能兼顾车辆直线运行稳定性和曲线通过性能。副构架式轮对径向装置、一系弹性定位等新技术发展，促使了转 K7 型、DZ3 型和 DZ6 型副构架式径向转向架的成功研制，形成了 25 t、27 t 和 30 t 轴重、运行速度 100～120 km/h 的系列产品。副构架式转向架运用多年来，表现出稳定的动力学性能和运用安全性能，车轮、斜楔、承载鞍、立柱磨耗板等磨耗件磨耗量较常规三大件转向架要低。副构架式转向架主要有两种型式，一种为一系悬挂位于轴箱两侧、相对轴箱斜对称布置，置于副构架轴箱和侧架之间，以转 K7、DZ3 型转向架为代表。另一种为一系悬挂采用承载鞍顶置式，置于承载鞍和侧架之间，以 DZ6 型转向架为代表。

第一节　副构架式转向架概述

一、焊接构架副构架式转向架

1994 年，我国以 Y25 型转向架为平台，开始进行了副构架式转向架的相关研究，研制了米轨焊接构架副构架式转向架。该转向架是我国研制货车副构架式自导向径向转向架的开端，为径向技术进一步发展积累了经验和数据。

米轨焊接构架副构架式转向架轴重 12 t，最高运行速度 100 km/h，主要由 H 形构架、两级刚度轴箱弹簧、双侧利诺尔减振器、弹性旁承、径向机构和滑槽式单侧制动装置组成。H 形构架由材质 Q345 钢板组焊而成。径向机构由 2 个 U 形副构架通过 2 根径向杆交叉销接而成，U 形副构架由铸造的左、右导向臂和锻造的中间连接轴焊接组成，副构架与轴箱采用螺栓连接，以实现径向装置对轮对的约束作用。

1996 年 8 月，米轨焊接构架副构架式转向架配装于 N_{31} 型平车进行了运用，运行 7 万 km后测得的轮缘磨耗为 0.2～0.9 mm，验证了该型转向架在山区小半径曲线上轮缘磨耗低的技术特点。由于焊接转向架与当时我国铁路货车生产制造水平和运用检修体制不太适应，该转向架未进行推广运用。

二、外径向臂自导向径向转向架

1999 年，我国与南非铁路联合设计开发了世界首台外径向臂自导向径向转向架（图 7-1），以适应改造转 8A 型转向架满足铁路货车提速的要求。该转向架在侧架外设置了径向臂和限力装置，径向臂和承载鞍铸为一体，限力装置在一定预紧力的作用下将前后径向臂联系在一起。车辆直线运行时，限力装置锁闭，约束前后轮对的摇头运动，保证转向架具有足够的稳定性；车辆曲线运行时，限力装置的拉压力在达到一定的数值后自动解锁，前后轮对的摇头约束得到释放，径向臂促使前后轮对沿曲线径向分布，使车辆获得优越的曲线通过性能。此外，该转向架在侧架导框和承载鞍处加装了弹性橡胶剪切垫，首次提出了一种降低簧下质量和轮轨动作用力的解决措施。

1999 年 11 月—2000 年 11 月，外径向臂自导向径向转向架配装于 C_{64} 型敞车、P_{64} 型棚车进行了线路动力学试验。在环行线以 154 km/h 的速度运行时，其各项动力学性能指标都达到 GB/T 5599《铁道车辆动力学性能评定和试验鉴定规范》的优级标准。正线试验也验证了该转向架完全能满足车辆持续 120 km/h 运行的要求，成为当时转 8A 改造方案中两种可供选择方案之一。该转向架米轨型号共生产了 8 辆份，配装于 P_{31} 型、P_{30} 型棚车运用在云南昆河米轨线，为大面积采用该技术积累了经验。

图 7-1　外径向臂自导向径向转向架

三、转 K7 型转向架

2003 年，铁路重载化的需求日益迫切，为适应大秦铁路开行 2 万 t 重载列车的运输需求，我国开始采用 25 t 轴重货车转向架，并开始关注和研究轮轨磨耗和伤损。为此，我国引进南非 MARK V 型 26 t 轴重自导向径向转向架技术，研制了轴重 25 t、最高运行速度 120 km/h 的转 K7 型转向架，如图 7-2 所示。

转 K7 型转向架在三大件式货车转向架基础上改造了侧架结构，增设了轮对径向装置和轴箱橡胶堆。轮对径向装置由 2 个 U 形副构架通过 2 根径向杆交叉连接而成。U 形副构架与承载鞍一体铸造，直接无间隙地装配在滚动轴承上，实现副构架的整体承载。副构架鞍部前后各设置了一个垂向挠度较大、纵横向刚度较小的轴箱橡胶堆，实现与侧架的弹性连接并降低轮对的摇头约束。径向连接杆穿过摇枕孔通过光圆销装配于副构架中部的安装孔中，圆销与副构架间为小间隙配合。此外，转 K7 型转向架还采用了两级刚度弹簧、双作用弹性旁承等一系列新的技术。

2007—2008 年间，转 K7 型转向架共生产了 864 台配装于 C_{80BF} 型运煤专用敞车，7 台配装于 C_{80C} 和 C_{80CA} 型运煤专用敞车在大秦铁路运用。通过对 C_{80BF} 型专用运煤敞车车轮磨耗情况的长期观测表明，转 K7 型转向架新轮运用 20 万 km 后，车轮轮缘磨耗平均磨耗量为 0.15 mm，运用 40 万 km 后，因轮缘磨耗旋修的车轮占比仅为 2.07%，约为同类型非径向转向架的 1/3～1/2。

图 7-2　转 K7 型转向架

四、DZ3 型转向架

2009—2014 年，为推动铁路货车的升级换代，为适应既有线开展重载运输，在转 K7 型转向架运用经验和相关技术研究成果的基础上，我国于 2011 年研制了 DZ3 型转向架，如图 7-3 所示。该转向架副构架基本结构和转 K7 型转向架类似，其主要变化在于：轴重增加到 27 t，摇枕、侧架全部实现了无焊接设计；承载鞍与副构架分体设计；各磨耗部位均采用了卡入式或紧固件连接的非金属磨耗板，避免了大部件在使用中的磨耗；采用工作行程达 16 mm 的新型 V 形长行程常接触弹性旁承，提高旁承体抗蠕变性能，降低车辆动力学性能对旁承间隙变化的敏感性。

2014 年，该转向架配装于 C_{80EF} 型通用敞车，投入运用和考验。

图 7-3　DZ3 型转向架

五、DZ6 型转向架

我国长期致力于副构架式转向架的轻量化研究，以进一步提高配装该型转向架的重载车辆运输经济性。2009 年后，在融合北美 DR 和 AR 自导向径向转向架技术，以及总结副构架式转向架设计运用经验的基础上，研制了一种具有自主知识产权的 30 t 轴重副构架式径向转向架，即 DZ6 型转向架，把副构架式转向架技术引入了一个新的发展阶段，其结构如图 7-4所示。在此过程中，除开展传统铸钢方案 U 形副构架研制外，还开展了焊接、铸铝两种方案 U 形副构架的设计和制造工艺研究，如图 7-5、图 7-6 所示。

30 t 轴重副构架式径向转向架采用了三大件转向架最普遍的承载鞍系统，宽导框承载鞍、八字形轴箱橡胶堆弹性定位和传统的侧架导框结构，减少了轴箱橡胶堆的个数，提高了橡胶堆的垂向挠度。承载鞍与副构架通过紧固件连接，U 形副构架结构简化，副构架质量减轻 50%；采用转向架集成制动装置、长行程常接触弹性旁承等新技术，转向架性能进一步提高。由于副构架结构的改变，摇枕、侧架等大部件结构可最大程度的与传统转向架兼容，转向架通用化和模块化程度、制造和运用经济性进一步提高。同时由于新型副构架结构使垂向载荷直接传递给承载鞍，副构架不再承受垂向载荷，受力方式的改变也带来了可靠性的提高。此外，由于簧下质量的降低，轮轨动力作用和轮轨磨耗将进一步降低，该型转向架的性能优势更能得到体现。

图 7-4　DZ6 型转向架

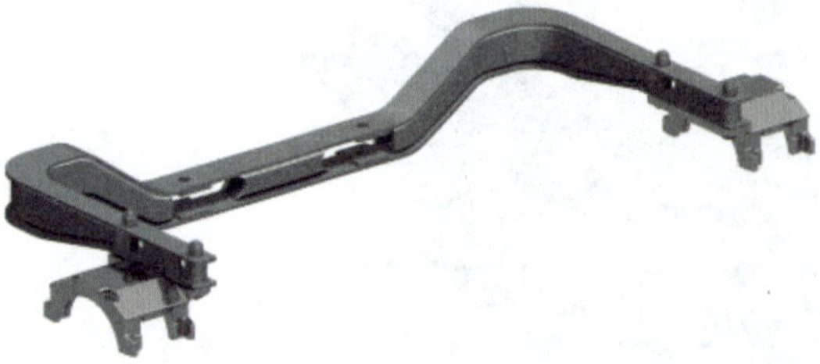

图 7-5　焊接结构 U 形副构架

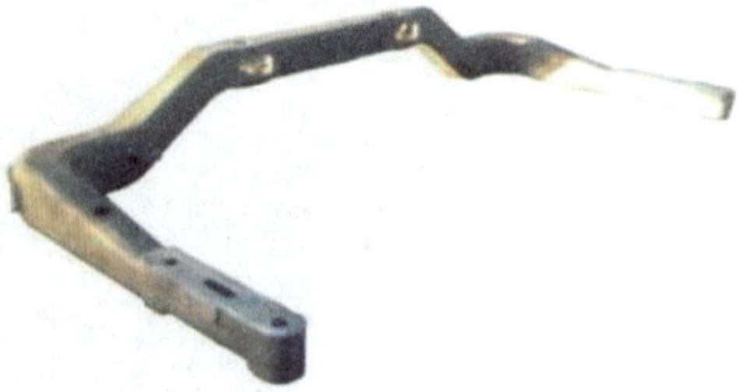

图 7-6　铸造铝合金 U 形副构架

第二节 副构架式转向架技术特征

一、技术特点

1. 技术原理

我国研制的 25 t 轴重转 K7、27 t 轴重 DZ3 和 30 t 轴重 DZ6 型副构架式转向架均为自导向径向转向架。车辆通过曲线时，所有轮对都具有趋于曲线径向位置的能力的转向架称为径向转向架。根据导向原理不同，径向转向架分为自导向转向架和迫导向转向架两大类。自导向径向转向架是依靠轮轨间的蠕滑力进行导向的，它利用进入曲线时轮轨间产生的蠕滑力，通过转向架自身导向机构的作用使转向架的前、后轮对“自动”进入曲线的径向位置。迫导向径向转向架是利用车辆进入曲线轨道时车体与转向架构架间的相对回转运动，通过专门的导向机构(如连接车体与轴箱或副构架的杠杆系统)使前、后轮对偏转，强迫轮对进入曲线后处于曲线径向位置。

我国研制的副构架式转向架主要是在吸收借鉴 Scheffel、DR 和 AR 转向架等径向转向架技术基础上自主创新研制而成的。根据 A. H. Wickens 的研究，对于任何结构形式的两轴转向架，都可以按静力学观点把它等效为两个相互弹性约束的轮对。该弹性约束可用等效剪切刚度 K_s 和等效弯曲刚度 K_b 来模拟。等效抗剪刚度 K_s 定义为前轮对作横向位移时，后轮对作用于前轮对的弹性复原力与两轮对横向位移的比值。等效弯曲刚度 K_b 定义为前、后轮对相对摇头是弹性复原力矩与相对摇头角度的比值。从提高转向架曲线通过性能的角度，要求等效弯曲刚度 K_b 尽可能小；而在此条件下，为提高转向架的横向稳定性，又需要较大的等效剪切刚度 K_s。在非零的剪切刚度作用下，轮对有占据径向位置的能力，因此可以采用降低弯曲刚度的办法来改善曲线通过性能。这就是 A. H. Wickens 提出的轮对间相互连接或对角交叉支撑的副构架式转向架的径向原理(图 7-7)。

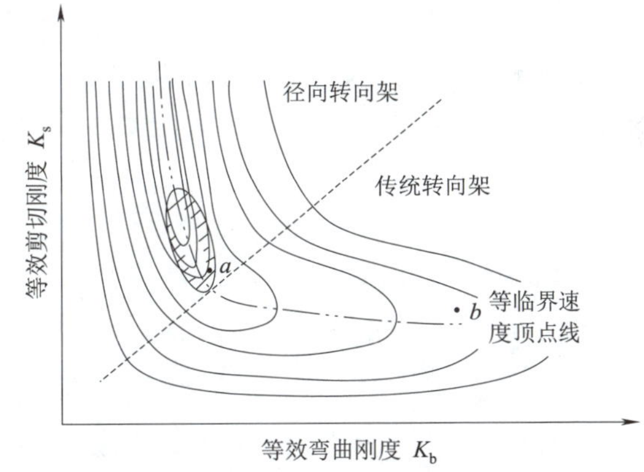

图 7-7 转向架 K_b-K_s 坐标系中等临界速度

副构架式转向架采用交叉布置的两连接杆，将布置在两条轮对上的两个 U 形副构架相连接，每一个 U 形副构架又将同一轮对的两轴箱连接在一起。这一机构组成转向架的轮对径向装置，与柔软的一系轴箱弹性悬挂装置共同作用，实现了大的等效剪切刚度 K_s 和较小的等效弯曲刚度 K_b，从而可以实现直线运行时两轮对的横向和纵向的可靠定位，以及曲线上轮对沿曲线半径方向的相对自由转动。

2. 结构特点

我国研制的转 K7、DZ3 和 DZ6 型转向架均具有以下共性的结构特点：

(1)采用 U 形副构架和两根交叉连接杆组成的轮对径向装置

目前 U 形副构架多采用铸造工艺制造，也可采用焊接或锻造工艺制造。U 形副构架与承载鞍一体式铸造或两者分体设计，U 形副构架通过承载鞍与一个轮对上的两滚动轴承装置相连。连接杆采用锻造工艺制造，两连接杆交叉穿过摇枕腹板孔，将两 U 形副构架通过圆销或拉铆销连接，从而组成一个完整的轮对径向装置，保证车辆直线运行稳定性。

(2)采用柔软的一系轴箱弹性悬挂装置

由于橡胶件具有良好的减振和弹性变形能力，副构架式转向架一系轴箱弹性悬挂装置多采用金属—橡胶复合结构的橡胶堆。柔软的一系橡胶堆不仅实现了轴箱部位的弹性定位，而且提供较小的纵向和横向刚度，从而实现两轮对间较小的抗弯刚度，与轮对径向装置共同作用使过曲线时两轮对趋于径向位置。

(3)采用两级刚度的二系悬挂装置

提高弹簧静挠度不仅可以提高货车转向架的运行平稳性，而且还可以提高转向架对扭曲线路的适应性和脱轨安全性。采用内、外枕簧不同高度的两级刚度弹簧是提高空车弹簧静挠度的有效措施，即在空车时弹簧具有较小的刚度，使空车弹簧静挠度提高到 8～12 mm，而在重车时弹簧具有较大的刚度，以承受重车的载荷。

(4)采用常接触弹性旁承

货车车体与转向架之间适当而稳定的回转阻力矩能抑制车体与转向架的摇头运动，有利于提高运行平稳性，从而提高车辆的临界速度。采用双作用常接触弹性旁承技术的主要作用就是使车体与转向架之间有适当而稳定的回转阻力矩。当车体相对摇枕侧滚时，弹性旁承体将起约束作用，防止上下心盘翘离。

3. 性能特点

(1)良好的蛇行运动稳定性

副构架式转向架因为轮对径向装置的两连接杆和 U 形副构架连接提供了较大的等效抗剪刚度，约束了两轮对的自由运动，实现了侧架相对摇枕较小的菱形变形，具有良好的蛇行运动稳定性。2007 年 7 月配装转 K7 型转向架的 C_{80B} 和 C_{70} 型敞车在最高试验速度 131 km/h 时，空重车各项动力学性能均满足 GB/T 5599 要求。

(2)良好的曲线通过性

柔软的一系橡胶堆不仅实现了轴箱部位的弹性定位，而且提供较小的纵向和横向刚度，从而实现两轮对间较低的抗弯刚度，与轮对径向装置共同作用使过曲线时两轮对趋于径向位置，大幅度降低了轮对的冲角。

2014 年 11 月，在朔黄铁路进行 KM_{98AF} 型煤炭漏斗车线路动力学试验中，所配装的 DZ6 型转向架与比较车 C_{80} 型敞车配装转 K6 型交叉支撑转向架相比，曲线通过时轮对夹角变化明显大于比较车，两轴夹角位移差与等效的径向半径在所有工况时与理论值符合很好，轮对径向能力显著，如图 7-8 所示。

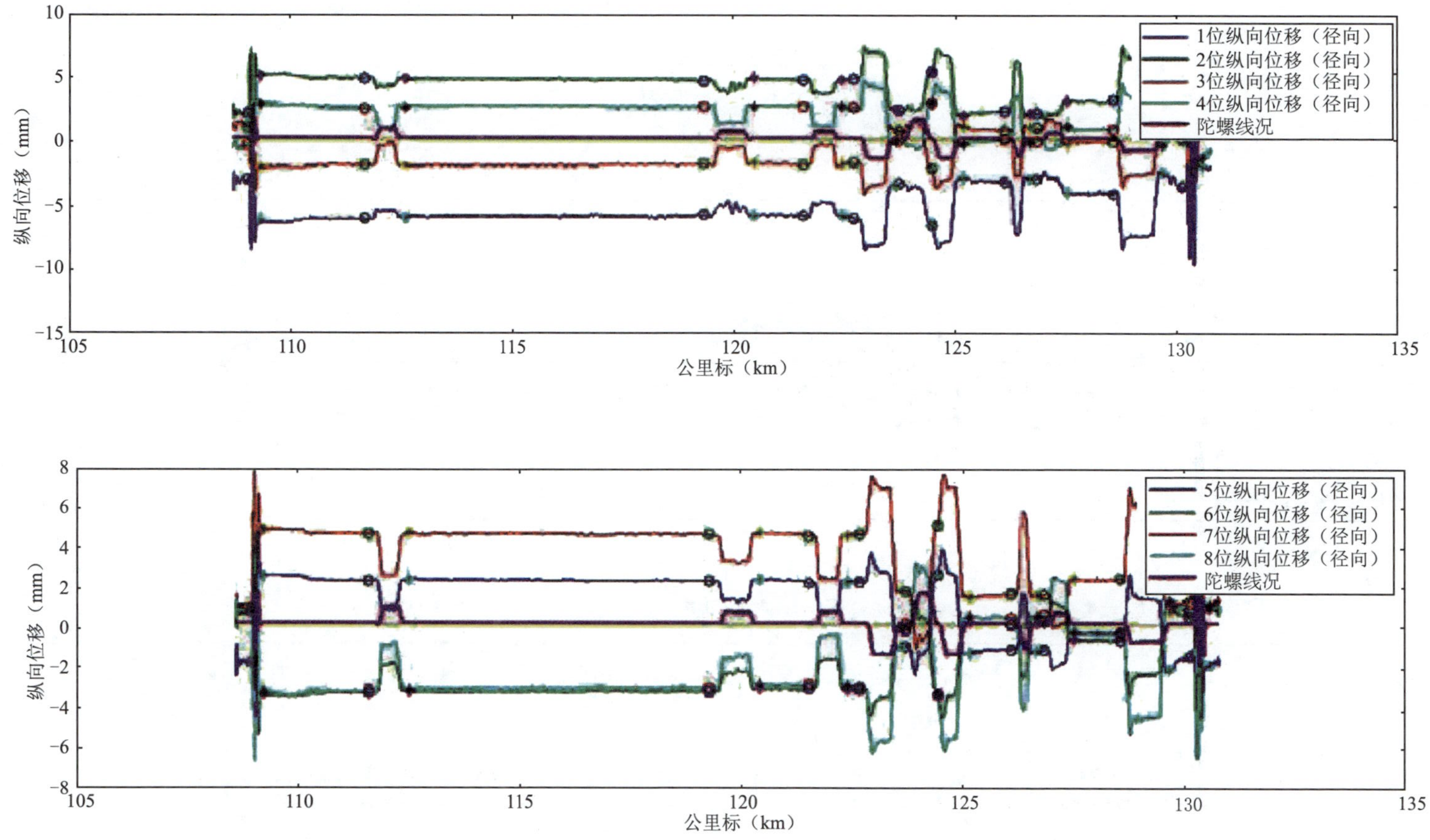

（a） KM98AF实测承载鞍与侧架纵向位移

图 7-8

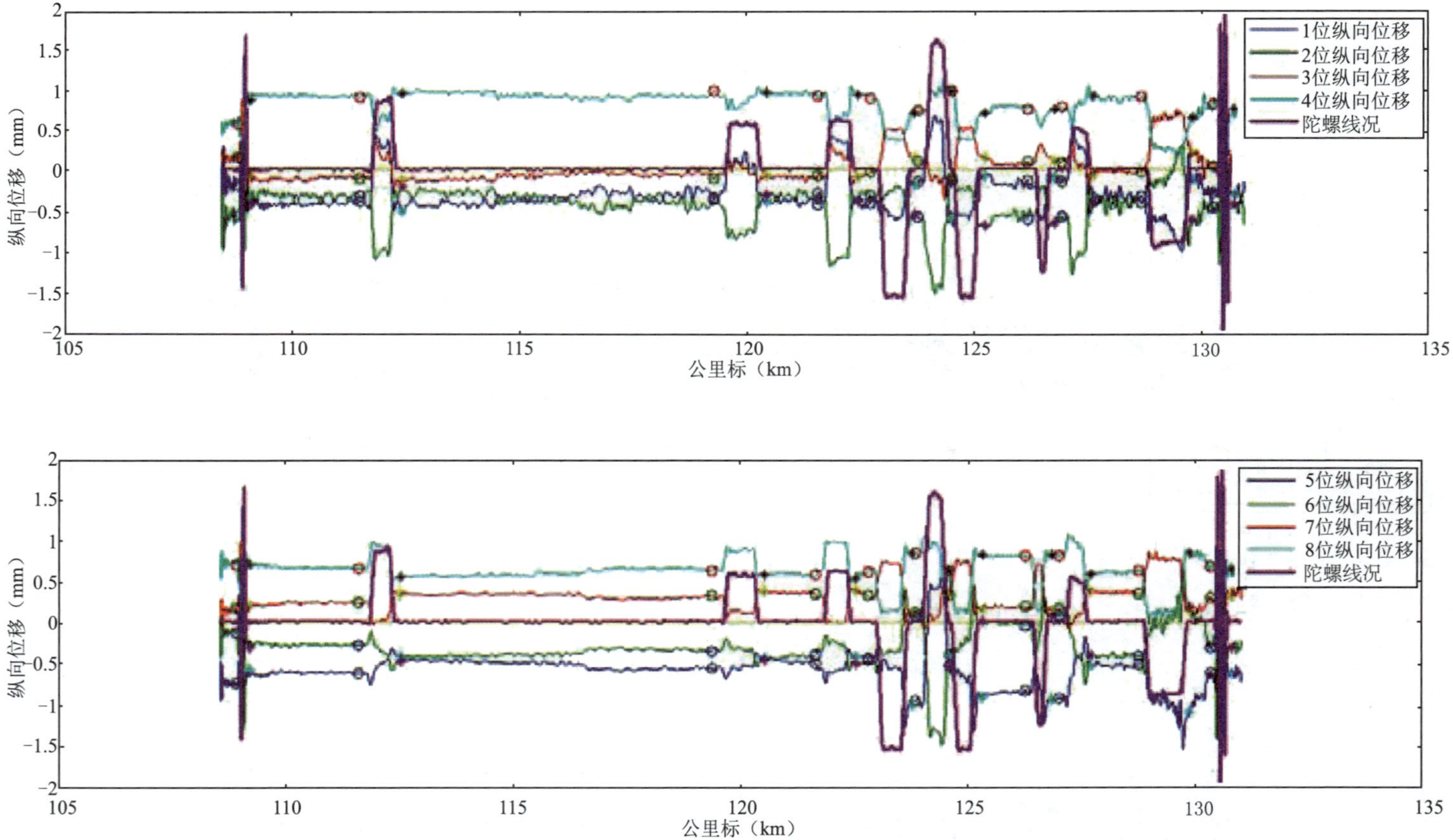

（b）C_{80} 实测承载鞍与侧架纵向位移

图 7-8　KM_{98AF} 与 C_{80} 实测承载鞍与侧架纵向位移对比

2016 年 1 月，在美国 TTCI 交通运输技术中心进行了副构架式转向架重车曲线运行阻力测试。试验结果如图 7-9 所示，转向架曲线通过性能极其优异，曲线阻力约是美国现有三大件式转向架的 1/2～1/3。转向架不仅在 10°(R175 m)和 12°(R145 m)等小半径曲线线路上运行阻力小、通过性能好，而且在半径大于 400 m 的 3°(R582 m)和 4°(R437 m)曲线以及直线上运行阻力小、通过性能也好。

(3)降低轮轨动力作用

副构架式转向架降低轮轨动力作用的技术措施包括：

①较小的轴箱纵向、横向定位刚度

轴箱定位刚度变大，轮轨横向力越大。副构架式转向架用副构架和连接杆连接前后轮对，减小了转向架的菱形变形，为在轮对和侧架间采用较小的定位刚度提供了条件，因而减小了轮轨横向力。

②较小的轴箱垂向刚度

转向架轮轨垂向动作用力与轴箱垂向悬挂刚度和簧下质量有关。轴箱垂向悬挂刚度和簧下质量越大，车辆垂向振动对轮轨垂向力的影响越大，轮轨垂向力也越大。副构架式转向架采用垂向挠度较大的橡胶堆，能较好地隔离侧架和轮对间的振动，改善垂向振动性能。

③轮对径向装置降低轮轨横向作用力

若不考虑线路不平顺造成的车辆振动，从理论力学的观点看，车辆以一定速度通过特定半径的曲线时，离心加速度是确定的。也就是说，整车自重相同的前提下，装用不同类型转向架的车辆整体对钢轨的横向作用力大小相同。因而，副构架式转向架不能降低整个车辆对轨道的作用力，但轮对径向装置可以使横向力大小重新分配；导向轮对轮轨横向力较普通转向架小，非导向轮对轮轨横向力较普通转向架大，使转向架的两个轮对的横向力大小基本相当。图 7-10 列举了副构架式转向架和传统转向架曲线通过时各轮对轮轨横向力的一个变化实例。

副构架式转向架之所以有这一作用，与其前后轮对在曲线上的排列有关。转向架通过曲线时，前后轮对因横移量不同有最大斜偏位、自由位和最大外斜位 3 种排列形式，如图 7-11 所示。普通三大件式转向架因为结构较为松散，在曲线通过时常常处于最大斜偏位或自由位，仅在很高速度通过时才可能处于最大外斜位。副构架式转向架因轮对径向装置对前后轮对横向运动的耦合作用，前后轮对横移方向一致，容易处于最大外斜位。一般的，副构架式转向架导向轮对横移小于传统转向架，非导向轮对横移大于传统转向架。对于磨耗形踏面，垂向载荷和轮对冲角一定时，轮对横移偏大，轮对等效锥度越大，轮轨横向力越大，因而副构架式转向架前后轮对轮轨横向力得以重新分配。

若考虑线路不平顺造成的车辆随机振动，副构架式转向架因为轮对径向装置的作用，导向轮对和非导向轮对的横向振动相互耦合，不能各自单独运动，轮轨横移和冲角的波动幅度大大低于普通转向架。因为轮对振动幅度低，轮轨横向力的波动幅度也不大，相同轴重时，各轮对轮轨横向力的最大值降低。

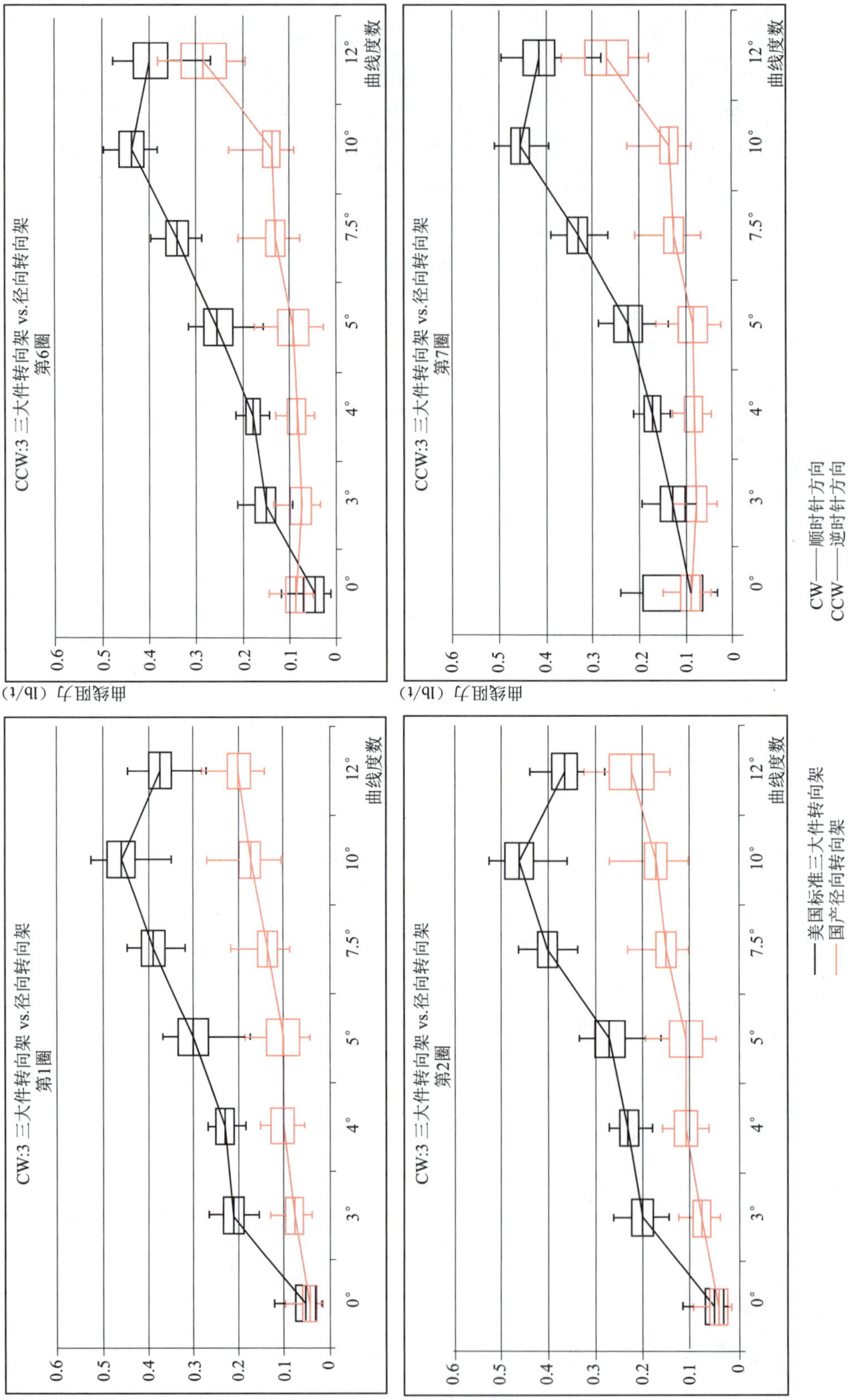

图 7-9　曲线阻力试验结果对比

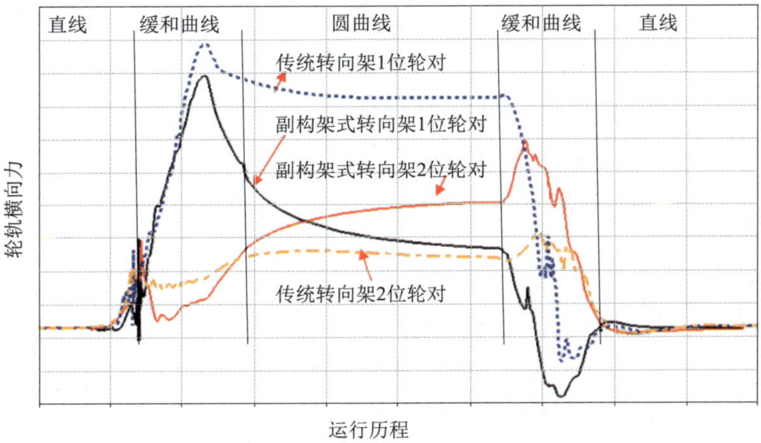

图 7-10　不同转向架曲线通过时各轮对轮轨横向力的变化

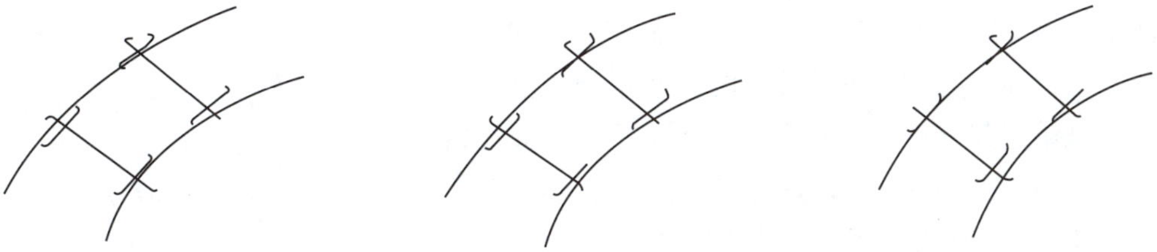

（a）最大斜偏位
（前轮对贴靠外轨，后轮对贴靠内轨）

（b）自由位
（前轮对贴靠外轨，后轮对不贴靠）

（c）最大外斜位
（前轮对贴靠外轨，后轮对也贴靠外轨）

图 7-11　转向架曲线轮对排列形式

南非对副构架式转向架轮轨横向力的测定表明，其轮轨横向力在 600 m 半径曲线上时比普通三大件式转向架减少了 1/3～1/2。我国转 K7 型副构架式转向架装用于 C_{70} 型敞车的线路动力学试验所测试的轮轴横向力，也表明了副构架式转向架有降低轮轨横向力的效果。

（4）降低轮轨磨耗

副构架式转向架对轮轨磨耗的降低主要是减轻轮缘和钢轨侧面磨耗。长期的研究和实践表明，轮缘和钢轨侧面磨耗的主要原因有以下几种：轮缘在钢轨上的快速滑动造成的滑动磨耗；轮缘的切削作用；钢轨在载荷作用下头部出现的塑性流动。轮轨一点接触时，轨头断面圆角处的高接触应力和高蠕滑率是产生侧磨的原因；轮轨两点接触时，轮缘在轨头侧面的快速滑动是侧磨的主要原因。

副构架式转向架减小轮轨磨耗的途径是：减小轮对冲角、减小轮轨横向力、改善轮轨接触斑在车轮上的位置等。副构架式转向架曲线通过时因其独特的径向作用，前后轮对在蠕滑力的导向作用下，轮对轴线均能趋向轨道曲线半径的方向，导向轮对冲角和横移均比传统转向架小很多，轮轨两点接触的几率降低、接触点远离轮缘而获得较小的接触应力和蠕滑力，降低了轮轨磨耗。

(5)其他性能特点

根据国外的研究成果,副构架式转向架因具有良好的曲线通过性能和直线蛇行运动稳定性,可以有效降低列车运行牵引能耗和运行噪声等。因试验条件所限,国内这方面做的研究工作还较少,后期将适时开展该方面的研究。

二、基本组成

1. 转 K7 型转向架基本组成

转 K7 型转向架为铸钢三大件式货车转向架。主要由轮对组成、侧架组成、橡胶堆、摇枕组成、基础制动装置、滚动轴承装置、JC 型双作用弹性旁承、轮对径向装置、组合式斜楔等部件组成。一系悬挂采用橡胶堆,相对于轮轴中心线呈斜对称分布,橡胶堆为矩形结构;轮对径向装置由两个 U 形副构架通过两个连接杆交叉销接组成。二系悬挂采用带变摩擦减振装置的中央枕簧悬挂系统,摇枕弹簧为二级刚度,采用组合式斜楔,斜楔体为贝氏体球墨铸铁,主摩擦板为高分子合成材料;采用直径为 375 mm 的平面下心盘,摇枕与下心盘采用拉铆钉连接,下心盘内设有尼龙心盘磨耗盘(导电式);轴承采用 353130B 紧凑型双列圆锥滚子轴承,轮对采用 RE_{2B}型 50 钢车轴及 HESA 辗钢车轮或 HEZD 铸钢车轮;采用 JC 型双作用弹性旁承;基础制动装置为下拉杆式单侧闸瓦制动装置,采用 L-B 型组合式制动梁,高摩合成闸瓦。转 K7 型转向架结构如图 7-12～图 7-14 所示。

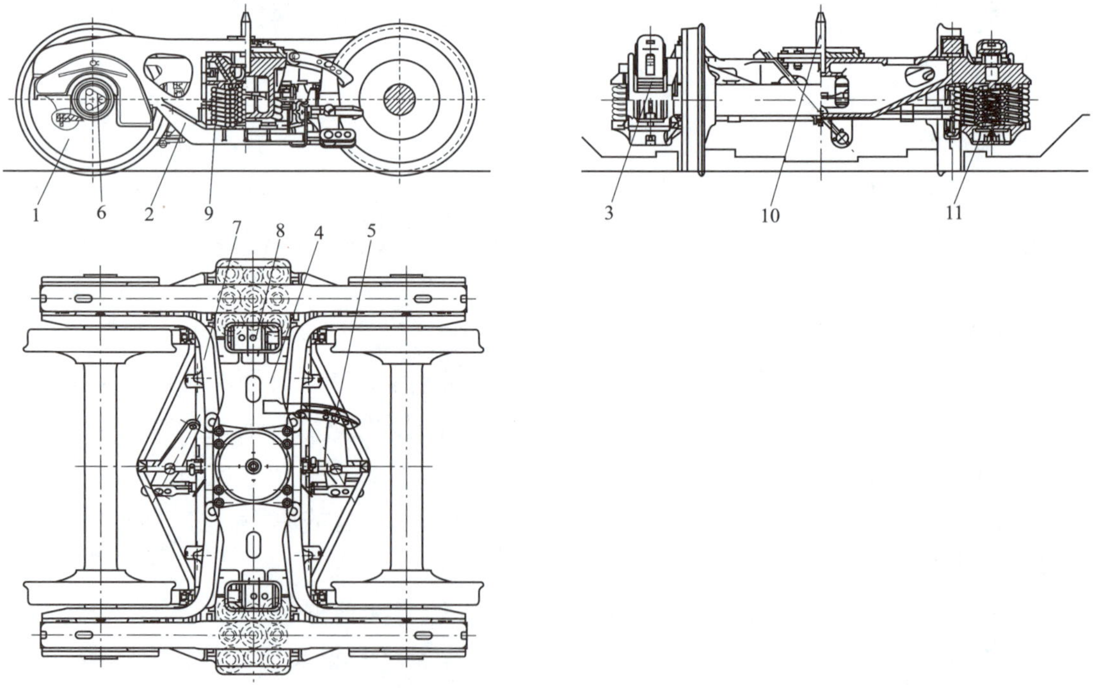

图 7-12　转 K7 型转向架二维图

1—轮对组成;2—侧架组成;3—橡胶堆;4—摇枕组成;5—基础制动装置;6—滚动轴承装置;7—轮对径向装置;8—JC 型双作用弹性旁承;9—组合式斜楔;10—中心销;11—中央悬挂装置

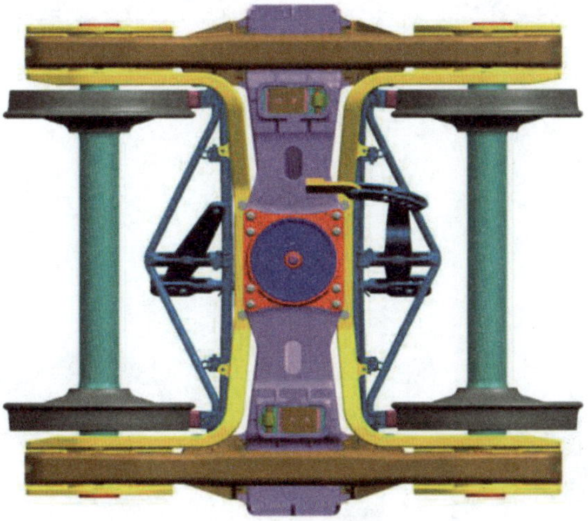

图 7-13　转 K7 型转向架三维图

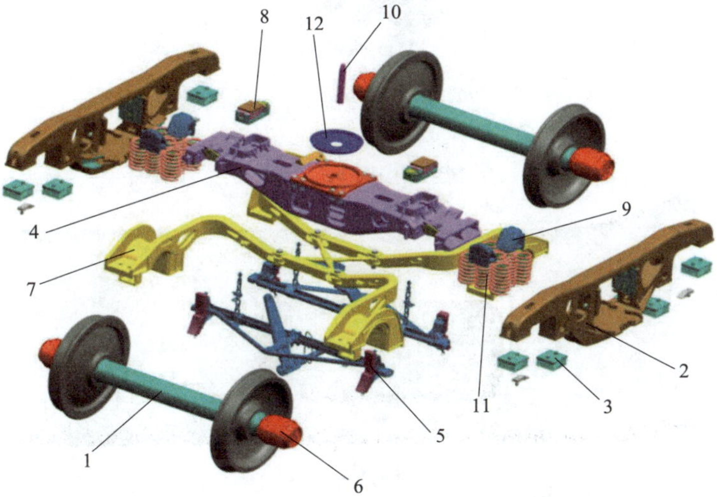

图 7-14　转 K7 型转向架三维实体爆炸图

1—轮对组成；2—侧架组成；3—橡胶堆；4—摇枕组成；5—基础制动装置；6—滚动轴承装置；
7—轮对径向装置；8—JC 型双作用弹性旁承；9—组合式斜楔；10—中心销；11—中央悬挂装置；12—心盘磨耗盘

(1)轮对及滚动轴承装置

轮对组成由车轮、车轴压装而成，车轮采用直径为 840 mm 的 HESA 型辗钢或 HEZD 型铸钢车轮，踏面为 LM 型踏面；车轴为 RE_{2B} 型车轴；滚动轴承装置采用 353130B 型紧凑型圆锥滚子轴承。轮轴组成及踏面外形如图 7-15 所示。

图 7-15　轮轴组成

1—车轴；2—车轮；3—滚动轴承装置

(2)轮对径向装置

轮对径向装置主要由 U 形副构架、连接杆和连接圆销等零部件组成。U形副构架和承载鞍为一体式铸造。连接杆为整体锻造结构，如图7-16所示。两者间采用特制圆销连接，圆销头部设置螺纹和开槽螺母、开口销连接，可以防止圆销脱出，如图7-17所示。

图7-16 轮对径向装置

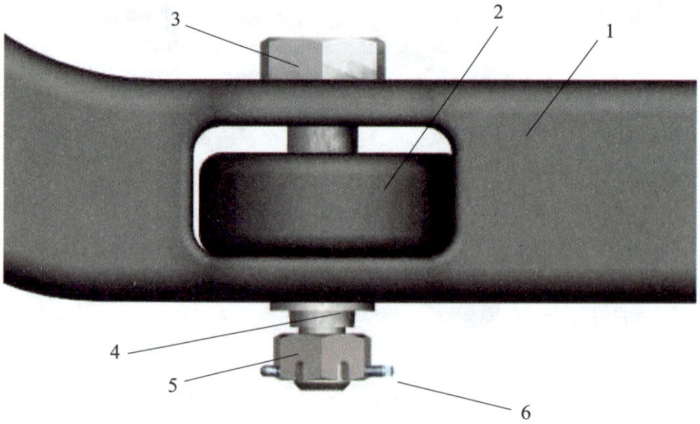

图7-17 连接杆与副构架的连接

1—副构架；2—连接杆；3—圆销；4—平垫圈；5—螺母；6—开口销

(3)橡胶堆

橡胶堆由金属和橡胶硫化而成，橡胶堆为矩形结构，顶板上有两个定位销，底板上有两个定位销。在组装时，导电铜绞线靠近侧架内侧。橡胶堆的纵向和横向刚度是不相同的，组装时有人字形的沿车轴中心线方向，即车辆横向方向，如图7-18所示。

(4)侧架、摇枕组成

侧架、摇枕材质采用B+级钢。

侧架组成由侧架、立柱磨耗板、滑槽磨耗板等零部件组成，如图7-19所示。侧架与立柱磨耗板之间采用折头螺栓连接。

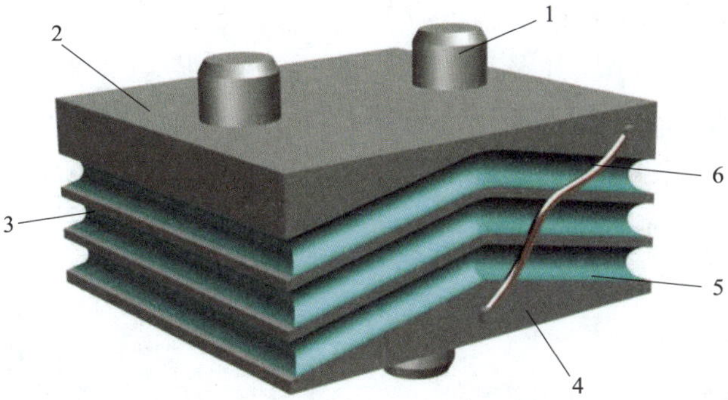

图 7-18　橡胶堆

1—定位销;2—顶板;3—隔板;4—底板;5—橡胶体;6—铜绞线

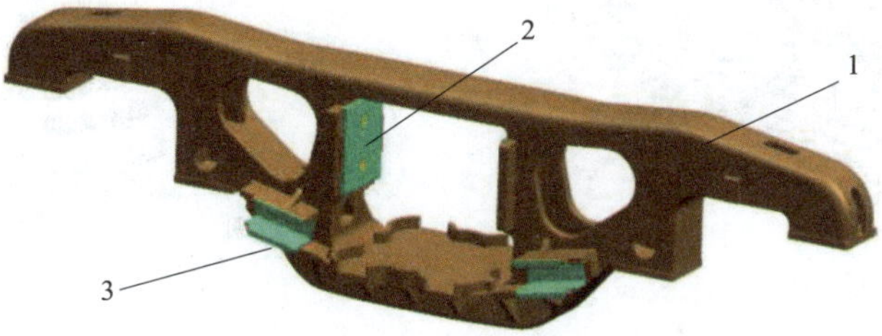

图 7-19　侧架组成

1—侧架;2—立柱磨耗板;3—滑槽磨耗板

摇枕组成由摇枕、下心盘、斜面磨耗板和固定杠杆支点座等零部件组成,下心盘与摇枕分体铸造,斜面磨耗板与摇枕采用焊接方式连接,如图 7-20 所示。

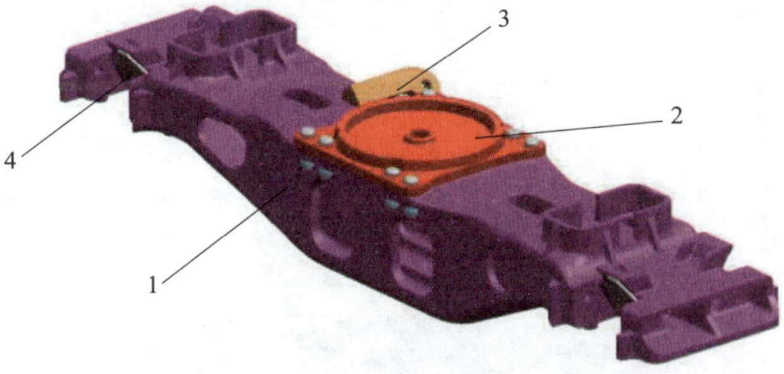

图 7-20　摇枕组成

1—摇枕;2—下心盘;3—固定杠杆支点座;4—斜面磨耗板

(5)中央悬挂装置

中央承载弹簧采用两级内、外双圆柱螺旋弹簧承载。空车时仅承载外圆弹簧承载,重车时内圆弹簧也参与承载,实现空、重车两级刚度。既可以提高空车静挠度,改善空车运行品质,又可以保证重车时,弹簧组具有合适的挠度,保证空、重车车钩之间的连挂。转向架中央摇枕弹簧由 10 个承载外圆弹簧(1)、10 个承载内圆弹簧和 4 个承载外圆弹簧(2)组成,承载外圆弹簧(1)和承载外圆弹簧(2)高度相等,承载内圆弹簧比承载外圆弹簧(1)、(2)低 26 mm。弹簧布置位置如图 7-21 所示。

减振装置为变摩擦斜楔式减振器,可提供适宜的相对摩擦系数。减振装置由组合式斜楔和减振弹簧组成,减振弹簧由不等高的内外卷弹簧组成,如图 7-22 所示。

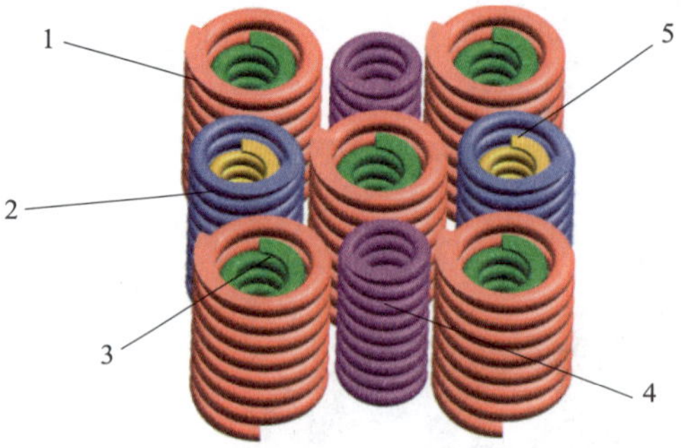

图 7-21 中央悬挂装置

1—承载外圆弹簧(1);2—减振外圆弹簧;3—承载内圆弹簧;4—承载外圆弹簧(2);5—减振内圆弹簧

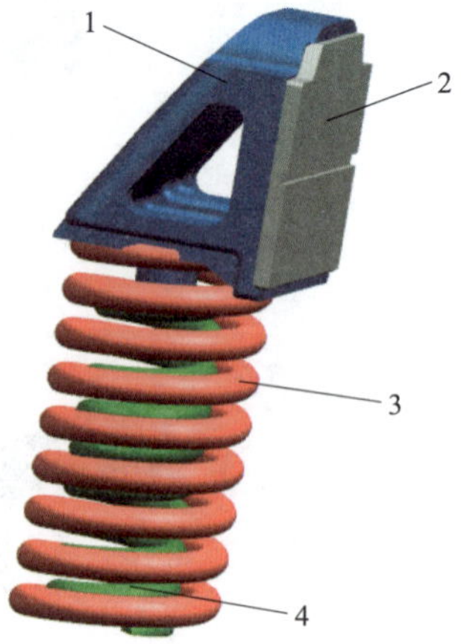

图 7-22 减振装置

1—组合式斜楔体;2—斜楔主摩擦板;3—减振外圆弹簧;4—减振内圆弹簧

(6)弹性旁承组成

转 K7 型转向架采用 JC 型双作用常接触弹性旁承,增加转向架与车体之间的回转阻力矩,提高转向架高速运行稳定性。JC 型双作用常接触弹性旁承主要由旁承磨耗板、弹性旁承体、旁承座、滚子、滚子轴、调整垫板、垫片等零部件组成,如图 7-23 所示。

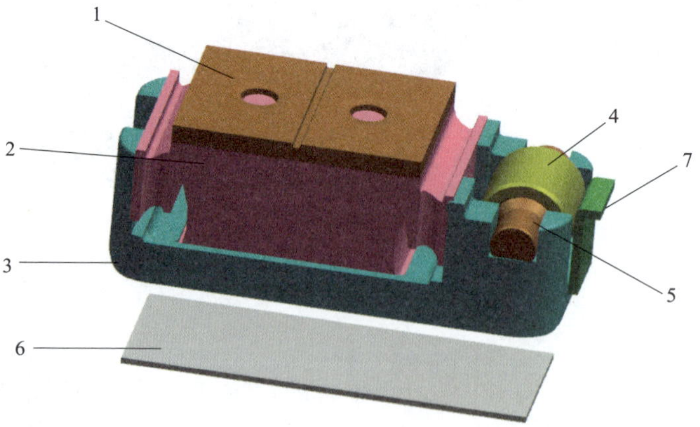

图 7-23 弹性旁承组成

1—旁承磨耗板;2—弹性旁承体;3—旁承座;4—滚子;5—滚子轴;6—调整垫板;7—垫片

(7)基础制动装置

基础制动装置如图 7-24 所示,由 L-B 型组合式制动梁、高摩合成闸瓦、固定杠杆、游动杠杆、固定杠杆支点和连接圆销等零部件组成。为满足 25 t 轴重、120 km/h 制动要求,减轻闸瓦对车轮的危害,闸瓦采用高摩合成闸瓦。为避免闸瓦搭头而造成闸瓦偏磨,采用滑块式结构,滑块外有尼龙套,以减少磨耗。采用 L-B 型组合式制动梁,减少焊接带来的焊接应力和缺陷,延长其使用寿命,减少维修工作量。

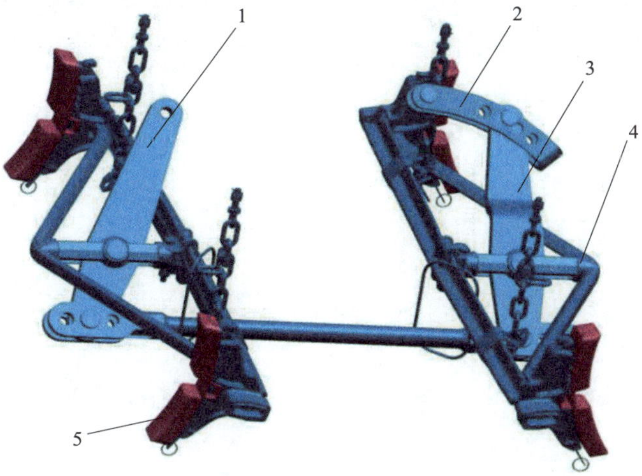

图 7-24　基础制动装置

1—游动杠杆;2—固定杠杆支点;3—固定杠杆;4—L-B 型组合式制动梁;5—高摩合成闸瓦

2. DZ3 型转向架基本组成

DZ3 型转向架为铸钢三大件式货车转向架,主要由轮对、滚动轴承装置、轮对径向装置、侧架组成、摇枕组成、橡胶堆、中央悬挂装置、弹性旁承和转向架制动装置等部件组成。转向架一系悬挂采用橡胶堆;二系悬挂采用带变摩擦减振装置的中央枕簧悬挂系统,摇枕弹簧为两级刚度;下心盘内设有导电型尼龙心盘磨耗盘;采用长行程弹性旁承;制动装置采用下拉杆式单侧闸瓦制动结构,并可装用转向架集成制动装置,采用高摩合成闸瓦;采用伸缩式挡键。DZ3 型转向架如图 7-25～图 7-27 所示。

与 25 t 轴重的转 K7 型转向架相比,27 t 轴重的 DZ3 型转向架除为满足轴重增大和整车设计要求而对轮轴、侧架、摇枕、二系悬挂及基础制动等零部件修改设计外,最重要的技术创新和改进是对轮对径向装置进行了优化设计,主要体现在两大方面。

(1)为实现 U 形副构架的免维护,同时改善轴承的受力状态,在 U 形副构架与轴承之间设立了独立的承载鞍和承载鞍垫,如图 7-28 所示。由于该优化方案实现了 U 形副构架与承载鞍的分离,并在二者间设置了承载鞍垫,使其较转 K7 型转向架轮对径向装置具有如下技术优势:实现了 U 形副构架寿命周期内的无磨耗和免维护,当承载鞍磨耗到限时,仅需更换承载鞍,降低了维修成本,提高了检修性能;承载鞍垫既实现了承载鞍与副构架间的弹性连接，可避免金属的直接磨耗，又提高了承载鞍的装配工艺性；承载鞍与副构架的定位与传统三大件式转向架承载鞍侧架导框的连接方式相同，轴承垂向承力模式一致，同时承载鞍垫使承载鞍顶部受力更均匀，进一步改善了承载鞍和轴承的受力状态。

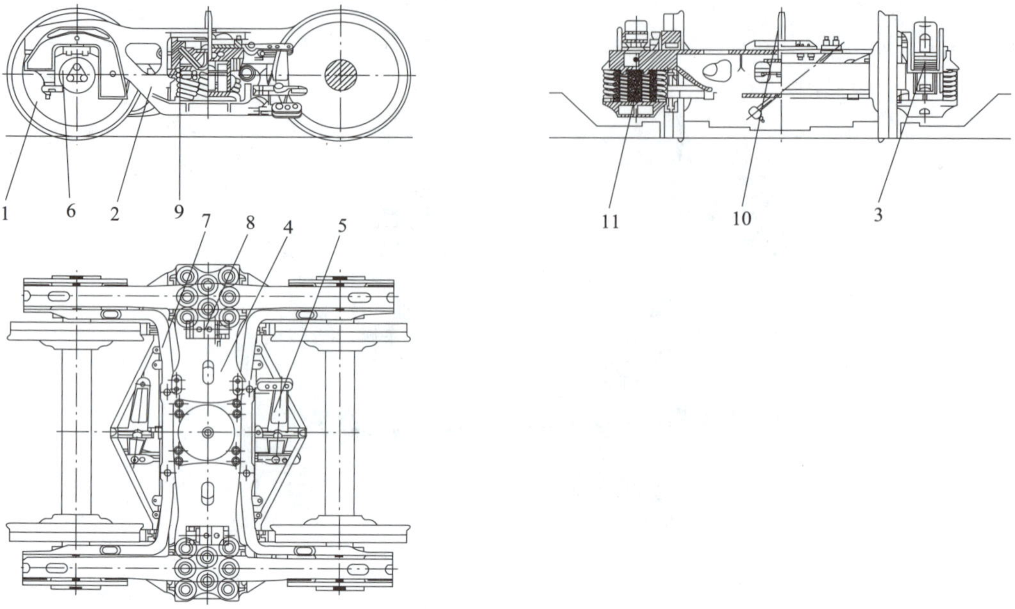

图 7-25　DZ3 型转向架二维图

1—轮对组成；2—侧架组成；3—橡胶堆；4—摇枕组成；5—基础制动装置；6—滚动轴承装置；
7—轮对径向装置；8—弹性旁承；9—组合式斜楔；10—中心销；11—中央悬挂装置

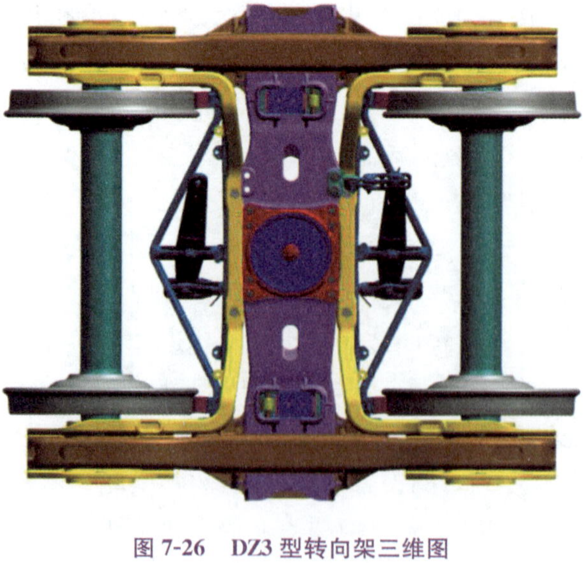

图 7-26　DZ3 型转向架三维图

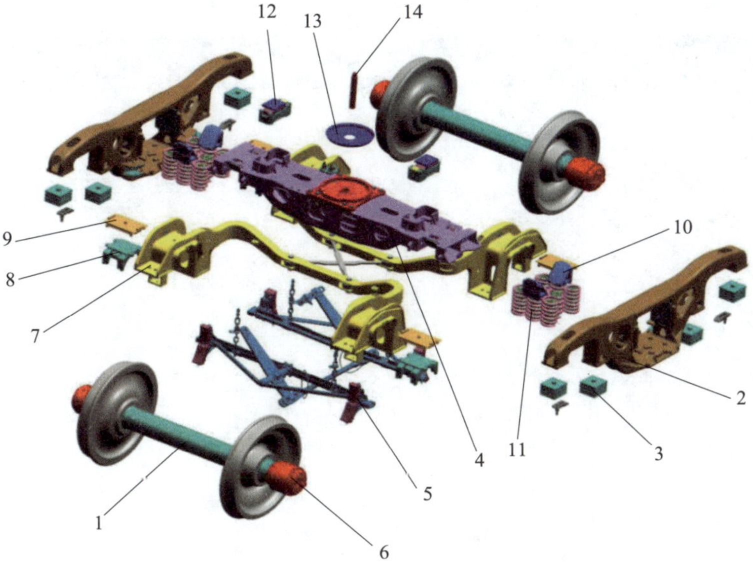

图 7-27　DZ3 型转向架三维实体爆炸图

1—轮对组成；2—侧架组成；3—橡胶堆；4—摇枕组成；5—基础制动装置；6—滚动轴承装置；7—U 形副构架；8—承载鞍；9—承载鞍橡胶垫；10—组合式斜楔；11—中央悬挂装置；12—弹性旁承；13—心盘磨耗盘(导电式)；14—中心销

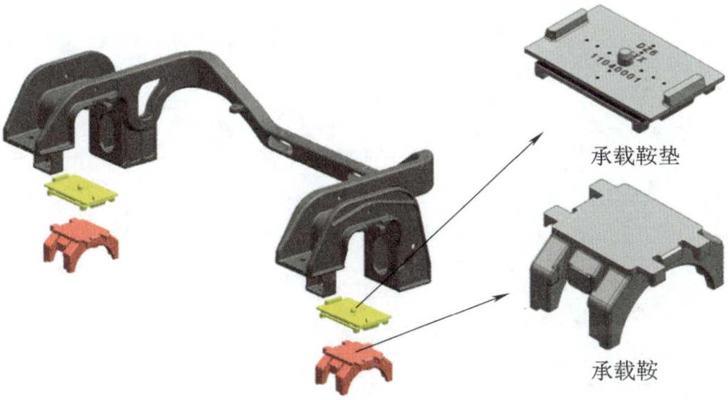

图 7-28　副构架组成

(2)在连接杆端部通过过盈装配设置了弹性铰，替换转 K7 型转向架采用的奥—贝衬套，如图 7-29 所示。该方案变 U 形副构架与连接杆间的刚性转动铰连接为弹性转动铰连接，降低了连接杆传递径向力是时的载荷冲击作用，减轻了 U 形副构架孔、连接杆孔及连接圆销金属磨耗后转动间隙的扩大趋势，提高了转向架的性能稳定性。

DZ3 型转向架与转 K7 型转向架、DZ6 型转向架主要结构差异见表 7-1。

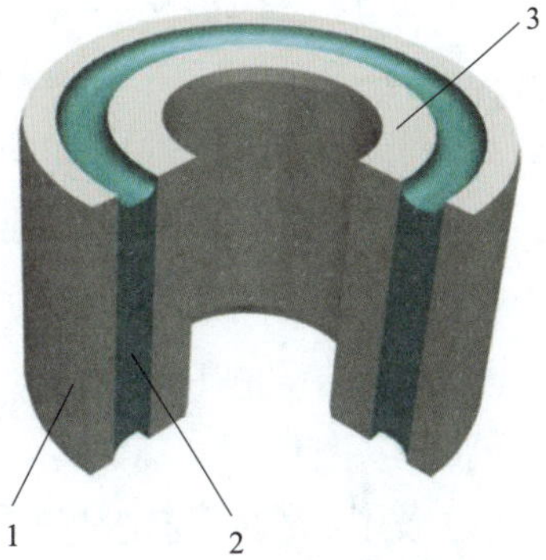

图 7-29　弹性铰

1—外套；2—橡胶；3—内套

表 7-1 副构架式转向架结构参数

结构参数	转 K7	DZ3	DZ6
固定轴距(mm)	1 800	1 860	1 860
轴颈中心距(mm)	1 981	2 006.6	2 006.6
车轮直径(mm)	840	915	915
车轴型号	RE_{2B}	RF_2	RF_2
车轮型号	HESA 或 HEZD	HFS 或 HFZ	HFS 或 HFZ
轴承型号	353130B 型	353132A 型	353132A 型
承载鞍与副构架连接形式	整体铸造	分体式,承载鞍弹性垫连接	分体式,拉铆连接
橡胶堆形式	矩形	矩形	八字形
每轴箱橡胶堆数量(个)	2	2	1
立柱磨耗板	两孔	四孔	四孔
摇枕斜面磨耗板连接类型	焊接	折头螺栓紧固	折头螺栓紧固
心盘直径(mm)	375	375	419
侧架型号	转 K7 型	DZ3 型	—
摇枕型号	转 K7 型	DZ3 型	—
连接杆销套类型	奥—贝球铁衬套	弹性铰	弹性铰
制动梁型号	L-B 型	L-B1 型	—
制动拉杆形式	下拉杆	下拉杆	集成制动
旁承	JC 型	CBC-1 型	SSB-4000XT 型
心盘磨耗盘	转 K6 型	转 K6 型	MP419×51 型

3. DZ6 型转向架基本组成

DZ6 型转向架由轮对、滚动轴承装置、轮对径向装置、侧架、摇枕、八字形橡胶堆、中央悬挂装置、弹性旁承、集成制动装置等组成。一系悬挂采用大挠度八字形橡胶堆;二系悬挂采用带变摩擦减振装置的中央枕簧悬挂系统,摇枕弹簧为两级刚度;下心盘内设有导电型尼龙心盘磨耗盘;采用长行程弹性旁承;采用高摩合成闸瓦;采用伸缩式挡键。DZ6 型转向架如图 7-30～图 7-32 所示。

与 27 t 轴重的 DZ3 型转向架相比,30 t 轴重 DZ6 型转向架进一步进行了四方面的优化创新。

(1)采用承载鞍与副构架拉铆结构

DZ6 型转向架的副构架与承载鞍分体铸造、采用拉铆钉连接,承载鞍磨耗到限时,仅需分解更换承载鞍,提高了副构架的制造、检修工艺性,降低了制造、维护成本，如图 7-33所示。

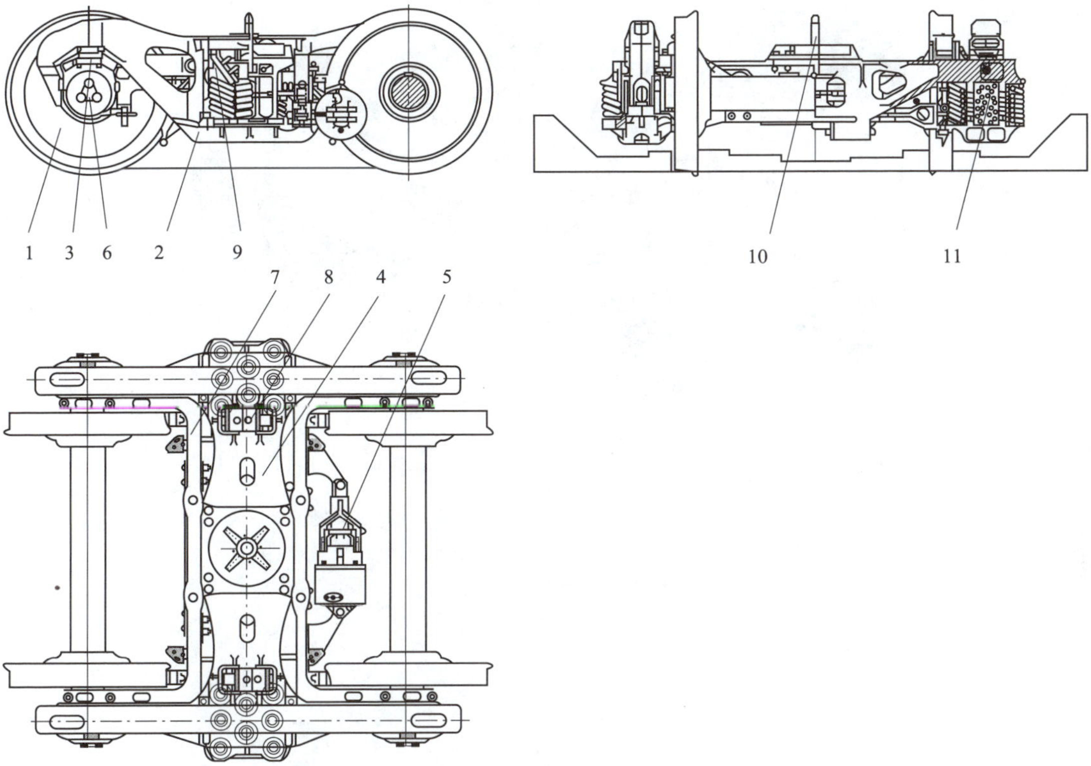

图 7-30 DZ6 型转向架二维图

1—轮对组成；2—侧架组成；3—橡胶堆；4—摇枕组成；5—基础制动装置；6—滚动轴承装置；
7—轮对径向装置；8—弹性旁承；9—组合式斜楔；10—中心销；11—中央悬挂装置

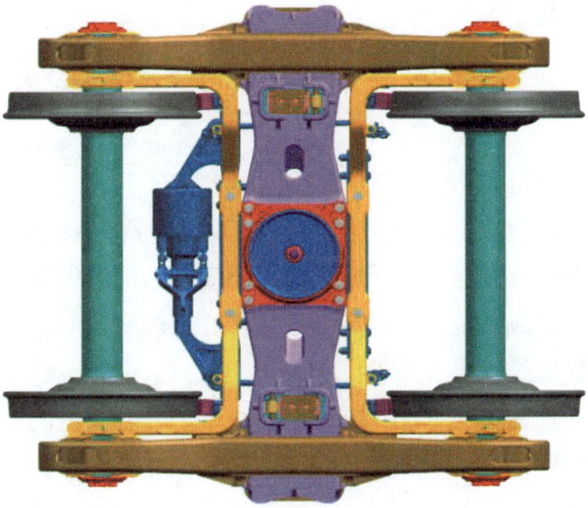

图 7-31 DZ6 型转向架三维图

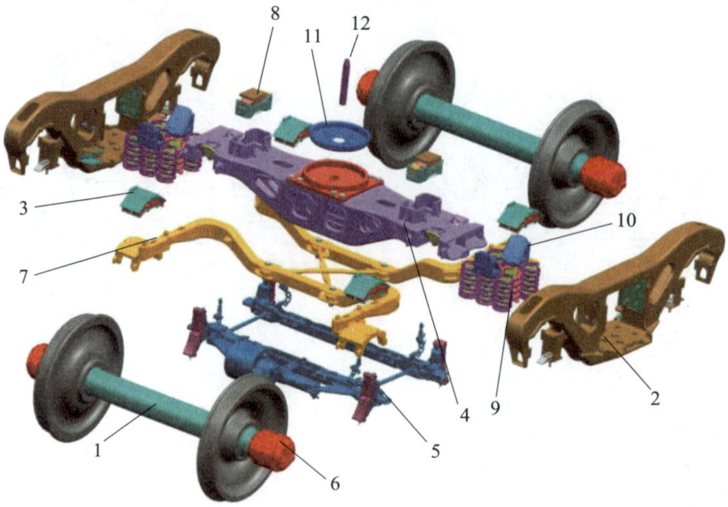

图 7-32 DZ6 型转向架三维实体爆炸图

1—轮对组成；2—侧架组成；3—橡胶垫；4—摇枕组成；5—基础制动装置；
6—滚动轴承装置；7—副构架组成；8—弹性旁承；9—中央悬挂装置；
10—组合式斜楔；11—心盘磨耗盘(导电式)；12—中心销

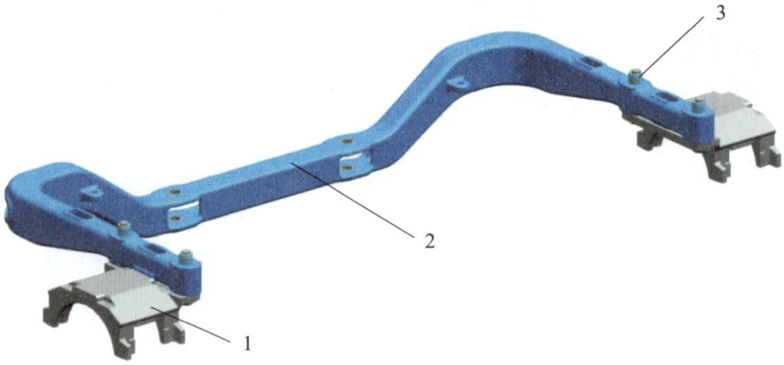

图 7-33 承载鞍与副构架拉铆连接

1—承载鞍；2—副构架；3—拉铆钉及套环

(2)采用八字形橡胶堆顶置于承载鞍之上的结构

DZ6 型转向架轴箱悬挂采用橡胶堆，橡胶堆置于承载鞍顶部，副构架承受主要载荷为横向和纵向载荷，垂向仅承受重力作用，与转 K7 型、DZ3 型转向架相比，可有效改善副构架的受力状况，延长副构架的疲劳寿命，如图 7-34 所示。

(3)采用宽导框侧架结构

橡胶堆置于承载鞍顶部后，承载鞍和侧架之间可采用常见的宽导框结构，宽导框侧架便于承载鞍和侧架纵、横向止挡间隙的检测及侧架的检修维护作业，如图 7-35 所示。

(4)采用集成制动装置

DZ6 型转向架集成制动采用 PAB 和 BFCB 两种型号。PAB 型集成制动装置由主梁、副梁、推杆、旋转杠杆和集成制动缸等组成，如图 7-36 所示。

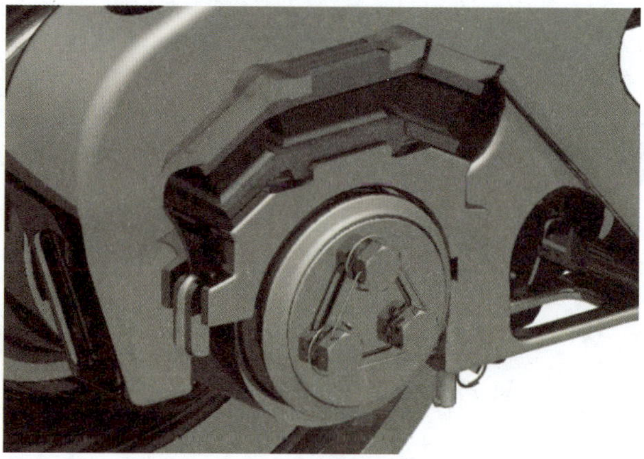

图 7-34　轴箱悬挂系统

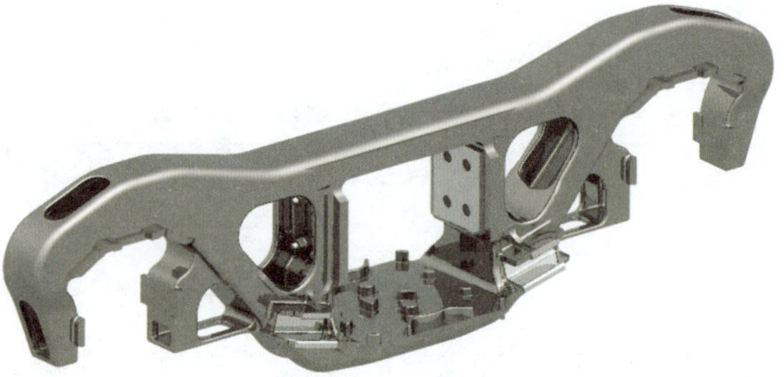

图 7-35　宽导框侧架

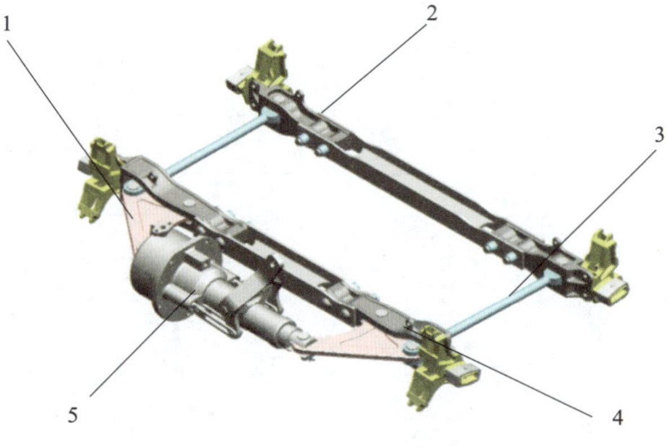

图 7-36　PAB 型集成制动装置

1—旋转杠杆；2—副梁；3—推杆；4—主梁；6—集成制动缸

BFCB 型集成制动装置由眉山公司和瑞典法维莱公司联合研发，主要由主梁、副梁、推杆、集成制动缸、手制动装置等部件组成，如图 7-37 所示。

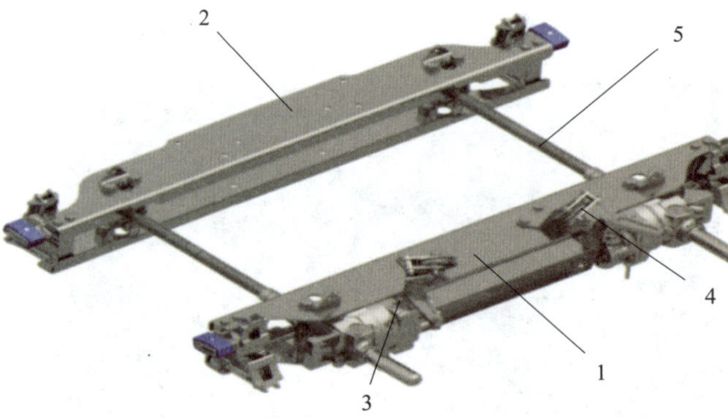

图 7-37 BFCB 型集成制动装置

1—主梁；2—副梁；3—制动缸；4—手制动；5—推杆

第三节 技术参数及配置

副构架式转向架主要技术参数及配置见表 7-2。

表 7-2 副构架式转向架主要技术参数及配置

参 数	转 K7	DZ3	DZ6
轴重(t)	25	27	30
自重(t)	4.8	5.4	5.2
固定轴距(mm)	1 800	1 860	1 860
轴颈中心距(mm)	1 981	2 006.6	2 006.6
车轮直径(mm)	840	915	915
心盘直径(mm)	375	375	375
心盘面自由高(mm)	694^{+10}_{0}	694^{+10}_{0}	694^{+10}_{0}
旁承中心距(mm)	1 520	1 520	1 520
中央悬挂空车刚度(N/mm)	4 554	4 675.2	3 942
中央悬挂重车刚度(N/mm)	11 734.4	11 785.2	13 214.4
制动倍率	6.0	6.0	5.5
最高运行速度(km/h)	120	100	100
车轴型号	RE_{2B}	RF_2	RF_2
车轮型号	HESA 或 HEZD	HFS 或 HFZ	HFS 或 HFZ
侧架型号	转 K7 型	DZ3 型	—
摇枕型号	转 K7 型	DZ3 型	—
制动梁型号	L-B 型	L-B1 型	—
制动拉杆形式	下拉杆	下拉杆	集成制动
旁承	JC 型	CBC-1 型	SSB-4000XT 型
心盘磨耗盘	转 K6 型	转 K6 型	MP419×51 型
闸瓦	高摩合成闸瓦	高摩合成闸瓦	高摩合成闸瓦

注：心盘面自由高为含心盘磨耗盘的尺寸。

第八章　构架式转向架

我国铁路货车主型转向架采用三大件式，构架式货车转向架在铁路货车领域发展相对缓慢，其结构较为复杂，不适合于大批量快速化生产，发展初期主要用于一些特种车领域。随着近年来电商货物运输的迅猛发展，快捷货车转向架研发被提上日程。国内相关企业都开发了各自的160～220 km/h快捷货车转向架，且进行了相关试验，为我国下一步研发快捷货运装备提供技术储备。

第一节　120 km/h两轴构架式转向架

国内120 km/h速度等级两轴构架式转向架主要为2TN型转向架和转K3型转向架两种。

一、2TN型转向架

2TN型转向架是1987年中国由波兰进口1 700辆C_{61Y}敞车采用的转向架，如图8-1所示。该转向架是按照我国的特殊要求，根据Y25Rm标准转向架改进而成的。可以看出该转向架和标准的Y25转向架构架有非常大的区别，尤其是转向架构架横梁和侧梁之间采用的插接方式以及端梁形状。该转向架投入我国大秦线运用仅2～3年后，就发生了构架焊接接头大量疲劳破坏问题。后续的故障分析研究虽然表明，制造工艺偏差（如焊接残余应力释放不够）和强度考核标准低是主要原因，但这也一定程度上表明整体焊接式构架转向架存在对条件较差线路适应性能力不强的问题。

图8-1　2TN型转向架

2TN 型转向架主要技术参数见表 8-1。

表 8-1　2TN 型转向架主要技术参数

参　数	值
轨距(mm)	1 435
构造速度(km/h)	100
轴重(t)	21
闸瓦形式	双侧闸瓦
固定轴距(mm)	1 800
轴颈中心距(mm)	2 000
车轮直径(mm)	840

二、转 K3 型转向架

为了满足铁路货运提速的需要,我国于 1997 年开发研制了转 K3 型转向架。该转向架按照货车二轴转向架通用标准设计、制造,可装用于平车、敞车、罐车、特种车等各种车辆。转 K3 型转向架主要由构架、轴箱悬挂减振装置、轮对与轴承、基础制动装置及常接触弹性旁承等组成,如图 8-2 所示。

图 8-2　转 K3 型转向架

转 K3 型转向架属轴箱一系悬挂构架式转向架,是在吸取欧洲 Y25 型转向架的优点并结合我国的具体情况加以改进设计而成的。

该转向架主要技术特点如下:

(1)构架由 2 根侧梁、1 根横梁、4 个导框座、4 个斜楔座等组焊而成。采用整体焊接构架,使转向架具有大的抗菱刚度(等效为刚性)。

(2)轴箱悬挂减振装置主要由轴箱、外簧、中簧、内簧、橡胶块、主磨耗块一、吊杆、主磨耗块二、斜楔、副磨耗板等组成。实现了轮对的纵向弹性定位,使得转向架在保持较高的直线稳定性的前提下,仍然具有较好的曲线通过性能,并改善了空车的动力学性能。

(3)弹性旁承主要由下旁承体、弹簧、旁承弹性挡、下旁承摩擦板、调整垫板、磨耗板等组成。弹性旁承对抑制车体的侧滚与蛇行、提高车辆运行的临界速度起着相当关键的作用。

(4)基础制动装置主要由右滚动制动梁、下拉杆、左滚动制动梁、制动梁吊、制动杠杆、407G 型高摩合成闸瓦、制动梁安全托等组成。

转 K3 型转向架主要技术参数见表 8-2。

表 8-2　转 K3 型转向架主要技术参数

参　数	值
轨距(mm)	1 435
轴重(t)	21
自重(t)	4.2
构造速度(km/h)	120
固定轴距(mm)	1 800
车轮直径(mm)	840
轴颈中心距(mm)	1 956
车轴形式	RD_2
旁承形式	常接触弹性旁承
旁承中心距(mm)	1 520
通过最小曲线半径(m)	100

第二节　多轴焊接构架式转向架

针对国内长大货物列车等特种车型，研发出了三轴、四轴、五轴等多轴系列焊接构架式转向架，其主要结构分别介绍如下。

一、三轴转向架

三轴转向架结构如图 8-3 所示，主要由构架、弹簧传动装置、基础制动装置、下心盘和旁承等部分组成。

(1)构架由侧梁、枕梁、横梁以及导框等部分组成。构架组成采用 Q345E 组焊而成。

(2)弹簧传动装置由轮对组成、轴箱组成、承载鞍、内外不等高的两级刚度弹簧、斜楔等组成。在两端部轮对上加装斜楔减振装置。斜楔主、副摩擦面采用高分子复合材料磨耗板。

(3)轮对组成采用货车通用的 HESA 型辗钢车轮，采用加强型 E 型车轴，配 AAR F 型双列圆锥滚子轴承。车轮踏面为 LM 磨耗型踏面。中间轮对组成的车轮轮缘减薄。

(4)基础制动装置采用组合式制动梁及高摩合成闸瓦。每组转向架采用两端轮对单侧闸瓦制动、中间轮对不制动的结构形式。

(5)下心盘采用球形心盘,内设非金属衬垫。旁承采用双作用弹性旁承。

图 8-3　三轴转向架

三轴转向架主要技术参数见表 8-3。

表 8-3　三轴转向架主要技术参数

参　数	值
轨距(mm)	1 435
最高商业运行速度(km/h)	100
轴重(t)	23.75
自重(t)	7.3
通过最小曲线半径(m)	145
限界	符合 GB 146.1 车限-2 的下部限界
固定轴距(mm)	1 400-1 400
轴颈中心距(mm)	1 981
车轮直径(mm)	840
轴型	E 型
旁承中心距(mm)	1 981
心盘球心距轨面高(mm)	1 049
下心盘球心直径(mm)	330
基础制动倍率	7.6

2. 四轴转向架

四轴转向架主要由构架组成、弹簧传动装置、基础制动装置、下心盘组成和旁承组成等部分组成,如图 8-4 所示。

(1)构架组成由两个侧梁、一个心盘梁及两个小横梁以及焊接到构架上的导框等组成。两侧梁之间由心盘梁和小横梁连接,凹形小横梁在起到焊接吊挂作的同时增加构架整体刚度。构架组成全部采用 Q345E 组焊而成。

(2)弹簧传动装置由轮对组成、轴箱组成、承载鞍、均衡梁、内外圆弹簧、斜楔及轴箱橡胶垫等组成。

(3)轮对组成采用 RD_2 型轮对组成。车轴材质为 50 钢，车轮为 HDSA 型整体辗钢全加工提速车轮，并做静平衡检测，车轮踏面为 LM 磨耗型踏面。

(4)基础制动装置采用货车通用的组合式制动梁及高摩合成闸瓦，提高制动梁的可靠性及互换性。采用中拉杆单侧闸瓦制动形式，通过拉条带动 4 组制动梁。

(5)采用球形心盘，并在上、下心盘间设置尼龙心盘垫。

(6)采用双作用常接触弹性旁承。

图 8-4　四轴转向架

四轴转向架主要技术参数见表 8-4。

表 8-4　四轴转向架主要技术参数

参　　数	值
轨距(mm)	1 435
最高商业运行速度(km/h)	120
轴重(t)	21
自重(t)	11.2
通过最小曲线半径(m)	145
限界(mm)	符合 GB 146.1 车限-2 的下部限界
固定轴距(mm)	1 300-2 100-1 300
轴颈中心距(mm)	1 956
车轮直径(mm)	840
轴型	D 型
旁承中心距(mm)	1 460
心盘球心距轨面高(mm)	595
下心盘球心直径(mm)	346
基础制动倍率	7.73

3. 五轴转向架

五轴转向架主要由包板式构架组成、弹簧传动装置、车钩缓冲装置、风制动装置、下心盘组成和旁承组成等部分组成，如图 8-5 所示。

图 8-5　五轴转向架

(1)包板式构架组成主要由单腹板的侧梁、心盘梁、横梁及端梁等焊接组成。

(2)弹簧传动装置由轮对组成、轴箱组成、承载鞍、均衡梁、板弹簧、斜楔及吊耳等组成，轮对间采用均衡梁实现轮对均载。轮对组成采用 E 型轮对组成、RE_{2A} 型车轴组成，车轮踏面为 LM 磨耗型踏面。

(3)车钩缓冲装置采用 13A 型车钩及钩尾框，采用 MT-2 型缓冲器。

(4)风制动装置采用 120 型控制阀风制动系统，配套采用直径为 254 mm 的整体旋压密封式制动缸、40 L 副风缸、17 L 降压气室、11 L 加速缓解风缸、组合式集尘器、手动空重车调整装置等，采用不锈钢制动配件和管系。采用球形心盘，间隙旁承。

五轴转向架主要技术参数见表 8-5。

表 8-5　五轴转向架主要技术参数

参　数	值
轨距(mm)	1 435
最高商业运行速度(km/h)	80
轴重(t)	23.55
自重(t)	11.2
通过最小曲线半径(m)	180
限界	符合 GB 146.1 车限-2 的下部限界
固定轴距(mm)	1 400-1 400-1 400-1 400
轴颈中心距(mm)	1 981
车轮直径(mm)	840
轴型	E 型
旁承中心距(mm)	1 750
心盘球心距轨面高(mm)	1 180

第三节　快捷货车转向架

随着我国物流业和电子商务的蓬勃发展，货运快捷化技术成为我国铁路货运业重点工作之一。我国先后研制了多种 160～220 km/h 速度级的快捷货车转向架，为我国铁路快捷运输储备了技术。

一、吊杆摇动台整体构架式

吊杆摇动台结构主要是为降低二系横向刚度，保证车辆高速运行时具有较好的横向动力学性能。我国在研发 Y25 转向架的基础上，借鉴欧洲成熟的 Y37 转向架结构模式，研制出具有自主知识产权的吊杆摇动台结构 160 km/h 快捷货车转向架，如图 8 6 所示。配装该转向架的 160 km/h 快捷行包专用车在铁道科学研究院进行了空、重车环行线动力学试验，空、重车动力学性能指标优良，最高试验速度达到 178.4 km/h。

图 8-6　吊杆摇动台结构 160 km/h 快捷货车转向架

吊杆摇动台结构 160 km/h 快捷货车转向架主要技术特点如下：

(1)采用了摇动台结构，降低了二系横向刚度，摇枕和构架之间采用纵向牵引拉杆传递纵向力载荷。

(2)转向架采用球面心盘和常接触弹性旁承。

(3)一系采用单侧利诺尔轴箱悬挂，保证轮对定位刚度、垂向悬挂和减振性能。

(4)采用单元式轴盘制动，设有机械防滑器和称重阀。

(5)摇枕和构架之间采用两个横向油压减振器。

二、橡胶堆轴箱定位U形构架式

2000年我国立项研制完成了16.5 t轴重160 km/h货车转向架，2003年完成了样机试制，如图8-7所示，该转向架配装棚车完成了滚动振动试验、线路动力学试验。滚振试验最高速度为240 km/h。配装棚车车体的空、重车动力学试验，最高试验速度空车达到了181.6 km/h、重车达到了180 km/h。

16.5 t轴重160 km/h货车转向架主要技术特点如下：

(1)采用整体U形构架和摇动台结构，摇枕通过二系橡胶堆安装于构架之上。

(2)构架和摇枕之间采用纵向牵引拉杆实现纵向力传递。

(3)一系采用橡胶弹簧轴箱定位，保证轮对定位刚度，采用垂向油压减振器，实现无磨耗设计。

(4)采用单元式轴盘制动。

(5)采用心盘、旁承承载，与我国现有铁路货车一致，维护检修方便。

图8-7　橡胶堆轴箱定位U形构架式16.5 t轴重160 km/h转向架

2006年我国完成了18 t轴重转向架160 km/h转向架研制，该方案兼顾了21 t轴重120 km/h速度的运行要求。转向架样机如图8-8所示。

18 t轴重160 km/h转向架主要技术特点如下：

(1)采用两系悬挂系统。一系悬挂采用钢弹簧、无磨耗橡胶定位器及垂向液压减振器组合，可合理设置空重车横、纵、垂三向刚度、挠度，提高对扭曲线路的适应性和脱轨安全性、车辆动力性能，实现无磨耗设计。

(2)二系采用橡胶弹簧，实现摇枕与构架柔性连接，提高摇枕、侧架可靠性，与一系结合作用，可实现受到的激振作用逐级衰减，保障转向架系统可靠性。

(3)采用横向液压减振器和横向缓冲装置，可有效改善车辆在高速运行时的横向动力性能，同时限制车体产生过大横向位移，衰减摇枕与构架之间的横向冲击。

(4)采用纵向牵引拉杆装置保证摇枕和构架的正位，有效传递纵向力和制动力；弹性节点的应用，可有效缓解摇枕相对于构架的冲击，同时保证连接可靠性。

(5)采用心盘、旁承承载，与我国现有铁路货车技术一致，维护检修方便。

图 8-8　橡胶堆轴箱定位 U 形构架式 18 t 轴重 160 km/h 转向架

2015 年我国结合径向转向架技术，开发出了一种 160 km/h 轴箱交叉连接式转向架，其一系采用橡胶堆定位，设有轴箱连接杆机构，实现转向架高速和径向功能。转向架结构和样机实物分别如图 8-9、图 8-10 所示。

160 km/h 轴箱交叉连接式转向架主要特点如下：

(1)低动力作用。转向架采用轴箱悬挂和中央悬挂两系悬挂系统，降低了转向架簧下质量，同时采用较小轮对定位刚度的轴箱悬挂使得转向架的轮轨动作用力大大降低。

(2)低磨耗。转向架除轮轴装置外，两系悬挂系统均采用橡胶元件无磨耗设计，各摩擦副间采用橡胶元件、弹性元件连接，降低零部件的磨耗。采用较小轮对定位刚度的轴箱悬挂，转向架轮轨磨耗大大降低，同时轴箱交叉连接装置的径向作用可有效降低车辆通过曲线时轮轨的磨耗。

(3)低噪声。转向架采用轴箱橡胶弹簧悬挂及定位和中央橡胶堆悬挂，以及各转动部件间采用橡胶元件、弹性元件连接，使得转向架各部件间避免了刚性连接时发出的噪声，同时，橡胶元件具有吸收高频振动的功能，大大降低车辆冲击轨道发出的噪声；轴箱交叉连接装置的采用，也使转向架通过曲线时车轮与轨道的冲角减小，避免车轮冲击轨道发出刺耳的噪声。国外运用经验表明采用轴箱交叉连接技术可比普通构架式转向架降低运行噪声 18～23 dB(A)。

(4)结构简洁。转向架采用轴箱橡胶弹簧悬挂和倾斜安装垂向液压减振器，使一系悬挂系统结构简单，零部件数量少；独特的二系内侧悬挂，既使转向架结构更为紧凑，又降低转向架自重。同时，转向架与车体连接除制动系统管路外，与传统货车转向架一致采用平面心盘与旁承承载，结构简洁，通用性好。

(5)高可维修性。转向架采用无磨耗和低磨耗设计,减少了转向架的运用、检修工作量;采用智能在线监测系统,便于实现车辆信息化管理、维护与检修。

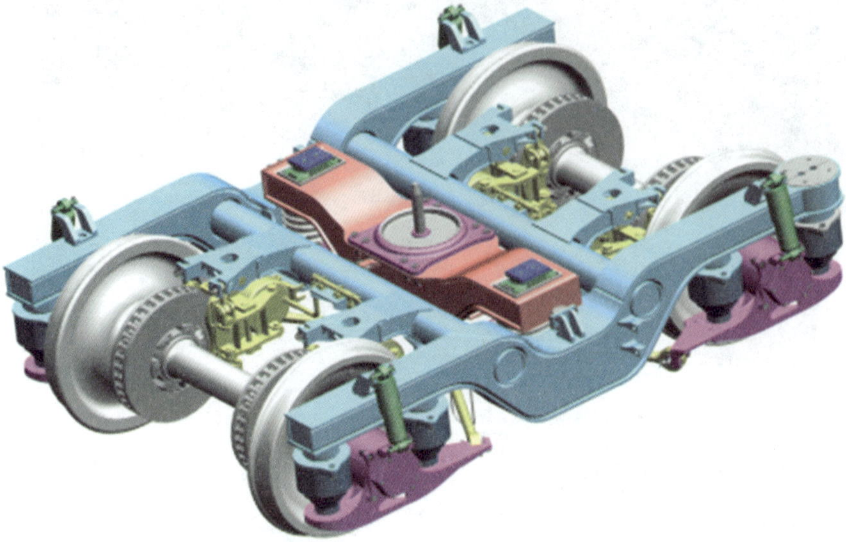

图 8-9　橡胶堆轴箱定位 U 形构架式 160 km/h 转向架结构

图 8-10　橡胶堆轴箱定位 U 形构架式 160 km/h 转向架构架式样机

三、转臂轴箱定位 U 形构架式

借鉴客车、动车转向架等成功经验,我国开发出了一种 U 形构架结构的 200 km/h 货车转向架,如图 8-11 所示。该转向架在西南交通大学牵引动力国家重点实验室进行滚振试验,试验速度达到了 350 km/h,各项性能指标均满足标准要求。

图 8-11　转臂轴箱定位 U 形构架式 200 km/h 货车转向架

转臂轴箱定位 U 形构架式 200 km/h 货车转向架主要技术特点如下：

(1)采用了转臂式轴箱定位方式，一系悬挂主要由钢圆弹簧、一系垂向橡胶止挡、一系垂向油压减振器等组成。

(2)车轮为直腹板车轮，车轴为空心车轴，制动盘采用整体铸钢盘，轴承采用单元式自密封式轴承。

(3)采用整体焊接结构 H 形构架，构架主要承载结构由两个侧梁和一个大横梁组成，在两侧梁之间设有小横梁，侧梁为双腹板 U 形结构，其和大横梁之间通过插接实现连接。

(4)二系悬挂系统主要有二系弹簧、垂向油压减振器、抗侧滚油压减振器、横向油压减振器、抗蛇行减振器、垂向止挡等组成，二系弹簧间距为 600 mm，能够同时满足车辆直线运行和曲线通过性能要求。

(5)制动系统采用单元式轴盘制动装置，每轴设两个制动盘，制动闸片采用烧结粉末冶金材质，其和铸钢制动盘形成制动摩擦副配合，在轴端上设置有自发电式电子防滑器，设有位移式称重阀。

(6)轴箱采用分体式结构，便于轮对检修作业。

(7)转向架和车体的纵向力传递采用单牵引拉杆实现，方便落车。

根据快捷货车转向架轮对、轴箱、制动及车体接口等相关统型要求，我国对 U 形构架结构 200 km/h 货车转向架进行优化，形成新一代的 160 km/h 货车转向架方案。该转向架二系取消抗侧滚油压减振器，而采用抗侧滚弹性旁承取代之。转向架结构如图 8-12 所示。

图 8-12　转臂轴箱定位 U 形构架式 160 km/h 货车转向架

我国从 2012 年 6 月开始研究 220 km/h 货车转向架及关键技术，于 2014 年 1 月研制完成 220 km/h 货车转向架，如图 8-13 所示。2014 年 9 月，220 km/h 货车转向架配装集装箱平车在西南交通大学完成了滚振试验，试验速度达到 300 km/h，各项性能指标符合标准要求。

图 8-13　转臂轴箱定位 U 形构架式 220 km/h 货车转向架

转臂轴箱定位 U 形构架式 220 km/h 货车转向架主要技术特点如下：

(1)采用两系悬挂系统，提高车辆运行稳定性。一系悬挂垂向实现两级弹簧刚度，增大空车弹簧静挠度，提高转向架对扭曲线路的适应性和脱轨安全性；二系悬挂横向实现两级刚度，提高车辆空车运行稳定性。

(2)构架结构采用可靠设计理念进行优化设计。借鉴了机车、客车转向架的研制、运用经验，注重结构细节设计。

(3)采用液压减振装置，改善车辆的垂向、横向动力学性能。一系采用垂向变阻尼液压减振器，实现空重车不同的垂向阻尼；二系采用横向液压减振器。

(4)基础制动装置采用客车成熟的单元盘形制动和机车踏面制动单元，保证车辆运行的安全性；纵向牵引拉杆装置采用机车、客车成熟的球铰结构，保证摇枕和构架的正位，传递纵向力和制动力，同时提高车辆运行稳定性。

根据 160 km/h 快捷货车转向架轮对、轴箱、制动及车体接口等相关统型要求，我国开发了新一代 160 km/h 货车转向架，其二系采用橡胶堆结构，转向架样机如图 8-14 所示。

图 8-14　转臂轴箱定位 U 形构架式 160 km/h 货车转向架

2015 年我国完成了转臂轴箱定位 U 形构架式 160 km/h 货车转向架的研制、样机试及相关试验等工作，转向架的结构如图 8-15 所示。

转臂轴箱定位 U 形构架式 160 km/h 货车转向架为摇枕上置式结构，采用心盘与旁承共同承载和转臂式无磨耗弹性轴箱定位结构，主要由轮对组成、构架组成、摇枕组成、圆锥滚动轴承装置、轴箱定位装置、盘形制动装置、牵引拉杆组成、二系橡胶弹簧、常接触长行程弹性旁承、横向液压减振器等组成。

转臂轴箱定位 U 形构架式 160 km/h 货车转向架主要特点如下：

(1)采用带摇枕心盘＋旁承共同承载结构，转向架和车体连接方式与既有货车转向架相同，适应既有货车检修场所，分解、装配方便；

(2)构架、摇枕采用材质为 Q345qE 的桥梁钢钢板和材质为 Q345E 的锻件组焊而成，整体无铸件。结构型式借鉴了 SW-160 型客车转向架的特点，构架为传统

U 形结构构架，主要由侧梁组成、横梁组成、制动吊座、连接梁组成、牵引拉杆座、转臂座等组成，摇枕为弓形箱形结构梁，设置有旁承座、牵引拉杆座、横向减振器安装座、横向止挡等附属件。关键焊缝打磨成形，借鉴了动车转向架构架成熟的焊缝打磨工艺。

(3)一系采用无间隙的转臂式无磨耗弹性定位结构，转臂式轴箱定位装置顶部采用由双卷螺旋钢弹簧与橡胶弹簧组成的两级刚度弹簧组，端部设置垂向液压减振器。其三向刚度独立设置，具有良好的高速运行稳定性及曲线通过性能，且满足空重车不同承载和减振要求。

(4)二系橡胶弹簧为钢板与橡胶结合的分层式“三明治”结构。能实现较小横向刚度提高车辆横向动力学性能；利用多层橡胶组合，具有高的垂向承载能力并提供较大的水平剪切位移能力。

(5)盘形制动装置采用轴盘制动系统，由单元制动缸、钳夹组成、电子防滑器(机械防滑器)、直接式称重阀等组成。单元制动缸为 10 英寸缸，防滑器可安装机械防滑器和电子防滑器。

(6)在转向架的两侧斜对称设置有纵向牵引拉杆装置，牵引拉杆组成采用两端带球铰的结构，主要由牵引拉杆、球铰等组成。牵引拉杆为锻造结构，材质为 Q345E。球铰为橡胶与金属复合件。

(7)采用常接触长行程弹性旁承，增加转向架与车体之间的回转阻力矩，降低旁承刚度变化敏感度影响，提高转向架运行稳定性。旁承由弹性旁承体、限位滚子、纵向锁紧斜铁、调整垫板等组成。通过限位滚子垂向限位、纵向锁紧斜铁消除纵向间隙、调整垫板调整旁承压缩量。旁承顶面采用非金属磨耗板。

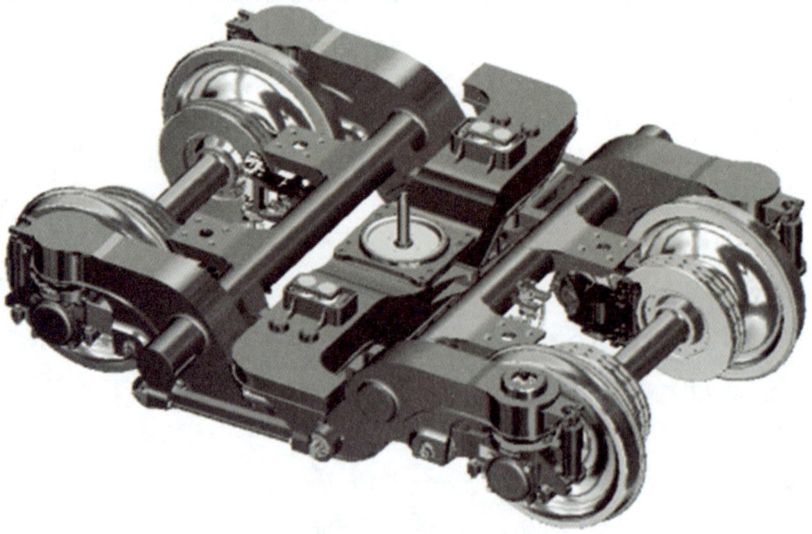

图 8-15　转臂轴箱定位 U 形构架式 160 km/h 货车转向架

2015年我国在160 km/h转向架同平台上开展了200 km/h快运货车转向架方案研究及设计，完成了电子样机方案及相关仿真计算工作，转向架结构如图8-16所示。

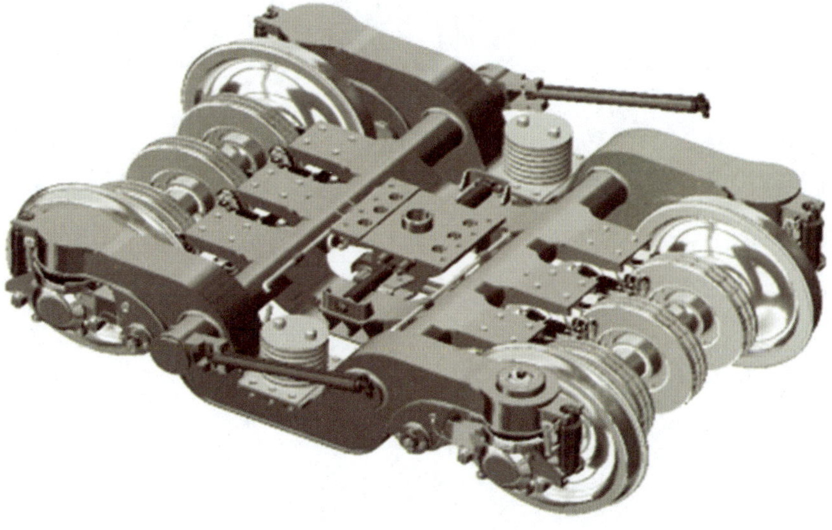

图8-16 转臂轴箱定位U形构架式200 km/h货车转向架

转臂轴箱定位U形构架式200 km/h货车转向架为无摇枕无摇动台结构，轴箱定位采用转臂式定位，二系采用橡胶堆承载，主要由轮对组成、构架组成、圆锥滚动轴承装置、轴箱定位装置、盘形制动装置、牵引拉杆组成、二系橡胶堆、横向液压减振器、抗蛇行减振器等组成。

转臂轴箱定位U形构架式200 km/h货车转向架主要特点如下：

(1)继承了160 km/h整体构架转臂定位摇枕上置式货车转向架构架、轴箱定位装置的结构型式，同时借鉴了既有客车和高铁转向架成熟结构，满足轴重18 t、速度200 km/h运行要求。

(2)采用无摇枕无摇动台结构，二系悬挂采用小横向刚度橡胶堆、横向液压减振器和抗蛇行减振器。其中二系橡胶堆为钢板与橡胶结合的分层式“三明治”结构，能实现较小横向刚度提高车辆横向动力学性能；利用多层橡胶组合，具有高的垂向承载能力并提供较大的水平剪切位移能力；与空气弹簧相比，具有结构简单，维护方便，成本低的特点。

(3)采用单元式盘形制动系统，该制动系统由6个6英寸单元制动缸(含1个带手制动装置制动缸)、钳夹组成、机械防滑器、荷重式空重车调整阀等组成，钳夹组成与构架之间为四点定位结构，满足200 km/h运行制动要求。

第九章　出口铁路货车转向架

出口铁路货车转向架以控制型转向架和中交叉支撑转向架为主，轴重从 14 t 到 45 t、轨距从 1 000 mm 到 1 676 mm 等世界主要轨距，出口国家包括澳大利亚、巴西、阿根廷、哈萨克斯坦、蒙古、新西兰、莫桑比克、安哥拉、沙特阿拉伯、伊朗、委内瑞拉、泰国、坦桑尼亚、哥伦比亚、纳米比亚、秘鲁、智利、缅甸、委内瑞拉、几内亚等国家，出口数量累计已超过 70 000 辆份。截至 2019 年 3 月，最长使用时间约 25 年，车辆运行状况良好，深受用户好评。出口货车转向架实现我国整机出口和满足用户需求同时，也为我国重载运输转向架选型、设计、制造、运用及检修积累了丰富的经验。本章主要介绍了我国出口铁路货车转向架的结构形式、主要结构、技术参数和运用条件等内容。

第一节　交叉支撑转向架

我国出口铁路货车用交叉支撑转向架为 ZK1 型中交叉支撑转向架，该转向架是我国自主研制、拥有独立知识产权的一种高性能货车转向架，目前已形成系列化，轴重从 14 t 到 45 t，轨距包括 1 000 mm、1 067 mm、1 435 mm、1 520 mm、1 600 mm 等世界主要轨距。自 2000 年以来 ZK1 系列转向架已出口到澳大利亚、新西兰、巴西、哈萨克斯坦、伊朗等国家，车型包括平车、关节式集装箱平车、粮食漏斗车、煤炭漏斗车等 20 余种车型，累计装车数量 3 万余辆，投入运用时间最长已接近 20 年，以其低动力、准径向、轻磨耗的技术特点深受用户欢迎。我国研制的 32.5 t 轴重 ZK1-K 型中交叉支撑转向架在美国 TTCI 组织的世界范围内转向架比选试验中综合排名第一，目前已通过 AAR M-976 认证，成为首个获批在北美铁路运行的其他国家的货车转向架，为我国铁路货车达到世界领先水平创造良好的条件。

出口铁路货车用中交叉支撑转向架统称为 ZK1 型转向架，分不同轴重系列，如装用 K 级轴承的 32.5 t 轴重转向架名称为 ZK1-K 型转向架。ZK1 型转向架为铸钢三大件式转向架，主要由中交叉支撑装置、摇枕组成、侧架组成、变摩擦减振装置、轮对组成、制动装置、轴箱弹性定位装置等组成。采用变摩擦减振装置，摇枕弹簧为二级刚度；下心盘与摇枕铸成一体；采用侧架四连杆弹性连接装置，两根连杆呈交叉状态从摇枕腹腔穿过，连杆中心水平面接近轮对中心面；采用八字形橡胶弹性剪切垫；采用双列圆锥滚子轴承；采用常接触弹性旁承；采用杠杆制动或单元制动。各主要摩擦副采用耐磨件，提高转向架的使用寿命。ZK1 型交叉支撑转向架结构如图 9-1～图 9-3所示，主要技术参数见表 9-1。

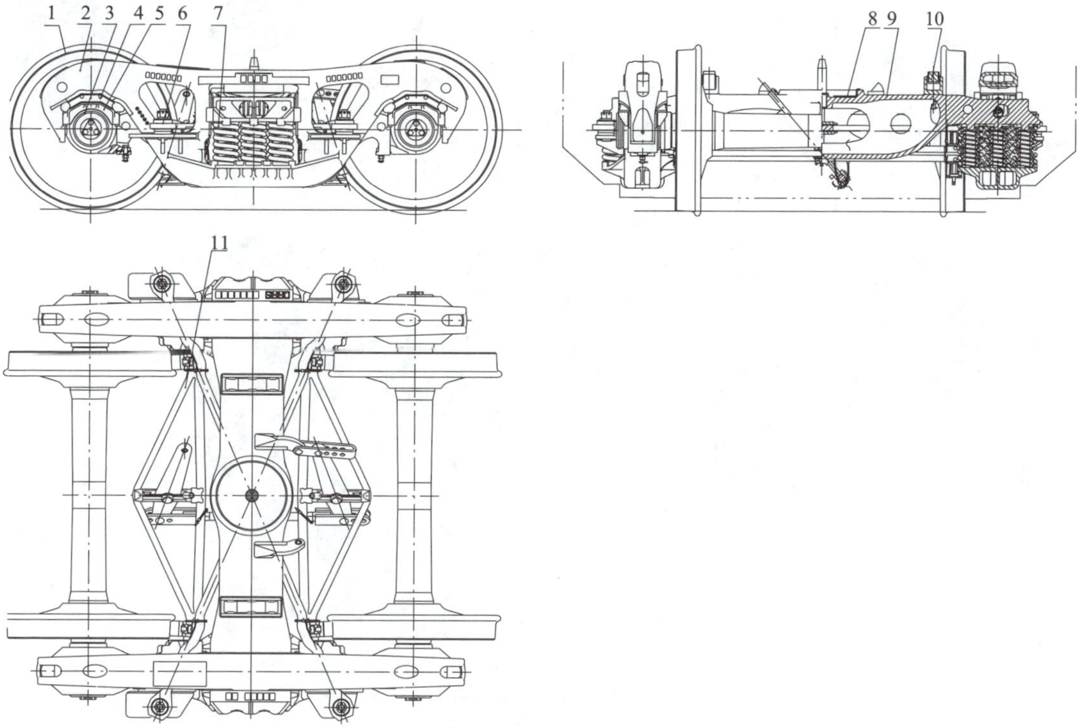

图 9-1　ZK1 型交叉支撑转向架二维图

1—轮对组成；2—侧架组成；3—滚动轴承装置；4—轴箱橡胶垫；5—承载鞍；6—交叉支撑装置；7—斜楔减振装置；8—摇枕组成；9—弹性旁承；10—摇枕弹簧；11—制动装置

图 9-2　ZK1 型交叉支撑转向架三维图

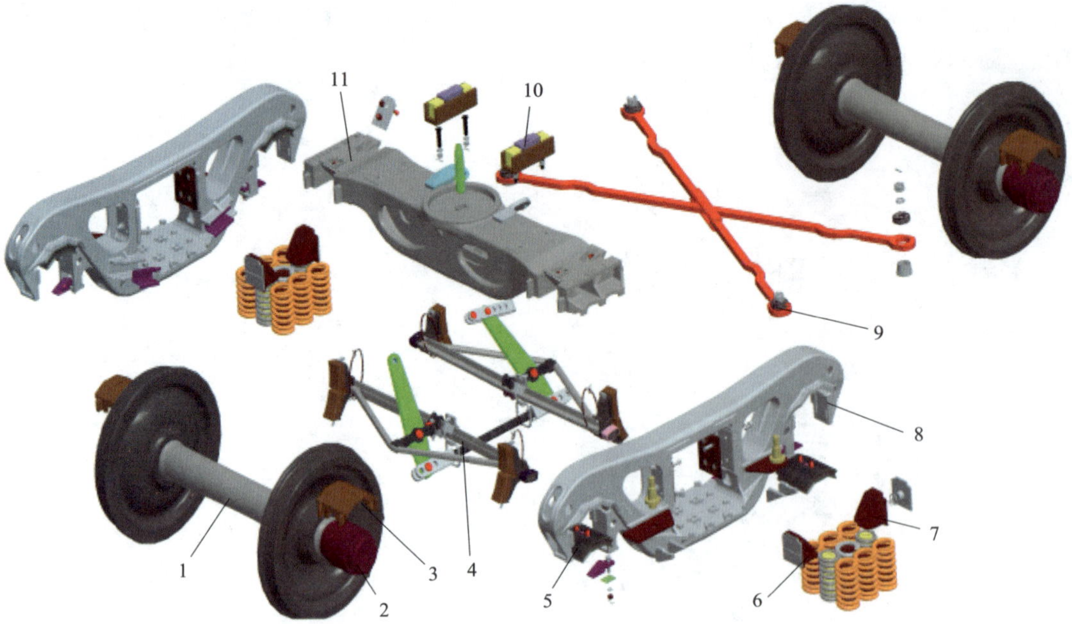

图 9-3 ZK1 型交叉支撑转向架三维爆炸图

1—轮对组成;2—滚动轴承装置;3—承载鞍;4—基础制动装置;5—橡胶垫;6—摇枕弹簧;
7—斜楔减振装置;8—侧架组成;9—交叉支撑装置;10—弹性旁承;11—摇枕组成

表 9-1 出口交叉支撑转向架主要技术参数

出口地区	转向架型号	轨距(mm)	轴重(t)	最高运行速度(km/h)	固定轴距(mm)	轴颈中心距(mm)	旁承中心距(mm)	车轮直径(mm)	下心盘直径(mm)
巴西	ZK1-E	1 000	25	100	1 727	1 594	1 016	838	355
	ZK1-F	1 600	30	100	1 850	2 197	1 397	915	394
	ZK1-G	1 600	37.5	100	1 829	2 197	1 397	965	418
新西兰	ZK1-D	1 067	21	100	1 750	1 625	990	838	355
澳大利亚	ZK1-E	1 435	25	115	1 830	1 981	1 270	840	368
	ZK1-F	1 435	30	100	1 830	2 006.6	1 270	915	406
	ZK1-K	1 435	32.5	100	1 830	2 006.6	1 270	920	406
	ZK1-G	1 435	40	100	1 950	2 006.6	1 520	970	440
	ZK1-H	1 435	45	100	1 950	2 006.6	1 520	970	440
伊朗	ZK1-E	1 435	25	100	1 850	1 981	1 524	957	316
哈萨克斯坦、蒙古	ZK1-E	1 520	25	100	1 870	2 036	1 520	957	355

第二节　控制型转向架

控制型转向架因其结构简单、维修方便、成本低等特点，在国外得到大量应用，也是我国出口货车主型转向架，轴重从 14 t 到 45 t，轨距从 1 000 mm 到 1 676 mm。控制型转向架主要由轮对组成、侧架组成、摇枕组成、基础制动装置、滚动轴承装置、减振装置、中央摇枕钢弹簧组、旁承等组成。截至 2018 年，出口国家包括澳大利亚、巴西、阿根廷、坦桑尼亚、莫桑比克、安哥拉、委内瑞拉、赞比亚等，运用情况良好，得到用户认可。其具体结构如图 9-4、图 9-5 所示，主要技术参数见表 9-2。

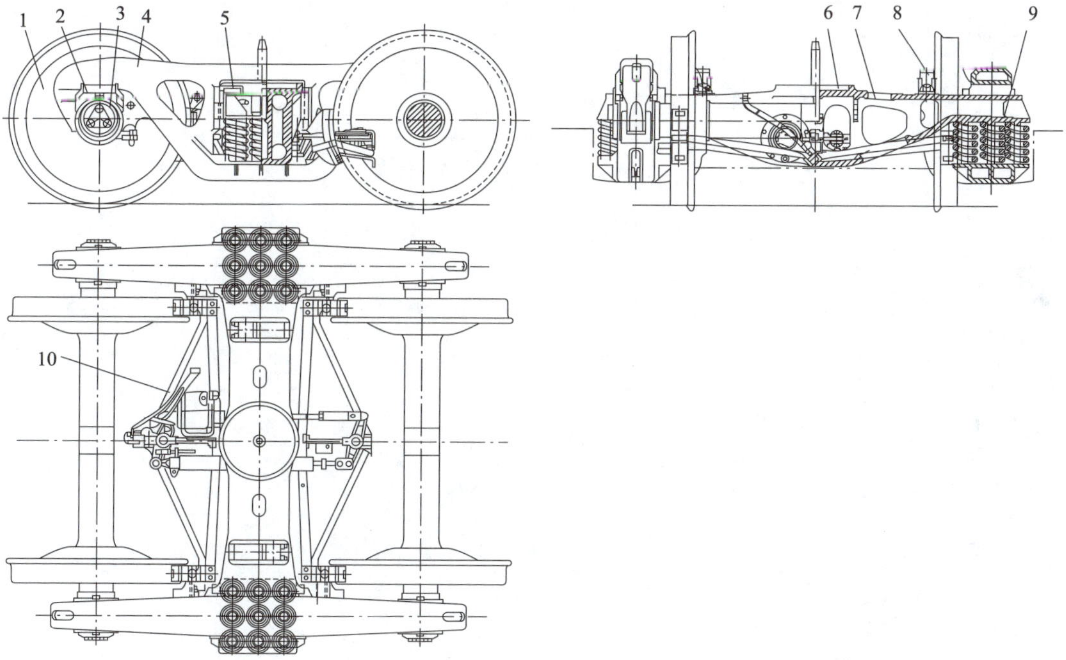

图 9-4　控制型转向架二维图

1—轮对组成；2—承载鞍；3—滚动轴承装置；4—侧架组成；5—斜楔减振装置；6—心盘磨耗盘；7—摇枕组成；8—旁承；9—摇枕弹簧；10—集成制动装置

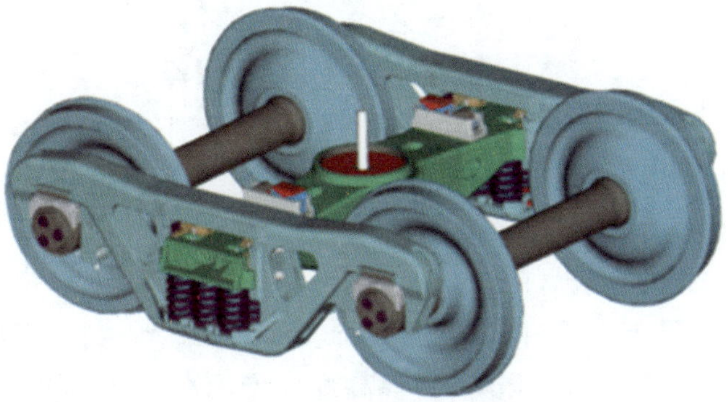

图 9-5　控制型转向架三维图

表 9-2 出口控制型转向架主要技术参数

出口地区	轨距(mm)	轴重(t)	最高运行速度(km/h)	固定轴距(mm)	轴颈中心距(mm)	旁承中心距(mm)	车轮直径(mm)	下心盘直径(mm)
秘鲁	1 435	20	80	1 727	1 981	1 270	838	356
肯尼亚	1 000	21	90	1 727	1 600	1 080	838	317
坦桑尼亚、赞比亚、莫桑比克、刚果(布)	1 067	21	90	1 575	1 600	1 080	762	317
澳大利亚	1 067	25	90	1 780	1 624	940	915	368
	1 067	30	90	1 780	1 624	940	920	368
	1 435	25	115	1 727	1 981	1 270	840	356
	1 435	30	80	1 778	2 006.6	1 270	920	406
	1 435	35.7	90	1 829	2 006.6	1 270	970	393
	1 435	40	90	1 829	2 006.6	1 270	970	418
	1 435	45	90	1 834	2 006.6	1 270	970	418
委内瑞拉	1 435	30	80	1 778	2 006.6	1 270	915	406
几内亚	1 435	30	60	1 778	2 006.6	1 270	915	406
加蓬	1 435	30	75	1 800	2 012	1 520	1 000	400
智利	1 676	25	100	1 727.2	2 248	1 702	838.2	407
巴西	1 000	25	75	1 727.2	1 549.4	1 016	838.2	355.6
	1 600	30	90	1 829	2 197	1 397	965	418
	1 600	32.5	80	1 828.8	2 197	1 397	965.2	406.4
阿根廷	1 000	22	90	1 727	1 549	1 016	840	363
	1 435	22	100	1 727	1 981	1 372	840	363
	1 676	25	90	1 750	2 210	1 372	840	355
	1 676	30	90	1 829	2 210	1 372	915	368

第三节　低动力转向架

低动力转向架是我国研制用于出口货车的另一种形式的转向架，轴重从 14 t 到 42 t，轨距包括 1 000 m、1 067 mm、1 435 mm 等轨距，主要出口澳大利亚、马达加斯加、斯威士兰、塞内加尔、塞拉利昂、阿联酋、沙特阿拉伯等国家。

低动力转向架为铸钢三大件式转向架，轴箱部位装配较大挠度的弹性悬挂装置，大幅降低簧下质量，减轻轮轨冲击和磨耗，提高配件使用寿命，降低使用维护成本。转向架主要由轮对、轴承、承载鞍、侧架、摇枕、轴箱悬挂装置、中央悬挂及减振装置、制动装置、弹性旁承等组成。低动力转向架结构如图 5-6 所示，主要技术参数见表 9-3。

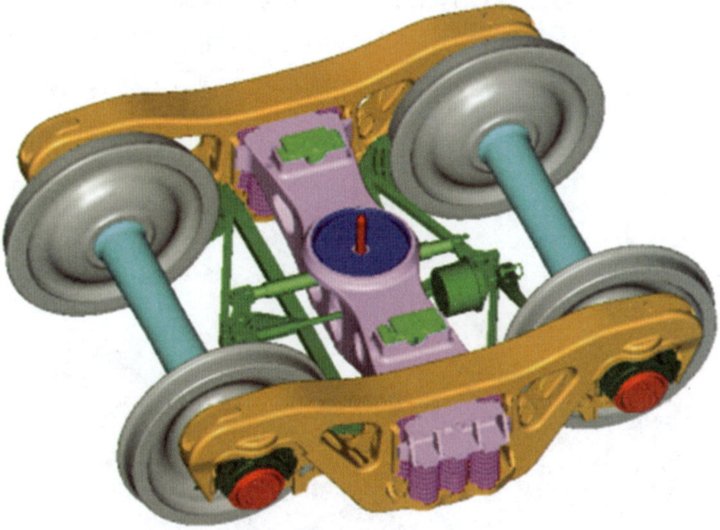

图 9-6　低动力转向架三维图

表 9-3　出口低动力转向架主要技术参数

出口地区	轨距 (mm)	轴重 (t)	最高运行速度 (km/h)	固定轴距 (mm)	轴颈中心距 (mm)	旁承中心距 (mm)	车轮直径 (mm)	下心盘直径 (mm)
马达加斯加	1 000	18	80	1 750	1 528.5	1 114	840	296
澳大利亚	1 067	18	80	1 750	1 595.5	1 181	840	305
	1 435	25	110	1 800	2 006.6	1 270	940	355
	1 435	30	100	1 778	2 006.6	1 270	920	407
	1 435	40	90	1 950	2 006.6	1 520	970	430
	1 435	42	90	1 950	2 006.6	1 520	970	430
斯威士兰	1 067	18.5	90	1 750	1 595.5	1 181	840	296
喀麦隆	1 000	19	100	1 750	1 528.5	1 114	840	296
塞内加尔	1 000	20	60	1 750	1 528.5	1 114	840	296
阿联酋	1 435	32.5	110	1 860	2 006.6	1 520	915	407
沙特阿拉伯	1 435	32.5	120	1 860	2 006.6	1 520	915	407

第四节　副构架式转向架

副构架式转向架作为铁路货车领域的转向架形式之一，近年来也被相继应用于出口货车，轴重从 14 t 到 30 t，轨距包括 1 000 m、1 067 mm、1 435 mm、1 520 mm 等，主要出口澳大利亚、委内瑞拉、蒙古、泰国等国家。

副构架式转向架为铸钢三大件转向架，主要由轮对、侧架组成、摇枕组成、基础制动装置、滚动轴承装置、轮对径向装置、中央悬挂装置、弹性旁承等组成。其主要特点为径向、低磨耗、低牵引能耗、低噪声等。副构架式转向架结构如图 9-7 所示，主要技术参数见表 9-4。

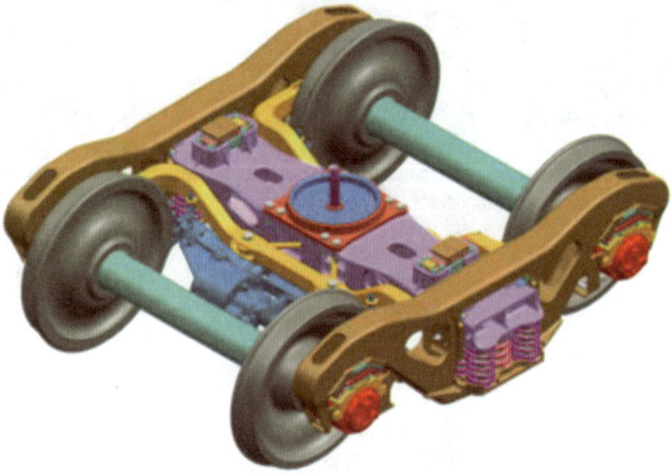

图 9-7　副构架式转向架

表 9-4　副构架式转向架主要技术参数及配置

出口国家	轨距 (mm)	轴重 (t)	最高运行速度 (km/h)	固定轴距 (mm)	轴颈中心距 (mm)	旁承中心距 (mm)	车轮直径 (mm)	下心盘直径 (mm)
澳大利亚	1 435	25	115	1 800	1 981	1 520 (1 270)	840	375
蒙古	1 520	25	120	1 870	2 036	1 524	957	354
泰国	1 000	20	100	1 800	1 575	950	851	305
委内瑞拉	1 435	30	100	1 850	2 006	1 270	914	406

第五节　构架式转向架

我国出口铁路货车转向架以三大件式转向架为主，构架式转向架出口相对较少，目前出口印度、巴基斯坦和委内瑞拉部分车辆装用构架式转向架。该转向架主要由构架组成、弹簧减振装置、基础制动装置、旁承铁及下心盘等组成，具体结构如图 9-8 所示，主要技术参数见表 9-5。构架式转向架具有以下技术特点：

(1)采用焊接构架，可以得到较高的构架刚度，提高车辆高速运行稳定性。

(2)采用一系轴箱悬挂装置，减小簧下质量，降低轮轨动作用力。

(3)减振装置采用双斜楔对称结构，磨耗后自动补偿，车辆性能不受减振系统磨耗的影响。

(4)在轴箱内设置承载鞍，并对中间轮对的车轮轮缘进行减薄，提高车辆曲线通过能力，减少轮缘磨耗。

(5)采用两级刚度弹簧，兼顾空、重车两种状态，增加空车弹簧静挠度，提高车辆对扭曲线路的适应性。

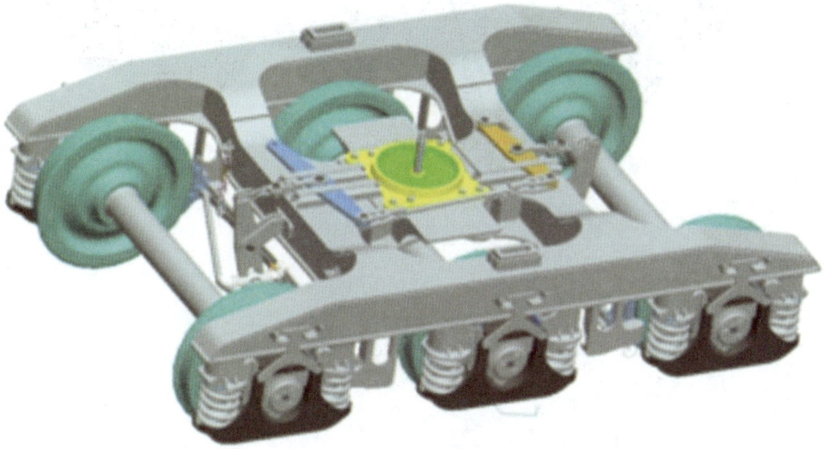

图 9-8　出口印度平车用三轴焊接构架式转向架

表 9-5　出口构架式转向架主要技术参数

出口国家	轨距(mm)	轴数	轴重(t)	最高运行速度(km/h)	固定轴距(mm)	轴颈中心距(mm)	旁承中心距(mm)	车轮直径(mm)	下心盘直径(mm)
印度	1 676	3	22.5	100	1 300	2 222	2 442	840	406
巴基斯坦	1 676	2	21	100	1 850	2 260	1 727	950	355
委内瑞拉	1 435	2	21	100	1 800	1 956	1 520	840	355
法国、波兰、伊朗	1 435	2	22.5	120	1 800	2 000	1 700	920	SR198

Y25 型转向架作为标准型号转向架，在欧洲货车市场得到广泛运用。我国铁路货车制造企业于 2009 年—2013 年先后取得了 Y25Lsd1、Y25 Ls1、Y25Lsd1-K、Y25 Ls1-K 四种型号焊接转向架的 TSI 认证证书，产品出口到法国、波兰、伊朗等国家。转向架主要由构架总成、轮对组成、轴箱悬挂系统、轴箱总成、基础制动装置等组成。车轮采用直径为 920 mm 的辗钢整体车轮；轴箱悬挂系统采用单侧利诺尔减振器和内外圈不等高的两级刚度弹簧组成；构架总成由焊接构架、轴箱导框、球面下心盘、制动纵向梁和弹性旁承

等组成。构架呈“日”字形，由侧梁、横梁和端梁组成。基础制动装置为吊挂式双侧闸瓦制动结构，闸瓦采用合成闸瓦。出口用 Y25 型构架式转向架结构如图 9-9 所示。

图 9-9　出口用 Y25 型构架式转向架

第十章　铁路货车转向架的制造与维修

本章主要介绍货运主型转向架制造与维护相关方法、制度及要求。制造技术部分主要介绍了摇枕、侧架的铸造和加工，构架的焊接和加工，轮、轴的加工及压装，构架的组成及转向架的组装相关工艺及检测方法和要求。同时，根据我国目前铁路货车检修体制即采用预防性计划修为主、换件修为辅的检修制度，介绍了在预防性计划修的框架下，逐步扩大实施换件修和主要零部件的专业化集中修相关要求，对转向架维护检修修制、修程作了简单介绍。

第一节　转向架制造

为适应铁路货车大批量生产的特点，目前，转向架制造工艺线都是按照标准化、专业化的原则进行设计的，实现了产品标准化、零部件标准化、工艺流程标准化、装配人员操作专业化，以此提高组装质量。同时部分工艺线还具备了在线检测功能，可对组装前的零部件或组装过程及成品性能进行检查，使制造质量在组装生产过程得到有效控制。

一、组装与检测

1. 转向架组装

转向架的组装工艺按照转向架的结构类型可大概划分为两类，一类是以交叉支撑转向架(转 K2、转 K6、DZ1、DZ4 型转向架)、摆动式转向架(转 K4、转 K5、DZ2、DZ5 型转向架)、副构架式转向架(转 K7、DZ3、DZ6 型转向架)为代表的三大件转向架制造工艺，另一类是以转 K3 型转向架、160～220 km/h 快捷货车转向架为代表的焊接构架式转向架的制造工艺。

对于三大件式转向架的组装，主要采用将转向架划分为若干个部件制造单元，进行零件的制造及分部件组装，然后再对单元零部件进行总组装，从而完成整个转向架的落成工作。其主要制造工序包括摇枕、侧架的铸造及加工，轮轴加工及压装，摇枕、侧架组成及转向架组装，另外还包括制动梁、交叉杆、弹簧托板等部件的制造工艺。转向架制造过程中，采用了部分专用工装、组装翻焊胎、检测样板进行质量控制，转向架生产线如图 10-1 所示。

图 10-1　转向架生产线

对于有紧固力矩要求的螺栓紧固均采用了螺栓智能扳机或扭力扳手，保证了螺栓的紧固力矩，图 10-2 为侧架立柱磨耗板螺栓智能扳机。

图 10-2　侧架立柱磨耗板智能扳机

转向架的组装一般采用台位制，每道工序独立设置一个或多个台位，也有单位采用了自动化组装流水线，但组装过程基本相同。

转向架组装过程中由于转向架型号不同所采用的控制手段不同。交叉支撑转向架由于支撑座组焊的位置度对交叉支撑装置组装后是否正位有直接影响，如果支撑座安装孔板平面垂直度误差较大，将会引起交叉杆的上拱或下凹，导致附加受力，影响行车安全，因此侧架组成生产的核心工序为支撑座组焊，必须加强支撑座焊接质量的检查与控制。侧架支撑座定位焊须采用专用组对夹具完成，以保证支撑座的组对尺寸精度和焊缝间隙，如图 10-3 所示。

图 10-3　侧架支撑座组对

侧架与支撑座焊接目前一般采用焊接机械手系统，以保证焊缝内在质量及外观质量，焊后逐件对焊缝进行磁粉探伤检查，如图 10-4 所示。

图 10-4　侧架支撑座机械手焊接

另外，在各型支撑座立面孔的左、右两平面上焊有保持环，如果保持环焊后与立面接触不良，不能紧密贴合，那么保持环将在交叉杆作用力的作用下破碎，并引起支撑座立面开裂，因此也须同时控制保持环的焊接质量。

摆动式转向架，其关键控制点为弹簧托板的制造质量、侧架导框摇动座的组焊质量以及转向架摇动座的组装质量。其中，弹簧托板通过材料预处理和采用激光下料，提高材料表面平整度和尺寸精度，减少表面缺陷；采用专用模具整体一次压制成型，严格保证外形尺寸；弹簧托板整体经过连续式热处理，有效地消除了压型及焊接残余应力，提高疲劳强度；表面经过抛丸强化处理，提高弹簧托板的表面质量，并进行湿法荧光磁粉整体表面探伤，确保表面质量；油漆自动喷涂，强制干燥，保证了弹簧托板工业化大批量生产的产品质量，弹簧托板生产所用设备如图 10-5～图 10-8 所示。

图 10-5　激光下料

图 10-6　冷压成型

图 10-7　荧光磁粉探伤

图 10-8　油漆喷涂

导框摇动座组装，需进行组焊作业，侧架导框摇动座组焊前使用调整垫片调节好导框摇动座的位置后，使用固定块压紧夹具夹紧固定块施焊，施焊后检查导框摇动座与固定块之间的横向及垂向间隙，同时打磨平整保证焊缝无裂纹及气孔等缺陷。转向架摇动座组成组装完成后使用摇动座摇动量样板检测摇动量。

副构架式转向架，根据其结构特点，其关键控制项点为转向架的副构架质量以及转向架轮对径向装置的组装。其中转 K7 型副构架是鞍臂一体式结构，副构架的鞍和臂采用分体铸造，先进行鞍、臂初加工，橡胶堆承台面及内鞍面留余量，加工完后组对焊接、焊缝探伤、振动时效处理、复探、检测校正，再整体加工橡胶堆承台面、内鞍面、橡胶堆定位孔及连接杆安装孔，最后压套、油漆。DZ3 型副构架在转 K7 型副构架的基础上有所改进，继承了转 K7 型转向架的副构架鞍臂一体式模式，但承载鞍改为独立结构，副构架的制造工艺与转 K7 型副构架基本相同。30 t 轴重转向架的副构架采用分体式结构，将副构架与承载鞍通过拉铆钉铆接在一起。副构架采取整体铸造、检测校正、整体加工，采用拉铆枪进行副构架及承载鞍的铆接。

轮对径向装置组装，采用转向架正位组装胎，模拟转向架半成品与轮对落成，检测轮对径向装置各组装参数，确保转向架半成品与轮对落成后各参数满足产品技术条件要求，副构架组装如图 10-9 所示。

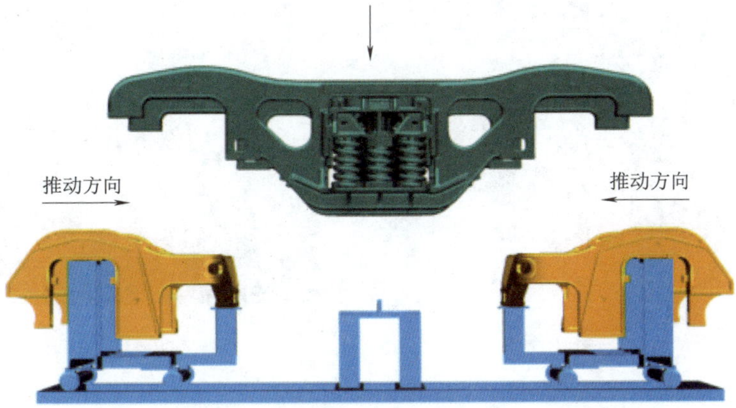

图 10-9　副构架组装

对于焊接构架式转向架，由于转向架构架采用全焊接结构，各组件及构架组成焊接后易产生较大的焊接变形，组装过程中出现的组装间隙、组装精度、焊接顺序等问题，都将影响焊接质量和形位尺寸。此外，消除钢板残余应力和焊接应力的热处理过程中，也会产生一定量的变形，这对保证构架制造精度造成了较大的困难，因此该转向架的关键控制项点为焊接变形的控制、焊缝质量的保证以及组装质量的保证。对于焊接变形的控制，一方面可通过焊接仿真分析和经验相结合的方法对焊接变形进行综合预判，如下图侧梁纵向焊接仿真分析如图 10-10 所示。另一方面，在制定组装工艺时针对焊接变形和焊缝收缩情况，确定合理的组装反变形量和组装顺序，配合专用的组装平台及定位工装来保证构架式转向架的焊接质量。如下图转向架侧梁组成组焊，采用工装进行外圆弧面定位，考虑焊缝收缩量，将轴箱安装座中心距适当放量。为保证打底焊质量，上盖板定位焊后对外观焊缝各面、下盖板双面 V 形角焊缝清根打磨。焊缝接头不允许在焊缝拐弯处，焊缝层间需进行清理。通过自动焊夹具进行装夹，自动焊工装应与变位器相匹配，同时采用“轨迹记忆＋焊枪感应”的方法对自动焊进行编程、验证，确保侧梁定位准确，机械手路径正确。侧梁打底焊、自动焊及构架纵向、横向焊接如图 10-11～图 10-13 所示。

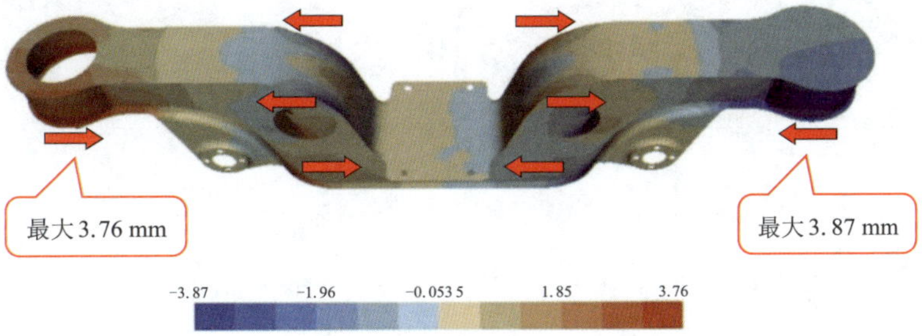

图 10-10　侧梁纵向焊接仿真分析

图 10-11　侧梁打底焊

图 10-12　侧梁自动焊

图 10-13　构架纵向、横向焊接

转向架的组装通过制作专用组装样杆及组装胎进行组装质量的控制。

2. 转向架的检测

转向架组装过程中，部分关键工序配置了在线检测设备对转向架的制造过程进行控制，例如交叉支撑转向架组装过程中配置了正位检测台，对交叉支撑转向架两侧架导框对角线差、轴颈中心距差进行检测，正位检测台如图 10-14 所示。

图 10-14　正位检测台

转向架落成后需要对基础制动装置进行检查，以保证制动梁、杠杆等基础制动装置动作灵活、不卡滞。当转向架装用的是传统的 L-B 制动梁及游动杠杆、固定杠杆时，一般采用人工手推游动杠杆来判断制动装置的状态；也有部分单位采用了自动化的检测装备，通过配置转向架压吨检测机，对心盘面距轨面高度、心盘面至旁承顶面垂向高度、两旁承高度差等数据自动检测。对影响车辆运行性能的关键尺寸进行在线检测，能有效控制影响车辆运行性能的关键尺寸。制动装置性能检测机及转向架压吨检测机如图 10-15所示。

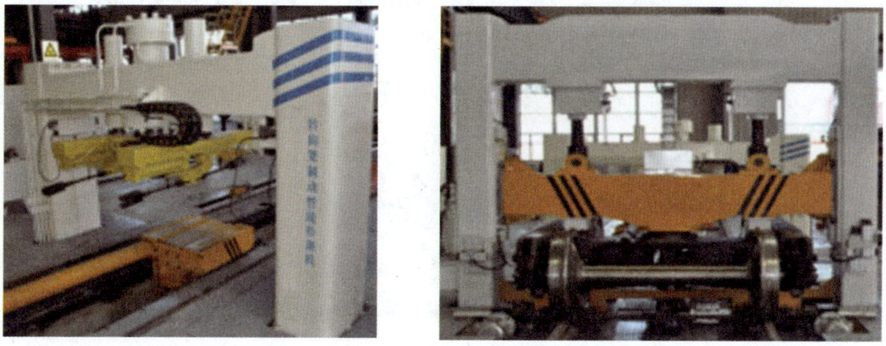

图 10-15　制动装置性能检测机(左)、压吨检测机(右)

二、摇枕侧架

1. 摇枕侧架铸造

随着货车技术的发展，27 t 轴重和 30 t 轴重摇枕、侧架陆续研发，大轴重货车转向架将应用于铁路货车，将对摇枕、侧架的制造技术提出更高的要求，新造货车摇枕、侧架必须采用整体芯工艺生产，材质由 B 级钢升级到 B+级钢。以盒内挤压锁芯成型工艺、震实挤压整体制芯工艺等发明专利为代表的整体芯生产工艺被研究开发并应用于生产，以机械手下芯为代表的先进生产设备和以射线探伤、超声波探伤、超声波测厚、DR、工业 CT 等为代表的先进检测技术逐渐应用于摇枕、侧架的生产过程中。

摇枕、侧架整体芯工艺是为进一步提高铁路货车转向架摇枕、侧架的运行可靠性，提升摇枕、侧架制造工艺水平，杜绝 A、B 部位因内腔披缝引起的铸造缺陷，提高摇枕、侧架的疲劳寿命而研制的新的生产工艺。主要特点是采用机器制芯，并在下芯之前完成包含 A、B 部位及扩展区域在内的形状完整、各表面光滑平顺的一体砂芯。

冷芯盒整体射芯工艺是应用比较成熟的制芯工艺，具有整体化程度更高，铸件收缩阻碍小，砂芯排气顺畅；芯砂消耗小，与“V”法造型技术配套使用，可实现废砂的充分利用，循环经济效益好；清砂容易，劳动强度低，效率高等特点。在摇枕、侧架的生产中采用也比较多，许多生产厂在多年以前就采用冷芯盒射芯工艺生产摇枕、侧架的三角芯、上下腰芯、导框芯、承台芯等，其主要生产工艺流程相差不大，仅在芯砂工艺上存在差别，存在三乙胺工艺、水玻璃砂工艺、碱性酚醛树脂砂工艺等。采用该工艺生产摇枕、侧架整体砂芯，所存在的差异主要是砂芯尺寸增加，相应的设备、工装及冷铁、特种砂工艺需要进行调整，同时由于砂芯尺寸的增加芯砂工艺也需要进行相应的调整。如

图 10-16、图 10-17所示采用整体壳芯射芯技术和无缝锁芯技术，实现的整体壳芯制芯、整体机械下芯工艺，采用的射芯机如图 10-18 所示。

图 10-16　用整体壳芯制芯法生产侧架整体芯

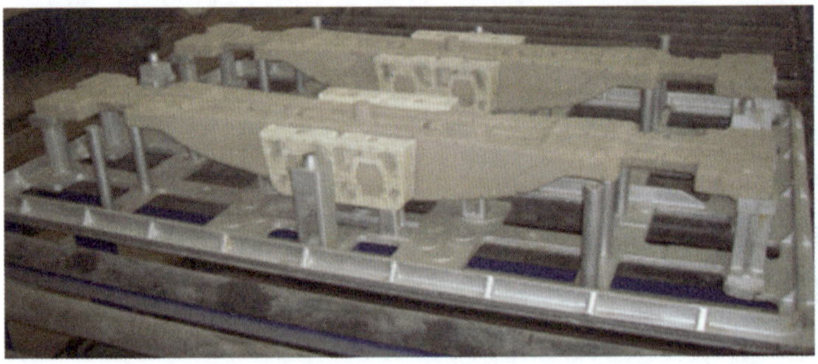

图 10-17　用整体壳芯制芯法生产的摇枕整体芯

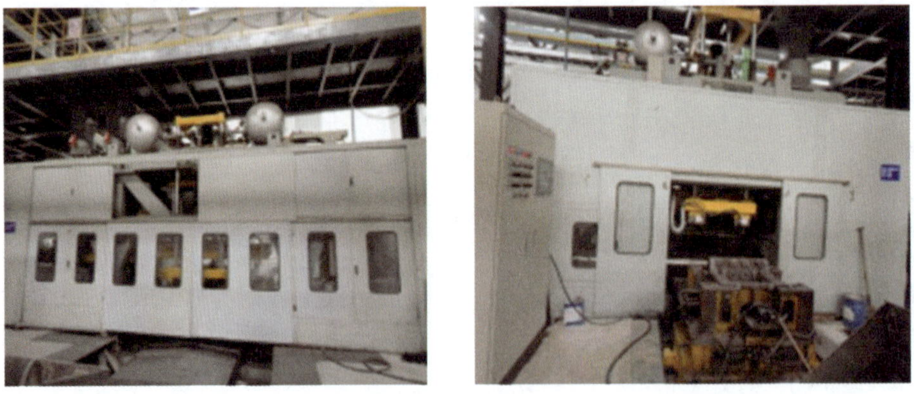

图 10-18　Z84200 射芯机/Z8480 射芯机

冷芯盒整体射芯工艺摇枕的具体工艺方案以转 K5 型摇枕为例，采用 Isocure 冷芯盒树脂砂射芯，三乙胺硬化。其整体芯将原船芯、方芯、左右斜芯组合为一体，端头部位组合为一个整体芯，铸件内腔砂芯由 7 个减少为 3 个，中央整体芯全长 1 666 mm，包含摇枕全部 A、B 区域，端头延展超过 A 部位 10 mm，确保 A、B 区域内无铸造披缝。

冷芯盒整体射芯工艺侧架的具体工艺方案以转 K5 型侧架为例，采用 Isocure 冷芯盒树脂砂射芯，三乙胺硬化。每型包括三个整体芯—中央方框整体芯和左右三角整体芯，其中中央方框整体芯为原中央方框芯、上下浇口芯和摇动座芯组合为一个整体砂芯，三角整体芯为原上下三角芯、上下弯钩芯组合为一个整体砂芯，三个整体砂芯选择在内腔筋板自然界面对接，确保了侧架内腔 A、B 区域无铸造披缝。

为了提升摇枕、侧架制造技术水平，摇枕、侧架整体芯和侧架中央导框和弹簧承台一体砂芯采用机器人自动化下芯，其余小砂芯采用手工下芯。机器人自动下芯采用三维激光扫描识别、定位系统，外模和砂芯采用定位点方式定位，侧架整体芯机器人自动下芯如图 10-19 所示，摇枕整体芯机器人自动下芯如图 10-20 所示。

图 10-19　侧架整体芯机器人自动下芯

图 10-20　摇枕整体芯机器人自动下芯

2. 摇枕、侧架加工

摇枕心盘面加工量大，一般在大型立铣或龙门铣上加工，批量较大时也有采用专用机床进行加工的，以提高效率、降低成本。摇枕弹簧座到心盘面的尺寸检测比较困难，需采用摇枕弹簧座到心盘面专用量规来检查加工尺寸。摇枕心盘和安全链安装孔采用钻模板在摇臂钻床上加工，个别有采用专用多头钻床的，以提高效率。

对于心盘与摇枕铸为一体的摇枕则采用镗床进行加工，另外需要在加工前划线，便于保证尺寸和工件找正。

侧架加工一般均采用专用机床进行加工，这主要是因为加工位置的限制，采用通用机床效率过低。转 K5 型侧架的导框面及中央方框立柱面设计为铸造成型不加工结构；转 K6 型侧架的导框面及中央方框立柱面设计为加工结构，通常设有侧架外侧面加工机床、侧架导框加工机床、侧架中央方框加工机床、侧架立柱孔加工机床、侧架凹槽加工机床、侧架钻孔机床。

K6 侧架轴箱导框外侧面加工采用专用的侧架导框外侧面铣床，铣床为四个动力头分两组，两组动力头相对距离靠轨道行程来调整，设备配有专用的组合式夹具，定位点可调，液压夹紧系统便于调整。侧架轴箱导框内侧面在专用导框铣床上完成，专机配置了立铣、卧铣刀盘，一次装夹即可完成导框内侧三个面的加工，有效提高了侧架加工质量和效率，能够适应侧架大批量生产的需要。侧架轴箱橡胶垫定位凹槽的加工，是转向架的关键环节所在，一般采用凹槽专机。专机将凹槽、倒角加工工序合二为一，专机通过动力头旋转、液压锁紧完成 45°倒角加工，一次定位装夹完成凹槽、倒角的加工，避免了重复定位误差，保证了侧架加工质量。侧架立柱磨耗板安装孔位于侧架方框的内侧面，通用机床很难加工，因此只能采用专用钻床进行加工。专用钻床一般为采用多头钻形式，动力箱可横向移动，分两次加工方框两内侧面的立柱磨耗板安装孔，摇枕、侧架加工用数控龙门铣及数控加工设备如图 10-21 所示。

图 10-21　摇枕、侧架数控加工设备

三、轮　　轴

铁路货车轮轴是货车的最重要部件，承担着货车承载、走行的功能，直接关系到铁路货车的运行安全，因此，轮轴的制造工艺技术是保证产品制造质量最重要的因素。

1. 辗钢车轮制造

整体辗钢车轮是指成型过程采取锻压—辗轧工艺制造的整体车轮。辗钢车轮制造生产线所采用的典形制造工艺包括：炼钢、成型、热处理、机械加工以及质量检验。车轮钢按用途可分为：客车轮用钢、货车轮用钢、整体机车车轮用钢等；按化学成分可分为碳素钢和低合金钢，其中碳素钢为目前世界上最为常采用的钢种。按我国钢种分类标准，目前世界上所采用的车轮钢的碳含量均在 0.40%～0.80%之间变动，属于中、高碳优质碳素钢类，车轮锻造设备如图 10-22 所示。

图 10-22　车轮锻造

2. 铸钢车轮制造

铸钢车轮的生产工艺采用石墨或者石墨与砂衬组合经特殊设计的铸造模型，轮坯各部位可按设计要求的冷却速度顺序凝固，避免了传统浇注过程易于出现的铸造缺陷，而且得到较为理想的晶粒组织，提高了车轮的使用功能。

铸钢车轮制造生产线包括冶炼、造型、热处理、机加工和质量检验等工序。按我国钢种分类标准，目前采用的车轮钢的碳含量在 0.50%～0.80%之间，属于中、高碳优质碳素钢类，车轮热处理如图 10-23 所示。

图 10-23　车轮热处理

3. 车轴制造

车轴制造关键技术主要包括车轴锻造、车轴热处理及车轴机加工，其中车轴锻造采用的是热锻。目前我国锻造车轴的成形方式有两种，一种为径向精密锻造，另一种为自由锻造条件下的锻造，所采用的设备分别为径向精密锻造机（简称精锻机）和快速锻造液压机组（简称快锻机），均能保证锻件精度。

热处理在车轴的制造中极其重要，热处理的好坏直接影响车轴的各项性能。采用的热处理工艺主要为“两次正火＋回火”工艺，通过此热处理工艺后，车轴可以获得较高的强度，同时又具有良好的塑性和韧性，可以很好的满足车轴性能要求。热处理采用的设备是悬挂式连续热处理炉，主要由炉体、积放式悬挂输送系统、装卸车轴装置、温度控制及生产线电气控制等系统组成，采用分段分区控制炉温，车轴热处理如图 10-24 所示。

图 10-24　车轴热处理

车轴轴颈、防尘板座、轮座是铁路货车安装轴承、防尘挡圈和车轮的组装部分，保证这部分的尺寸公差和形位公差是车轴加工工艺的关键所在，也是车轴加工过程中最难保证的部分，因此车轴轴颈、防尘板座的终加工采用数控成型磨床保证，车轴轮座部分的终加工采用数控外圆磨床进行精加工，具有加工精度高，可实现加工与检测一体化，可很好的满足车轴设计要求，车轴精车及成型磨削分别如图 10-25、图 10-26 所示。

图 10-25　车轴精车

图 10-26　轴颈、防尘座成型磨削

4. 轴承制造

铁路货车轴承服役条件特殊，除要求接触疲劳寿命长、耐磨性高以外，还要求具有高的冲击韧性和尺寸稳定性，因此轴承钢材料常用高碳铬轴承钢和渗碳轴承钢，两类钢材均采用电渣重溶工艺或真空精炼工艺。轴承制造关键技术主要包括轴承热处理、轴承表面磷化处理技术、轴承油封制造技术、塑钢保持架制造技术，其中轴承热处理是提高铁路货车轴承产品质量、延长使用寿命、提高机械效能的重要手段。轴承套圈采用渗碳热处理，有效渗碳硬化层、表面硬度与心部硬度、金相组织等均是控制的关键，采用的渗碳设备有推盘式连续炉、密封箱式多用炉、井式炉等。轴承滚动体热处理方式是淬火＋低温回火，热处理后滚动体的金相组织、硬度、脱碳层、回火稳定性必须符合技术要求。

轴承表面磷化处理是指将零件放入磷酸盐溶液中进行浸泡，使金属表面获得不溶于水的磷酸盐薄膜的过程，目的是使产品表面附有一层磷化膜，具有防腐蚀性能。按照磷化膜体系主要分为：锌系、锌钙系、锌锰系、锰系、铁系、非晶相铁系六类。

轴承油封是金属和橡胶材料的组合件，生产工艺特殊，关键制造工艺主要有骨架的制造、骨架的处理、包括磷化和涂粘合剂，混炼胶的制造，硫化工艺及最终橡胶剪修。

轴承塑钢保持架在制造中采用了增强增韧聚酰胺（尼龙）材料，采用螺杆式注塑机和注塑模具成形，然后对通过检验的产品进行后处理，再进行成品检验，最后进行封装。

5. 轮对压装及轴承压装

铁路专用货车滚动轴承在货车产品上应用，推动了相应的货车轮轴制造技术的发展。原有轮对组装采用手动设备，记录采用笔式连动的方式。20 世纪 90 年代，轮轴组装技术也有了飞速的发展，由于车轴精加工完全采用数控设备，自动加工，组装数据开始自动测量、传输。轮对压装采用微控轮对全自动压装机进行压装。

目前我国铁路在轮轴精加工及组装工艺上基本实现了加工、检测和组装自动化。车轴、车轮精加工后的最终尺寸依靠程序来保证，车轴测量机能准确地将测量的车轴轮座尺寸自动传给车轮加工机床，车轮数控加工机床自动按接收到的数据和规定的过盈量进行轮毂孔精加工，提高了轮轴精加工和轮对组装的质量保证能力。

车轮压装前，轮毂孔要求表面粗糙度 $Ra6.3$。目前，铁路内加工车轮内孔设备主要使用数控立式车床或立式镗床完成，相比较而言，立式车床的加工范围较大，加工质量也相对较高。

轮对压装一般在轮对生产线完成，车轴和车轮均由上料机构完成上料，避免了磕碰现象。轮对压装采用全自动轮对压装机进行，在压装前，设置了轮对预压装工序，采用轴颈保护套保护轴颈及防尘板座，车轮加工完毕后手动套轮后输送到自动压装位，进行两端自动压装。

轮对压装后大多采用轮对自动检测机进行检测。轮对自动检测系统主要用于轮对各部尺寸的自动测量及信息录入，并对采集的信息自动生成车统—51D 报表，对相关信息的录入可自动分析判断，同时可将基础数据上传到 HMIS 轮轴子系统中，轮对压装生产线如图 10-27 所示。

图 10-27　轮对压装生产线

轴承压装是在封闭的轴承间内完成，轴承间对清洁度有较高的要求。轴承与车轴为过盈配合，采用冷压装的方式进行组装，压装后进行前盖、标志板等附属件的安装并进行磨合试验，轴承压装生产线如图 10-28 所示。

轴承压装采用带有微机监控系统的轴承压装机，一般为铁路货车滚动轴承与轴颈专用压装设备。它采用高灵敏度压力传感器，实时检测压装机压力，微机系统显示压力曲线、轴号、压装力、贴合力等，并自动生成打印报表，还可与 HMIS 联网。

图 10-28　轴承压装生产线

轴承标志牌刻打采用数码打号的专用工装设备。它采用微机、可编程共同组成主从式控制系统，通过步进电机进行精确控制，操作人员只需将打号信息输入计算机后，就可进行单条记录打印或连续打印，该设备可直接与其他工装设备联网，实现网络数据共享，实时打号。

微机控制轴承磨合机将轮轴从送入、磨合到推出整个过程由微机进行全过程控制，自动确定轴承磨合时间，自动控制、跟踪、检测、分析轮轴磨合过程。温度检测采用接触式或红外线传感器，温升超限自动报警，自动打印磨合结果及输入的轴承参数，轴承磨合如图 10-29 所示。

图 10-29　轴承磨合

第二节　转向架检修与维护

一、转向架检修修制、修程

目前，我国铁路货车的检修制度是以预防性计划修为主，换件修为辅的检修制度，即在预防性计划修的框架下，逐步扩大实施换件修和主要零部件的专业化集中修。预防性计划检修制度分为定期检修和日常维修两大类。转向架一般随整车同时进行定期检修，在运用过程中出现的损伤，处理方式一般采取换件修。

二、轮轴检修修制、修程

铁路货车轮轴修程分为一级修、二级修、三级修和四级修，轴承修程分为一般检修和大修。

轮轴一级修是经对轴承、车轮外观技术状态检查，无需退卸轴承，仅对车轮踏面进行旋修的轮轴检修，主要结合货车站修进行，修复后装用于辅修、临修货车。

轮轴二级修是经对轮轴外观技术状态检查，无需退卸轴承但需探伤的轮轴检修，主要结合货车段修、入段厂修进行，修复后装用于段修及以下修程货车。

轮轴三级修是经对轮轴外观技术状态检查，需退卸轴承而不需分解轮对的轮轴检修，主要结合货车段修、入段厂修、工厂（公司）厂修进行，修复后可装用于各级修程货车，其中单端退卸轴承的修复后装用于段修及以下修程货车。

轮轴四级修是检修过程中需分解轮对并重新组装，且车轮踏面经过旋修（新品车轮除外）的轮轴检修，主要在车辆段轮轴（车轮）车间和工厂（公司）进行，修复后可装用于各级修程货车。

三、转向架检修基本要求

1. 转向架检修

摇枕、侧架的主要故障形式为裂纹和磨损，其检修方法基本相同。摇枕、侧架分解后首先进行整体抛丸除锈，使表面清洁度满足要求。通过对其内腔和外表面进行全面检查，A、B部位表面进行湿法磁粉探伤检查来做具体修程判定。摇枕、侧架经检查出现裂纹、磨耗等损伤后，限度内可通过消除裂纹、焊修、热处理、加工等方法进行修理。

交叉支撑装置的主要故障为裂纹、断裂和变形。交叉支撑装置需分解检修，交叉杆抛丸除锈后对交叉杆连接焊缝、杆体压型处进行湿法探伤检查，还须检查交叉杆端头螺纹，检查杆体裂纹、折断、环焊缝开裂、碰伤、擦伤、弯曲、变形等情况，交叉杆变形不超限时可以进行冷调，交叉杆裂纹不超限时可以对交叉杆裂纹进行焊修。

弹簧托板与摇动座须分解检修，弹簧托板横裂纹时更换，纵裂纹不超限或焊缝开裂时焊修，焊修工艺须满足要求。摇动座的A、B等部位须进行除锈和磁粉探伤检查，裂纹不超限时，打磨消除裂纹；其他部位裂纹不超限时消除裂纹后焊修，焊后局部热处理，焊修工艺须满足要求。

制动梁的故障为制动梁的裂纹、折断和磨耗等。制动梁检修包括：制动梁整体探伤，制动梁的检查，制动梁的检测，制动梁扭曲的调修，滑块磨耗套更换，闸瓦托焊修及更换，闸瓦托铣修，制动梁焊修，支柱更换和支柱衬套更换，制动梁拉力试验，检修标记涂打，闸瓦安装等。

转向架各零部件检修良好后，按规定次序将承载鞍、摆动装置、弹簧悬挂减振装置、基础制动装置、轮轴、下旁承、下心盘等重新组装。组装完毕要检查各部位安装状态及组装间隙，良好后交付验收。

2. 轮轴检修

轮轴检修时须先对轴承外观技术状态进行检查，判断轴承是否退卸。用轮对除锈清洗机进行清洗除锈，清除各部位表面的油漆及锈垢，车轴表面须露出基本金属面。轮轴收入检查各部位尺寸，再按规定对轮对或轮轴进行磁粉探伤和超声波探伤检查。用数控车轮车床进行车轮踏面旋修后，进入轴承压装间进行轴承选配及压装，压装后组装前盖等附件，再进行轴承磨合试验。轮轴检修合格后按要求进行轮对涂漆，支出检查。

退卸的轴承须进行一般检修或大修。进行一般检修时，要经过脱脂、清洗处理，轴承清洗过程要对轴承进行分解、编号，轴承两内组件与外滚道必须一一对应。轴承检测、修理、组装要在有特殊环境要求的工作间内进行。轴承外圈要经过探伤检查，不允许有裂纹。轴承零件要全部进行外观检查，轴承零件的尺寸精度必须按规定项目进行检测，并将检测结果填入记录单内。轴承组装前要检测轴承自由状态下的装配高和轴向游隙，检测合格后进行精洗，消除轴承检修、存放过程的污染。按要求向轴承内部注入一定重量的车辆滚动轴承润滑脂，轴承注脂后进行密封装置压装，并检查压入状态。

参 考 文 献

[1] 王福天. 车辆系统动力学[M]. 北京:中国铁道出版社,1993.

[2] 严隽耄,傅茂海. 车辆工程[M]. 北京:中国铁道出版社,2012.

[3] 赵洪伦. 轨道车辆结构与设计[M]. 北京:中国铁道出版社,2009.

[4] 陈伯施,陈雷. 铁路货车交叉支撑转向架[M]. 北京:中国铁道出版社,2002.

[5] 王春山,陈雷. 铁路重载提速货车技术[M]. 北京:中国铁道出版社. 2010.

[6] 陈雷,张志建. 70 t 级铁路货车及新型零部件[M]. 北京:中国铁道出版社,2006.

[7] 刘宏友,邵文东,王宝磊,等. 货车转向架 60 年的回顾与展望[J]. 铁道车辆,2013,51(12):42.

[8] 刘振明,赵文洪. 转向架抗菱刚度计算方法[J]. 铁道车辆,2003,41(5):9.

[9] 邹德顺,程振海,姜瑞金,等. 铁路货车车轮磨耗演变及其运行性能分析[J]. 铁道车辆,2017,55(10):6.

[10] 李亨利. 货车径向转向架原理及其运用[J]. 铁道机车车辆,2005,25(4):13.

[11] 王璞. 径向转向架介绍[J]. 铁道车辆,2002,40(4):25.

[12] 中国铁道科学研究院. 提速货车 120 km/h 环行线可靠性试验研究报告[R]. 2005.

[13] 中国铁道科学研究院. 货车 120 km/h 运行可靠性试验总结报告[R]. 2009.

[14] 西南交通大学. 27 t 轴重转向架配通用敞车轮轨垂向冲击分析[R]. 2009.

[15] 西南交通大学. 27 t 轴重转向架配通用敞车轮轨作用力分析[R]. 2010.

[16] 中国铁道科学研究院. 眉山 30 t 轴重新型煤炭漏斗车转向架径向功能试验[R]. 2015.